建　鲤

津新鲤

德国镜鲤

豫选黄河鲤

乌克兰鳞鲤

松荷鲤

异育银鲫

彭泽鲫

湘云鲫

团头鲂浦江 1 号

异育银鲫中科 3 号

松浦镜鲤

芙蓉鲤鲫

长丰鲢

福瑞鲤

湘云鲤

松浦银鲫

松浦红镜鲤

易捕鲤

长丰鲫

水泥预制板护坡

生态护坡

进水渠道

进水渠道断面

排水渠道

排水闸门

分水井

化粪池

快滤池

池塘循环水养殖系统

人工湿地

表面流人工湿地

生态沟渠

生态排水渠道

生物浮床

太阳能生物浮床

钢架结构养殖水槽

砖混结构养殖水槽

水槽气提推水设备

工厂化养殖人工驯食

矩形孵化槽

机械起捕

育苗温室

柔性池塘大棚

阳光温室

人工催产

鱼苗拉网锻炼

夏花拉网出塘

鱼苗质量鉴定

鱼苗出塘过数

鱼苗装袋

鱼苗袋充气

池塘水质监控控制柜

水质检测取样柜

涡流式增氧机

喷水式增氧机

射流式增氧机

水车式增氧机

不锈钢叶轮　　尼龙叶轮

叶轮式增氧机

投饵机

微孔曝气增氧

太阳能底质改良机

网箱养鱼

网围养鱼

YIXIAN ZHUANJIA DAYI CONGSHU

一线专家答疑丛书

大宗淡水鱼高效养殖百问百答

第 三 版

戈贤平 主编

中国农业出版社

第三版编写人员

主　编　戈贤平

编　者（以编写内容前后为序）

戈贤平　刘兴国

刘文斌　赵永锋

王建新　郁桐炳

何义进　缪凌鸿

胡庚东　何玉明

孙盛明

第一版编写人员

主　编　戈贤平

编　者（以编写内容前后为序）

戈贤平　刘兴国

刘文斌　赵永锋

王建新　郁桐炳

何义进

第二版编写人员

主　编　戈贤平

编　者（以编写内容前后为序）

戈贤平　刘兴国

刘文斌　赵永锋

王建新　郁桐炳

何义进　缪凌鸿

据统计，2014 年全国淡水养殖总产量 2 602.97 万吨，而大宗淡水鱼青鱼、草鱼、鲢、鳙、鲤、鲫、鲌鲂 7 种鱼的总产量 2 008.64万吨，占全国淡水养殖总产量的 77.17%。其中，草鱼、鲢、鲤、鳙、鲫产量均在 270 万吨以上，分别居我国鱼类养殖品种的前 5 位。从产量比例上看，目前我国大宗淡水鱼仍是淡水养殖业发展的保障性主导品种，对我国食品安全、满足城乡市场水产品有效供给起到了关键作用，产业地位十分重要。

2014 年，全国渔业产值为 10 861.39 亿元，其中，淡水养殖和水产苗种的产值合计达到 5 669.45 亿元，占渔业产值的 52.20%。根据当年平均价格的不完全计算，2014 年大宗淡水鱼成鱼的产值是 2 424.11 亿元，占渔业产值的 22.32%。渔业从业人员有 1 429.02 万人，其中，约 70.22% 从事水产养殖业。2014 年，渔民人均纯收入达 14 426.26 元，高于农民人均纯收入 4 534.26元（2014 年我国农民人均纯收入 9 892 元）。

2013 年以来，国家大宗淡水鱼产业技术体系又先后培育出易捕鲤、长丰鲫等养殖新品种，并在全国范围内进行了养殖对比试验。结果表明，易捕鲤生长速度和成活率与松荷鲤相近，但起捕率高，1 龄鱼起捕率达到93%以上，2 龄鱼起捕率达到 96%以上。长丰鲫外观与普通银鲫一致，1 龄长丰鲫平均体重增长比异育银鲫 D 系快 25.06%～42.02%，2 龄鱼快 16.77%～32.1%。目前，这些新品种已经在全国范围内推广养殖，对更新大宗淡水鱼养殖品种、提高养殖效益起到了非常积极的作用。

近年来，国内各种新兴的生态养殖技术和淡水鱼养殖模式不断涌出，不仅节约了养殖成本，也改善了水域生态环境。人工湿地-池塘循环水生态养殖模式、池塘工业化生态养殖技术、"生物浮床＋生态沟渠"技术在精养池塘中的应用，以及"生物絮团"调控水质技术等集约、生态、高效、环境友好型的水产养殖生产新模式、新方法，顺应水产养殖发展新趋势，全面提升了产业发展水平。

2013 年，我们对《大宗淡水鱼高效养殖百问百答》进行了修订和补充，改正了原书中的错误和不足，本次应中国农业出版社的要求再版，我们对原书再次进行了修订和补充，增加了大宗淡水鱼最新的养殖产量，补充了 2013 年后培育出的松浦红镜鲤、易捕鲤、长丰鲫等大宗淡水鱼新品种的品种介绍及其养殖技术，增加了人工湿地-池塘循环水生态养殖模式、池塘工业化生态养殖技术、"生物浮床＋生态沟渠"技术在精养池塘中的应用，以及"生物絮团"调控水质技术等水产养殖生产新模式、新方法。使得本书的内容更加丰富、更加实用。对照本书内容，我们更新了部分大宗淡水鱼新品种图及养殖设施图，使得读者能更加直观地了解大宗淡水鱼养殖新品种及养殖设施情况。

在第三版的编写过程中，缪凌鸿参与了本书第一部分"养殖品种介绍"的编写工作；胡庚东、何玉明、孙盛明参与了第六部分"养殖方式"的编写工作。本书在编写过程中，还得到国家大宗淡水鱼产业技术体系各岗位科学家和综合试验站站长的全力支持，在此一并表示致谢。

本书可供广大养鱼专业户、渔场职工在从事大宗淡水鱼养殖时参照应用，也可供大中专学生、水产技术推广人员和相关管理人员在学习、指导及研究时作为参考资料。

由于水平有限，本书中如有不足之处，恳请同行专家批评指正。

编 者
2016 年 6 月

大宗淡水鱼类主要包括青鱼、草鱼、鲢、鳙、鲤、鲫、鲂七个种类，这七大种类是我国主要的水产养殖种类，其养殖产量占内陆养殖产量的较大比重，是我国食品安全的重要组成部分，也是主要的动物蛋白质来源之一，在我国人民的食物结构中占有重要的位置。据 2009 年统计资料显示，全国淡水养殖总产量 2 216 万吨，而上述 7 种鱼的总产量 1 553 万吨，占全国淡水养殖总产量的 70%。其中，草鱼、鲢、鲤、鳙、鲫产量均在 200 万吨以上，分别居我国鱼类养殖品种的前五位。大宗淡水鱼类的主产地分别为湖北、江苏、湖南、广东、江西、安徽、山东、四川、广西、辽宁、河南、浙江等省（自治区）。

青鱼、草鱼、鲢、鳙、鲤、鲫、鲂是我国主要的大宗淡水鱼类养殖种类，也是淡水养殖产量的主体，产业地位十分重要：

一是这七大养殖种类的产量，均占内陆养殖产量的较大比重，对保障粮食安全、满足城乡居民消费发挥着非常重要的作用。在我国主要农产品肉、鱼、蛋、奶中，水产品产量占到 31%，而大宗淡水鱼产量占我国鱼产量的 50%，在市场水产品有效供给中起到了关键作用。值得一提的是，在 2007 年我国猪肉、禽蛋等动物性食品价格大幅上涨时，大宗水产品价格却保持相对稳定，有效平抑了物价，满足了部分中低收入家庭的消费需求，得到社会的普遍肯定。美国著名生态经济学家布朗高度评价我国的淡水渔业，认为在过去二三十年，"中国对世界的贡献是计划生育和淡水渔业"。而大宗淡水鱼类养殖业是"淡水渔业"的重要组成部分。

二是大宗淡水鱼满足了国民摄取水产动物蛋白的需要，提高了国民的营养水平。大宗淡水鱼几乎 100% 是满足国内的国民消费（包括我国港、澳、台地区），是我国人民食物构成中主要蛋白质

1

来源之一，在国民的食物构成中占有重要地位。发展大宗淡水鱼类养殖业，对提高人民生活水平、改善人民食物构成、提高国民身体素质等方面发挥了积极的作用。大宗淡水鱼作为一种高蛋白、低脂肪、营养丰富的健康食品，具有健脑强身、延年益寿、保健美容的功效。发展大宗淡水鱼类养殖业，增加了膳食结构中蛋白质的来源，为国民提供了优质、价廉、充足的蛋白质，提高了国民的营养水平，对增强国民身体素质有不可忽视的贡献。

三是大宗淡水鱼类养殖业已从过去的农村副业转变成为农村经济的重要产业和农民增收的重要增长点，对调整农业产业结构、扩大就业、增加农民收入、带动相关产业发展等方面发挥了重要作用。2009 年，全国渔业产值为 5 937 亿元，其中，淡水养殖的产值达到 2 759 亿元，占渔业产值的 46%。根据当年平均价格的不完全计算，2009 年大宗淡水鱼成鱼的产值是 978 亿元。现在渔业从业人员有 1 385 万人，其中，约 70% 是从事水产养殖业。2009 年渔民人均纯收入达 8 166 元，高于农民人均纯收入。大宗淡水鱼养殖的发展，还带动了水产苗种繁育、水产饲料、渔药、养殖设施和水产品加工、储运物流等相关产业的发展，不仅形成了完整的产业链，也创造了大量的就业机会。

此外，大宗淡水鱼养殖业在提供丰富食物蛋白的同时，又在改善水域生态环境方面发挥了不可替代的作用。我国大宗淡水鱼类养殖是节粮型渔业的典范，因其食性大部分是草食性和杂食性鱼类，甚至以藻类为食，食物链短，饲料效率高，是环境友好型渔业。另外，大宗淡水鱼多采用多种类混养的综合生态养殖模式，通过搭配鲢、鳙等以浮游生物为食的鱼类，来稳定生态群落，平衡生态区系。通过鲢、鳙的滤食作用，一方面可在不投喂人工饲料的情况下，生产水产动物蛋白；另一方面可直接消耗水体中过剩的藻类，从而降低水体的氮、磷总含量，达到修复富营养化水体的目的。

但是，当前大宗淡水鱼类养殖产业存在着资源环境利用方式比较粗放、病害问题日益突出、良种覆盖率低、产品质量存在安全隐患、养殖基础设施老化落后、渔用饲料系数过高、养殖效益下降等问题，制约了产业的健康和可持续发展。为构建和完善现代大宗淡水鱼类产业技术体系，强化科研与生产实践的衔接，并充分利用现代农业技术体系为新渔村建设、渔业生产发展和渔民养殖致富奔小康服务，我们组织有关方面的专家编写了《大宗淡水鱼高效养殖百问百答》一书。本书将以国家大宗淡水鱼类产业技术体系为依托，全面系统反映大宗淡水鱼类产业的科技进展和其中的关键技术、实用技术，供广大水产养殖人员、技术推广人员和相关管理人员参考。

在本书的编写过程中，多位专家参与了编写工作。其中，第一部分"养殖品种介绍"由戈贤平编写；第二部分"池塘建设"由刘兴国编写；第三部分"营养与饲料"由刘文斌编写；第四部分"人工繁殖与苗种培育"由赵永锋编写；第五部分"养殖管理"由王建新编写；第六部分"养殖方式"由郁桐炳编写；第七部分"病害防治"由何义进编写。此外，张成锋、缪凌鸿、谢婷婷等参与了资料的收集和校对工作，在此一并表示致谢。

由于时间匆忙，加上水平有限，书中会有错误或不当之处，敬请广大读者批评指正。

编　者

近年来，我国大宗淡水鱼养殖业取得了较为平稳的发展，养殖产量和养殖效益稳步提升。据 2012 年统计资料显示，全国淡水养殖总产量 2 644.54 万吨，而大宗淡水鱼青鱼、草鱼、鲢、鳙、鲤、鲫、鳊鲂 7 种鱼的总产量 1 786.9 万吨，占全国淡水养殖总产量的 67.57%。其中，草鱼、鲢、鲤、鳙、鲫产量均在 220 万吨以上，分别居我国鱼类养殖品种的前 5 位。

2012 年，全国渔业产值为 9 048.75 亿元。其中，淡水养殖和水产苗种的产值合计达到 4 707.69 亿元，占到渔业产值的 52.03%。根据当年平均价格的不完全计算，2012 年大宗淡水鱼成鱼的产值是 2 676 亿元，占渔业产值的 29.6%。现在渔业从业人员有 1 444.05 万人，其中约 70% 是从事水产养殖业。2012 年渔民人均纯收入达 11 256 元，高于农民人均纯收入 3 337 元（2012 年我国农民人均纯收入 7 919 元）。

2010 年以来，国家大宗淡水鱼类产业技术体系又先后培育出长丰鲢、福瑞鲤等养殖新品种，并在全国范围内进行了养殖对比试验。结果表明，长丰鲢适应性强，生长速度快，平均亩增产在 16%～30%，增产效果明显。福瑞鲤与建鲤相比，生长优势明显，生长速度平均提高 20% 以上。目前，这些新品种已经在全国范围内推广养殖，对更新大宗淡水鱼养殖品种、提高养殖效益起到了非常积极的作用。

2010 年，我们组织国家大宗淡水鱼类产业技术体系部分专家编写了《大宗淡水鱼高效养殖百问百答》一书。该书以问答的形式，介绍了大宗淡水鱼养殖的全过程。该书的出版，受到了全国各养殖单位及广大大宗淡水鱼养殖户的欢迎。很多读者来信、来电表示：该书采用问答形式，内容简明扼要，通俗易懂，一看就懂、一学就会。特别是一些大宗淡水鱼养殖技术欠发达地区，在学习了本书内容后，对当地养殖品种进行了更新，并采用了新的养殖技术，养殖产量和效益都得到了明显提高。另外，有些养殖场参照书中的技术对养殖场区和池塘进行标准化改造后，养殖环境得到了明显改善，场区面貌焕然一新，彻底改变了过去水产养殖场路难走、味难闻的旧貌，变成了现代化的花园式养殖场区。如沿黄河流域的宁夏、内蒙古、河南等省（自治区）都开展了池塘循环水养殖示范基地建设，甚至出现了万亩连片的标准化鱼池，大宗淡水鱼养殖业又得到了新的发展。

本书自出版以来，印数达 28 900 册，已全部售罄，而读者仍有较大的需求。这次应中国农业出版社的要求重版，我们对原书进行了修订和补充，改正了原书中的错误和不足，增加了大宗淡水鱼最新的养殖产量，补充了 2010 年后培育出的长丰鲢、福瑞鲤、津鲢等大宗淡水鱼新品种的品种介绍及其养殖技术，使得本书的内容更加丰富、更加实用。对照本书内容，我们精选了大宗淡水鱼新品种及养殖设施彩色照片，使得读者能更加直观地了解大宗淡水鱼养殖新品种及养殖设施情况。

在第二版的编写过程中，缪凌鸿参与了本书第一部分"养殖品种介绍"的编写工作；孙盛明参与了该书的资料收集工作，刘兴国提供了"池塘建设"中相关的彩色照片。本书在编写过程中，还得到国家大宗淡水鱼类产业技术体系各岗位科学家和综合试验站站长的全力支持，在此一并表示致谢。

本书可供广大养鱼专业户、渔场职工在从事大宗淡水鱼养殖时参照应用，也可供大中专学生、水产技术推广人员和相关管理人员在学习、指导及研究时作为参考资料。

由于水平有限，本书中如有不足之处，恳请同行专家批评指正。

编　者
2013 年 8 月

目 录

四、人工繁殖与苗种培育 …………………………… 78

五、养殖管理 ……… 150

七、病害防治 •••••••••••••••••••••••••••••••• 232

一、养殖种类介绍

1. 大宗淡水鱼类主要包括哪些种类？

我国的大宗淡水鱼类，主要包括青鱼、草鱼、鲢、鳙、鲤、鲫和鲂等七个种类。

(1) 青鱼 青鱼（图1-1）也称螺蛳青、乌青和青鲩，为底层鱼类。主要生活在江河深水段，喜活动于水的下层以及水流较急的区域，喜食黄蚬、湖沼腹蛤和螺类等软体动物。10厘米以下的幼鱼，以枝角类、轮虫和水生昆虫为食物；15厘米以上的个体，开始摄食幼小而壳薄的蚬螺等。冬季在深潭越冬，春天游至急流处产卵。2014年全国青鱼养殖产量为55.73万吨，占大宗淡水鱼产量的2.77%，主要养殖区域为湖北、江苏、安徽等省（自治区）。2014年青鱼主产省（自治区）产量情况见图1-2。

图1-1 青 鱼

(2) 草鱼 草鱼（图1-3）也称草鲩、混子、草混合草青，为典型的草食性鱼类。肉厚刺少味鲜美，出肉率高。草鱼一般喜栖居于江河、湖泊等水域的中、下层和近岸多水草区域。具河湖洄游习性，性成熟个体在江河流水中产卵，产卵后的亲鱼和幼鱼进入支流及通江湖泊中育肥。草鱼性情活泼，游泳迅速，常成群觅食，性贪

1

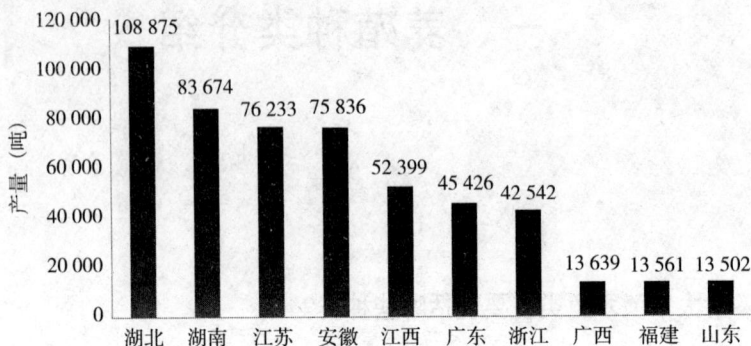

图1-2 2014年青鱼主产省（自治区）产量比较

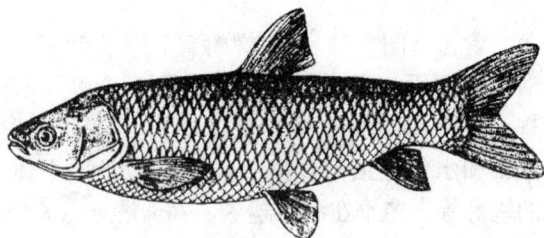

图1-3 草 鱼

食。2014年全国草鱼养殖产量为537.68万吨，占大宗淡水鱼产量的26.77%，是产量最大的养殖鱼类。主要养殖区域在湖北、广东、湖南等省（自治区）。2014年草鱼主产省（自治区）产量情况见图1-4。

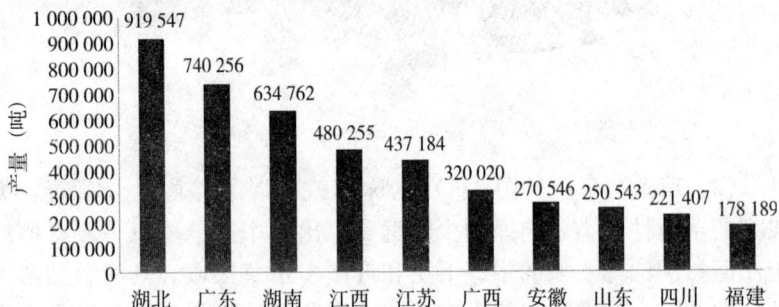

图1-4 2014年草鱼主产省（自治区）产量比较

（3）鲢 鲢（图1-5）也称白鲢、鲢子。鲢体银白色，栖息于大型河流或湖泊的上层水域，性活泼，善跳跃，稍受惊动即四处逃窜，终生以浮游生物为食。幼体主食轮虫、枝角类和桡足类等浮游动物，成体则滤食硅藻类、绿藻等浮游植物兼食浮游动物等，可用于降低湖泊水库富营养化。最大可达100厘米，通常为50～70厘米。2014年全国鲢养殖产量为422.60万吨，占大宗淡水鱼产量的21.04%，是第二大的养殖鱼类。主要养殖区域在湖北、江苏、湖南等省（自治区）。2014年鲢主产省（自治区）产量情况见图1-6。

图1-5　鲢

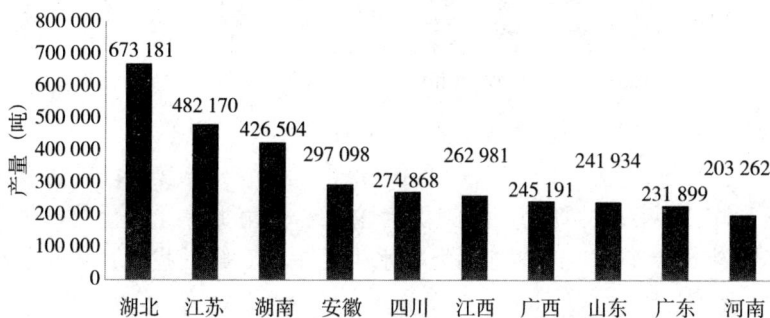

图1-6　2014年鲢主产省（自治区）产量比较

（4）鳙 鳙（图1-7）也称花鲢、黑鲢、胖头鱼。鳙体背侧部灰黑色，生活于水域的中上层，性温和，行动缓慢，不善跳跃。在天然水域中，数量少于鲢。平时生活于湖内敞水区和有流水的港湾内，冬季在深水区越冬。终生摄食浮游动物，兼食部分浮游植物。2014年全国鳙养殖产量为320.29万吨，占大宗淡水鱼产量的15.95%，位居第四。主要养殖区域在湖北、广东、湖南等省（自治区）。2014年

图 1-7 鳙

鳙主产省（自治区）产量情况见图1-8。

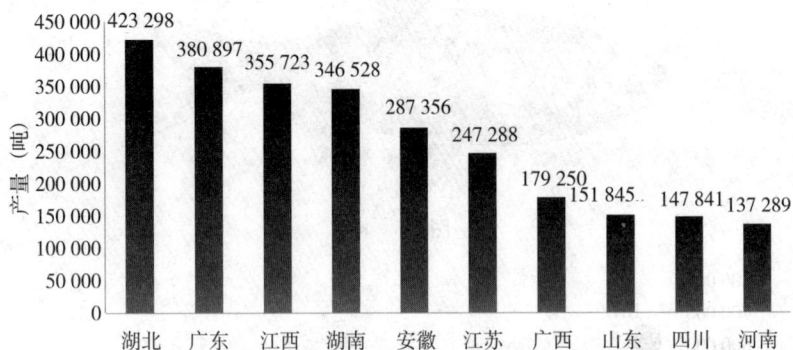

图 1-8　2014 年鳙主产省（自治区）产量比较

（5）鲤 鲤（图 1-9）也称鲤拐子、鲤鱼。杂食性，成鱼喜食螺、蚌、蚬等软体动物，仔鲤摄食轮虫、枝角类等浮游生物，体长15 毫米以上个体，改食寡毛类和水生昆虫等。鲤是我国育成新品种

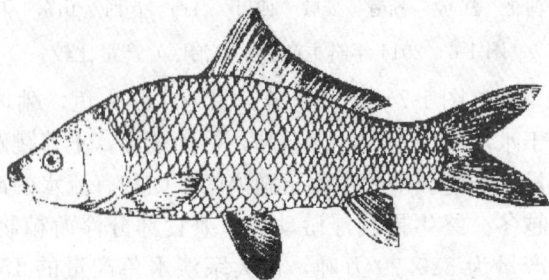

图 1-9 鲤

最多的鱼类，如丰鲤、荷元鲤、建鲤、松浦镜鲤、湘云鲤、豫选黄河鲤鱼、乌克兰鳞鲤、松荷鲤等。2014年全国鲤养殖产量为317.24万吨，占大宗淡水鱼产量的15.79%，位居第三。主要养殖区域在山东、辽宁、河南等省（自治区）。2014年鲤主产省（自治区）产量情况见图1-10。

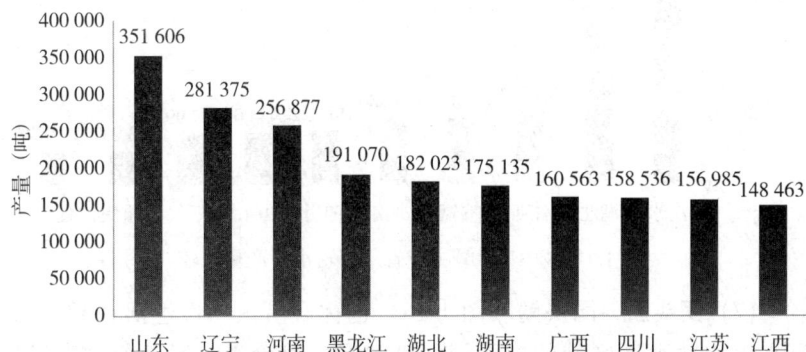

图1-10 2014年鲤主产省（自治区）产量比较

（6）鲫 鲫（图1-11）也称鲫瓜子、鲫拐子、鲫壳子、河鲫鱼和鲫鱼，为我国重要食用鱼类之一。属底层鱼类，适应性很强。鲫属杂食性鱼，主食植物性食物，鱼苗期食浮游生物及底栖动物。鲫一般2冬龄成熟，是中小型鱼类。生长较慢，一般在250克以下，大的可达1 250克左右。经过人工选育并在生产上广泛推广应用的有异育银鲫、彭泽鲫、湘云鲫等品种。2014年全国鲫养殖产量为276.79万

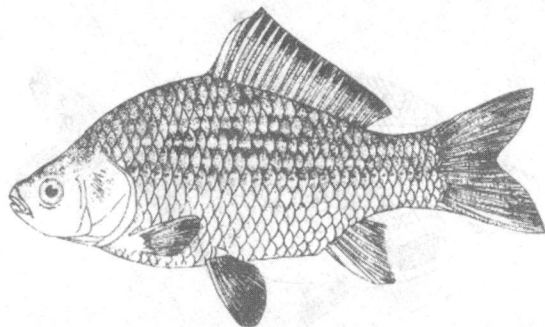

图1-11 鲫

吨，占大宗淡水鱼产量的 13.78%，位居第五。主要养殖区域在江苏、湖北、江西等省。2014 年鲫主产省（直辖市）产量情况见图1-12。

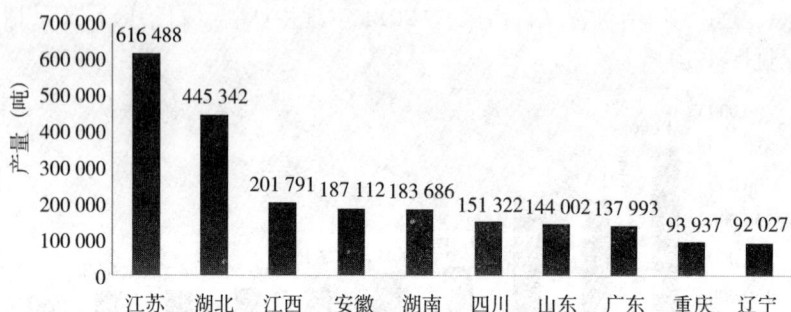

图 1-12　2014 年鲫主产省（直辖市）产量比较

（7）团头鲂　团头鲂（图 1-13）也称武昌鱼。喜生活在湖泊有沉水植物敞水区区域的中下层，性温和，草食性，因此有"草鳊"之称。幼鱼以浮游动物为主食，成鱼则以水生植物为主食。团头鲂生长较快，100～135 毫米的幼鱼经过一年饲养，可长到 0.5 千克左右，最大体重可达 3.5～4.0 千克。人工选育的新品种有团头鲂"浦江 1 号"，已推广到全国 20 多个省市。2014 年鳊、鲂养殖产量为 78.30 万吨，占大宗淡水鱼产量的 3.90%。主要养殖区域在江苏、湖北、安徽等省。2014 年鳊、鲂主产省产量情况见图1-14。

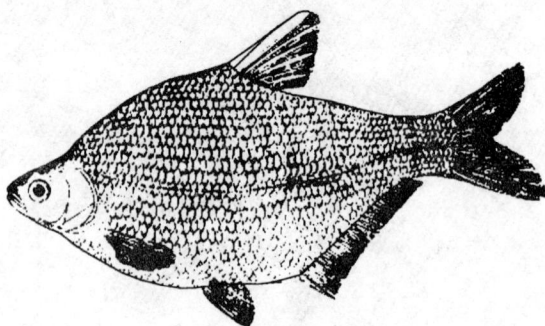

图 1-13　团头鲂

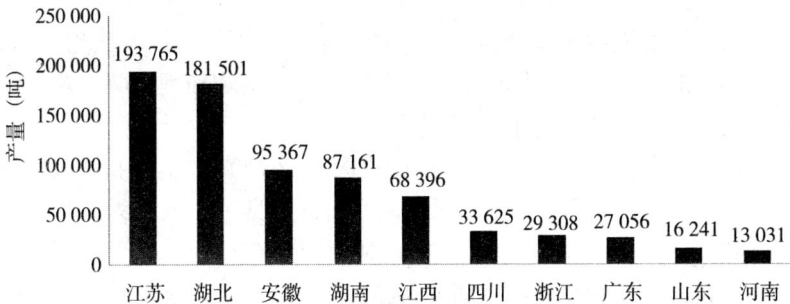

图 1-14　2014 年鳊、鲂主产省产量比较

2. 养殖鱼类原种好还是选育品种好？

培育优良品种的过程，就是应用各种遗传学方法，改造生物的遗传结构，以培育出高产优质的品种。较之鱼类原种，经科学育种培育出的优良品种，一般都具有某种或几种优良特性，如生长较快、抗病能力强和易管理等，投入少、产出多，具有更高的经济价值。不管是鱼类、虾类还是贝类养殖，良种选择和培育都是增产的有效途径。一般认为，在其他条件不变的情况下，使用优良品种可增产 20%～30%。养殖优良品种不仅能减少投入，而且能获得更高的经济效益，以保证水产养殖业的持续发展。所以，优良品种是渔民养殖的首选。

3. 大宗淡水鱼的良种体系建设情况如何？

在良种体系建设初期，国家主要投资建设了"四大家鱼"、鲤、鲫、鲂原种场和良种场。到目前为止，全国"四大家鱼"养殖用亲本，基本来源于国家投资建设的六个原种场，即基本实现了养殖原种化，但还没有良种。而鲤、鲫已经基本实现了良种化，即全国养殖的鲤、鲫大多是人工改良种。近年来，团头鲂"浦江 1 号"在全国各地得到了一定的推广，但原种的使用量仍然较大。水产良种是水产养殖业可持续发展的物质基础，推广良种，提高良种覆盖率，是促进水产养殖业持续健康发展的重要途径之一。但我国大宗淡水鱼类的良种选育和推广工作，仍存在以下几方面的问题：

（1）种质混杂现象严重　苗种场亲本来源不清，近亲繁殖严重，导致生产的"四大家鱼"（青鱼、草鱼、鲢、鳙）和鲤、鲫、鲂苗种质量差，生产者的收益不稳定。

（2）良种少　到目前为止，在我国广泛养殖、占淡水养殖产量46%的"四大家鱼"，还没有一个人工选育的良种，全部为野生种的直接利用，所谓"家鱼不家"。鲤、鲫、鲂虽有良种，但良种筛选复杂、更新慢，特别是高产抗病的新品种极少。

（3）保种和选种技术缺乏　当前，不少育苗场因缺乏应有的技术手段和方法，在亲鱼保种与选择方面仅靠经验来选择，使得繁育出的鱼苗成活率低，生长慢，抗逆性差，体型、体色变异等。

（4）育种周期长、难度大　由于"四大家鱼"的性成熟时间长（一般需要3～4年），而按常规选择育种，需要经过5～6代的选育，所以培育一个新品种约需20年以上。同时，由于这些种类的个体大，易死亡，保种难度很大，因此需要有一支稳定的科研团队和稳定的科研经费支持。

现在，国家大宗淡水鱼类产业技术体系已经建立了"四大家鱼"的育种团队，经过若干年的努力，将会培育出"四大家鱼"的新品种。

4. 经过人工选育的大宗淡水鱼新品种有哪些？

1996—2010年，我国经过人工选育的水产养殖新品种共有100种，其中，大宗淡水鱼新品种有37种之多，占到我国水产养殖新品种的37%。表1-1为我国历年审定公布的水产养殖新品种。

表1-1　我国历年审定公布的水产养殖新品种

年　份	新品种名称	个　数
1996	太平洋牡蛎、虾夷扇贝、海湾扇贝、美国青蛙、牛蛙、罗氏沼虾、露斯塔野鲮、散鳞镜鲤、德国镜鲤、革胡子鲇、道纳尔逊氏虹鳟、虹鳟、斑点叉尾鮰、短盖巨脂鲤（淡水白鲳）、大口黑鲈（加州鲈）、奥利亚罗非鱼、尼罗罗非鱼、异育银鲫、芙蓉鲤、三杂交鲤、岳鲤、荷元鲤、丰鲤、颖鲤、福寿鱼、奥尼鱼、德国镜鲤选育系、荷包红鲤抗寒品系、松浦银鲫、建鲤、彭泽鲫、荷包红鲤、兴国红鲤	33

（续）

年　份	新品种名称	个　数
1997	吉富品系尼罗罗非鱼、<u>松浦鲤</u>、"901"海带	3
2000	美国大口胭脂鱼、大菱鲆、<u>万安玻璃红鲤</u>、<u>团头鲂"浦江1号"</u>	4
2001	<u>湘云鲫</u>、<u>湘云鲤</u>	2
2002	SPF凡纳对虾、<u>蓝花长尾鲫</u>、<u>红白长尾鲫</u>	3
2003	中国对虾"黄海1号"、<u>松荷鲤</u>、剑尾鱼RR-B系、<u>墨龙鲤</u>	4
2004	"东方2号"杂交海带、"荣福"海带、"大连1号"杂交鲍、鳄龟、苏氏圆腹䰶、池蝶蚌	6
2005	<u>豫选黄河鲤</u>、"新吉富"罗非鱼、"蓬莱红"扇贝、<u>乌克兰鳞鲤</u>、高白鲑、小体鲟	6
2006	甘肃金鳟、"夏奥1号"奥利亚罗非鱼、<u>津新鲤</u>、"中科红"海湾扇贝、"981"龙须菜、康乐蚌	6
2007	<u>萍乡红鲫</u>、<u>异育银鲫"中科3号"</u>、杂交黄金鲫、杂交海带"东方3号"、中华鳖日本品系、漠斑牙鲆	6
2008	<u>松浦镜鲤</u>、中国对虾"黄海2号"、<u>清溪乌鳖</u>、<u>湘云鲫2号</u>、杂交青虾"太湖1号"、匙吻鲟	6
2009	罗氏沼虾"南太湖2号"、海大金贝、坛紫菜"申福1号"、<u>芙蓉鲤鲫</u>、"吉鲷"罗非鱼、乌鳢"杭鳢1号"、杂色鲍"东优1号"、"富棘"刺参	8
2010	<u>长丰鲢</u>、<u>津鲢</u>、<u>福瑞鲤</u>、大口黑鲈"优鲈1号"、大黄鱼"闽优1号"、凡纳滨对虾"科海1号"、凡纳滨对虾"中科1号"、凡纳滨对虾"中兴1号"、斑节对虾"南海1号"、"爱伦湾"海带、大菱鲆"丹法鲆"、牙鲆"鲆优1号"、黄颡鱼"全雄1号"	13
总　计		100

注：表中加下横线的品种为大宗淡水鱼新品种。

5. 建鲤有什么特点？

建鲤是以荷包红鲤和元江鲤杂交组合的后代作为育种的基础群，选育出 F_4 长形品系鲤，F_4 长形品系与两个原始亲本相同、选择指标一致的雌核发育系相结合，并进行横交固定的子一代鲤品种。建鲤经过 6 代定向选育后，遗传性状稳定，能自繁自育，不需要杂交制种；生产速度快，在同池饲养情况下，生长速度较荷包红鲤、元江鲤和荷元鲤分别快 49.7%、46.8% 和 28.9%；食性广，抗逆性强；体形匀称，为比例适中的长体形；体色为青灰色；可当年养殖成商品鱼，平均增产 30% 以上，并能在一年养殖两茬。

6. 津新鲤有什么特点？

津新鲤是在建鲤品种基础上，经过 17 年连续 6 代群体选育而获得的新品种，具有抗寒能力强、繁殖力高、生长速度快和起捕率高等优点，可当年养殖成商品鱼。

7. 德国镜鲤选育系有什么特点？

德国镜鲤选育系，是在引进德国镜鲤原种的基础上，采用混合选育和家系选育的方法，历时 10 余年选育出的新品种。选育出的 F_4 比原种（F_1）生长快 10.8%，抗病力提高 25.6%，池塘饲养成活率达到 98.5%，抗寒力达到 96.3%，比原种提高 33.8%，已形成一个遗传性稳定和优良的池塘养殖品种。该选育系已推广到黑龙江、吉林、辽宁、内蒙古和新疆等省（自治区），推广面积已达 10 万亩 *，增产增收效益十分显著。

8. 豫选黄河鲤有什么特点？

豫选黄河鲤是利用野生黄河鲤作亲本，经过近 20 年、连续 8 代选育而成。该品种体形呈纺锤状，体色鲜艳，金鳞赤尾，子代的红体色和不规则鳞表现率已降至 1% 以下，性状稳定，生长速度快，成活率高，易捕捞。其生长速度比选育前提高 36% 以上。

---

　　* 亩为非法定计量单位，1 亩＝1/15 公顷。

9. 乌克兰鳞鲤有什么特点?

乌克兰鳞鲤为1998年从俄罗斯引进后经选育的养殖品种。体形为纺锤形,略长,体色青灰色,头较小,出肉率高。该品种3～4龄性成熟,水温16℃以上即可繁殖生产。怀卵量小,有利于生长。适温性强,生存水温0～30℃。食性杂,生长快,耐低氧,易驯化,易起捕。2龄鱼在常规放养密度下,体重达1.5～2千克。

10. 松荷鲤有什么特点?

松荷鲤是采用常规育种和雌核发育技术相结合的育种方法,育成的一个抗寒力强、生长快和遗传稳定的鲤鱼新品种。其冰下自然越冬存活率在95%以上,生长速度比黑龙江鲤快91%以上。目前,已在黑龙江及其他北方地区广泛推广养殖。

11. 异育银鲫有什么特点?

异育银鲫是用方正银鲫作母本、兴国红鲤作父本,人工杂交而成的异精雌核发育子代。异育银鲫与亲本相比具有杂交优势,制种简便而子代不发生分离。食性杂,生命力强,生长快,肉质细嫩且营养丰富,其生长速度比鲫快1～2倍以上,比其母本方正银鲫快34.7%。当年繁殖的苗种养到年底,一般可长到0.25千克以上。

12. 彭泽鲫有什么特点?

彭泽鲫是我国第一个直接从野生鲫中人工选育出的养殖新品种。彭泽鲫原产于江西省彭泽县丁家湖、芳湖和太泊湖等自然水域。彭泽鲫经过十几年人工定向选育后,遗传性状稳定,具有繁殖技术和苗种培育方法简易、生长快、个体大、营养价值高和抗逆性强等优良特性。经选育后的F_6,比选育前生长速度快56%,1龄鱼平均体重可达 200 克左右。

13. 湘云鲫有什么特点？

湘云鲫是应用细胞工程技术和有性杂交相结合的技术培育成功的一种三倍体鲫，它的父本是鲫、鲤杂交四倍体鱼，母体为日本白鲫。湘云鲫体形美观，具有自身不育、生长速度快、食性广、抗病能力强、耐低氧低温和易起捕等优良性状，且肉质细嫩，肉味鲜美，肋间细刺少。含肉率高出普通鲫10%～15%，生长比普通鲫快3～4倍。

14. 团头鲂"浦江1号"有什么特点？

团头鲂"浦江1号"是以湖北省淤泥湖的团头鲂原种为基础群体，采用传统的群体选育方法，经过十几年的选育所获得的第六代新品种鱼。团头鲂"浦江1号"遗传性稳定，具有个体大、生长快和适应性广等优良性状。生长速度比淤泥湖原种提高20%。在我国东北佳木斯、齐齐哈尔等地区，翌年都能长到500克以上，比原来养殖的团头鲂品种在同样的条件下增加体重200克。目前，团头鲂"浦江1号"已推广到全国20多个省市。江苏漓湖地区产量达6万吨，主要销往上海、杭州等大城市。池塘主养单产超过500千克/亩，漓湖地区达到800千克/亩。湖泊网围养殖每亩产量可达1 000千克以上。商品鱼养成规格650克/尾以上。养殖周期由常规团头鲂的3年缩短至2年。

15. 异育银鲫"中科3号"有什么特点？

异育银鲫"中科3号"是通过异育银鲫和高体型异育银鲫两个品系间的有性交配，从中筛选出生长快、体形好的优良个体用作亲本，再用兴国红鲤精子刺激进行雌核生殖经6代以上的异精雌核生殖方式扩群，获得的一个异育银鲫的新品种（A+）。鉴于中国科学院水生生物研究所已推出异育银鲫和高体型异育银鲫两个品种，该新品种为第三个，因此，命名为异育银鲫"中科3号"。

异育银鲫"中科3号"具有以下优点：①生长速度快，比高背鲫生长快13.7%～34.4%，出肉率高6%以上；②遗传性状稳定；③体色银黑，鳞片紧密，不易脱鳞；④寄生于肝脏的碘泡虫病发病率低。"中科3号"适宜在全国范围内的各种可控水体内养殖，一经推广就深受渔民喜爱。

16. 异育银鲫"中科3号"推广情况如何？

异育银鲫"中科3号"在苗种生产和示范推广养殖方面取得重大进展。据不完全统计，2009年生产的优质异育银鲫"中科3号"苗种已过2亿尾，在湖北、江苏、广东、广西等全国十几个省（自治区、直辖市）进行了推广养殖，养殖面积达10万亩，并对多个地区的渔技人员和养殖户进行了养殖培训。国家大宗淡水鱼类产业技术体系14个综合试验站在2009年度推广了该新品种，各综合试验站统计数据表明，异育银鲫"中科3号"相对于高背鲫等银鲫养殖品种表现有明显的生长优势。银川综合试验站主养30亩，平均规格40克；套养1 000亩，平均规格60克，比本地鲫平均增重33%。扬州综合试验站试养结果表明，与普通异育银鲫相比，生长速度提高15%～25%，饲料系数降低0.1～0.2，养殖亩获利能力增加200～300元。石首综合试验站在纯自然套养情况下，比普通鲫生长快近50%，成活率高8%。武汉综合试验站统计结果表明，在洪湖养殖示范片共收获异育银鲫"中科3号"486吨，单产972千克/亩。2009年产生的社会效益约10亿元，增产产生的经济效益达2亿元以上。

17. 松浦镜鲤新品种有什么特点？

松浦镜鲤新品种于2009年2月25日通过全国水产原种和良种审定委员会审定为鲤鱼新品种（品种登记号：GS01-001-2008），并由中华人民共和国农业部公告第1169号发布。松浦镜鲤具有如下优点：①体形，背部增高，头部变小，即胴体部分增加了，可食部分增加；

②鳞片少，群体无鳞率可达 66.67％，左侧线鳞为（0.28±0.61）片，右侧线鳞为（0.16±0.47）片，明显少于德国镜鲤选育系（F_4）；③生长快，比德国镜鲤选育系（F_4）快 34.31％；④繁殖力高，3～4 龄鱼的平均绝对怀卵量为（3.42±0.26）×10^5 和（6.25±0.62）×10^5 粒，分别比德国镜鲤选育系（F_4）提高了 86.89％和 142.24％，平均相对怀卵量为（152.14±11.79）粒/克和（201.38±12.09）粒/克，分别比德国镜鲤选育系（F_4）提高了 56.17％和 88.17％；⑤适应性较强，1～2 龄鱼的平均饲养成活率为 96.95％和 96.44％，分别比德国镜鲤选育系（F_4）提高了 13.66％和 6.48％，平均越冬成活率为 95.85％和 98.84％，分别比德国镜鲤选育系（F_4）提高了 8.86％和 3.36％。目前，在全国推广累计养殖面积 6.51 万公顷，新增产值 4.57 亿元，已推广黑龙江省大部分地区（哈尔滨、黑河、伊春、五常、北安、庆安、肇源、泰来、大庆、望奎、绥化等地），以及天津、河北、吉林、山东、辽宁、重庆、广西、广东及内蒙古等地。

18. 芙蓉鲤鲫新品种有什么特点？

杂交鲫新品种——芙蓉鲤鲫，于 2009 年在第四届全国水产原种和良种审定委员会第二次会议上通过品种审定（品种登记号 GS-02-001-2009）。芙蓉鲤鲫是运用近缘杂交、远缘杂交和系统选育相结合的综合育种技术，经 20 年研究培育的新型杂交鲫鱼。在 8％～10％选择压力下，以形态和生长为主要指标，进行群体繁育混合选择，以连续选育 3 代的散鳞镜鲤为母本、兴国红鲤为父本进行鲤鱼品种间杂交，获得杂交子代芙蓉鲤；再以芙蓉鲤为母本，以同等选择压力下选育 6 代的红鲫为父本进行远缘杂交，得到体形偏似鲫的杂交种——芙蓉鲤鲫。

芙蓉鲤鲫具有体形像鲫、生长快、肉质好、抗逆性强、性腺败育等优良特性。其质量性状稳定，没有明显分离，其体色灰黄，体形侧扁，背部较普通鲫高且厚，全鳞且鳞片紧密；侧线鳞 30～35，背鳍：Ⅲ-17～19，臀鳍：Ⅲ-5～6；口须呈退化状，无须个体占 20％，其余个体有1或2根细小须根；体长为体高的2.28～2.84倍，为头长的3.21～3.87倍，为体厚的4.74～5.83倍，尾柄长为尾柄高的1.07～1.34倍，主要比例性状的变异系数0.065～0.091。芙蓉鲤鲫的形态学特征，尤其是与体形相关的性状偏向父本红鲫。芙蓉鲤鲫是二倍体，染色体众数值为2n＝100，RAPD与微卫星研究结果显示，芙蓉鲤鲫与红鲫的遗传距离最小而遗传相似性最高。相对而言，芙蓉鲤鲫的遗传结构更偏向父本红鲫。

芙蓉鲤鲫生长快，肉质好。芙蓉鲤鲫当年鱼的生长速度比父本红鲫要快102.4%，为母本芙蓉鲤的83.2%；2龄鱼生长速度比红鲫快7.8倍，为芙蓉鲤的86.2%。芙蓉鲤鲫1龄和2龄鱼的空壳率平均86.8%，明显高于普通鲤鲫（70%～80%）。芙蓉鲤鲫肌肉蛋白质含量高（18.22%），脂肪含量低（3.68%），18种氨基酸和4种鲜味氨基酸含量均高于双亲，不饱和脂肪酸含量略高于双亲平均水平。

芙蓉鲤鲫两性败育，没有发现其自交繁殖后代。解剖观察，芙蓉鲤鲫性腺发育异常的个体占83.63%，性腺外观基本正常的个体占16.36%。组织学观察，芙蓉鲤鲫性腺可分三类：两性嵌合体占21.13%，其中以精巢为主的16.90%，以卵巢为主的4.23%；雌性个体占40.84%，在生殖季节卵巢可发育到第Ⅳ时相，但未见其细胞核发生偏移；雄性个体占38.03%，在生殖季节只能发育到精子细胞阶段，不能产生成熟的精子。对发育较好的芙蓉鲤鲫进行人工催情，有发情追逐行为，但雄鱼不能产生精液，极少数雌鱼可产卵，但卵粒大小不匀，不饱满，缺乏弹性和光泽，即使与其他鲤、鲫交配也不能受精。

芙蓉鲤鲫制种规范，适合规模化生产应用。该品种制种繁殖技术与普通鲤鲫相似，可以实行人工催产，自然产卵受精，亦可人工采卵授精后上巢孵化或脱黏流水孵化。国家大宗淡水鱼类产业技术体系长沙综合试验站现有亲本3 000组，年苗种生产量可达2亿尾。芙蓉鲤鲫适宜在全国范围人工可控的淡水水域，进行池塘养殖、网箱养殖和稻（莲）田养殖。芙蓉鲤鲫1993年开始生产养殖，1997年以来先后在湖南、湖北、广东、江苏、山东、重庆等13个省（自治区、直辖市）进行过试养，累计养殖面积达1万公顷，新增产量过10万吨，受到养殖者和消费者的广泛好评，产生了显著的经济效益和社会效益。

19. 长丰鲢新品种有什么特点？

长丰鲢属鲤形目、鲤科、鲢亚科、鲢属。学名为 *Hypophthalmichthys molitrix*。俗名白鲢、鲢子鱼。长丰鲢是从长江野生鲢选育而来。采用人工雌核发育、分子标记辅助与群体选育相结合的育种技术，开展快速生长鲢新品种选育，以生长速度、体型和成活率为主要选育指标选育而成。

长丰鲢适合在全国范围内的淡水可控水体中广泛养殖，最适宜的养殖地区为华中、华东、华北、华南和西南地区。池塘主养、套养是长丰鲢的主要养殖模式，在连续 4 年的中试试验中，中试试验点覆盖湖北、安徽、陕西 3 个省份，中试面积达到 1.1 万亩。中试结果表明，选育的长丰鲢适应性强，生长速度快，平均亩增产在 16%～30%，增产效果明显。

20. 津鲢新品种有什么特点？

津鲢与长丰鲢为同一特种，分类地位与自然分布相同。津鲢是在保持原种优良种质的基础上，以生长快、形态学形状稳定、繁殖力高为选育目标，逐代选育出的，是采用群体繁殖和混合选择相结合的方法进行选育的。津鲢育成后，2001 年开始在华北和东北地区池塘进行中试，以天津及周边地区为主，逐渐推广到河北、山西、辽宁等12 个省（自治区、直辖市）。与普通鲢相比，津鲢有以下优势：饲养成活率高，通常情况下，饲养成活率高 20%～40%；生长快，生长速度、养殖产量都提高 10% 以上；耐寒能力强；经济效益好。

21. 福瑞鲤新品种有什么特点？

福瑞鲤属鲤形目、鲤科、鲤亚科、鲤属。它的原始亲本为选育的建鲤和野生黄河鲤。福瑞鲤体呈梭形，背较高，体较宽，头较小；口亚下位，呈马蹄形，上颌包着下颌，吻圆钝，能伸缩；全身覆盖较大的圆鳞；体色随栖息环境不同而有所变化，通常背部青灰色，腹部较淡，泛白；臀鳍和尾鳍下叶带有橙红色。

福瑞鲤属底层鱼，栖息于水域的松软底层和水草丛生处，喜欢在有腐殖质的泥层中寻找食物。早晚风平浪静时，也常到岸边浅水区游弋觅食。福瑞鲤食性杂，荤素皆吃，以荤为主。幼鱼期主要吃浮游生物，成鱼则以底栖动物为主要食物。小鱼、小虾、红虫、蛆虫、螺肉、水蚯蚓以及藻类果实等，都是它的美味佳肴。随着气候和水温的变化，其摄食口味也会发生某些改变，有时有明显的选择性。福瑞鲤的吻部长而坚，伸缩性强，吃饵常常翻泥打洞。福瑞鲤喜弱光，喜活水。喜欢在水色比较暗褐、透明度较低的水域中生活，阴天比晴天时活跃，特别喜欢在有新水注入的流水口处游弋和觅食。福瑞鲤生长快，寿命长，个体大。当年鱼可长到350~1 000克。福瑞鲤可在0~37℃的水体中生活，适宜在水温15~30℃生活；摄食量也与水温关系密切，水温20~25℃时，食欲最旺，从早至晚不停地摄食；水温低于10℃，活动量很小，基本上不进食；水温在2℃以下时，躲进深水处越冬，不吃不动。福瑞鲤适应能力强，能耐寒、耐碱、耐低氧，对水体要求不高，能在各种水体中生活，只要水域没有被污染，就能生存。福瑞鲤繁殖力强，2冬龄鲤便开始产卵，产卵数量大。

2008年和2009年，福瑞鲤在江苏、四川、山东等地进行了小规模的生产性对比试验，结果表明，生长速度提高20%以上，也比一些地方养殖的建鲤品系有很大的提高；2010年，在河南开封和宁夏银川进行养殖对比试验显示，福瑞鲤的生长速度比当地的建鲤品系快1倍左右。

22. 湘云鲤新品种有什么特点？

湘云鲤是由鲫鲤杂交四倍体鱼（♂）×丰鲤（♀）杂交而成。湘云鲤的体型美观，肉质细嫩，含肉率高出普通鲤10%~15%；生长速度快，比普通鲤快30%~40%；抗病力强，耐低温和低氧。其养殖技术与其他鲤养殖技术相似，可进行套养、单养及网箱养殖等。

23. 松浦银鲫新品种有什么特点？

松浦银鲫是采用生物技术——人工诱导雌核发育和性别控制，使方正银鲫产生基因突变，再从突变个体中定向选育成。生长速度稍快于方正银鲫，在推广中不易与南方鲫混杂和在池塘养殖中发生退化，始终保持高背鲫的形态。松浦银鲫为人工育成的银鲫新品系，具有生长快、个体大、肉质优良、经济价值高等特点，在生产应用中取得较好的养殖效果。全国各地均可养殖。

24. 松浦红镜鲤（红金钱）新品种有什么特点？

20世纪70年代，黑龙江水产研究所松浦试验场以荷包红鲤（♀）和散鳞镜鲤（♂）杂交后分离出来的个体为基础群，进行群体选育。1990年开始，以多性状群体复合选择方法结合现代生物技术手段进行强化选育，至2008年选育到第六代（F_6），各项指标均已稳定，将其定名为松浦红镜鲤。又因其鱼体鳞片布局呈框形，似古代方孔钱，且身体红色，故商品名定为红金钱。

该品种主要有以下优点：

（1）体色橘红，体形呈纺锤形，鳞被布局呈框形。作为一般的食用其营养丰富、味道鲜美，更适合节假日、婚庆等场合食用，寓意喜庆和发财。同时也适合作为公园人工湖的观赏鱼饲养，也是非常好的垂钓对象，因其特殊的体色和鳞被，亦是一个很好的遗传育种研究的实验材料。

（2）生长快，经连续3年同塘对比试验表明，松浦红镜鲤1~2龄鱼在哈尔滨地区的养殖周期内个体平均净增重199.53克和1 129.53克，分别比荷包红鲤抗寒品系提高21.61%和35.59%，与散鳞镜鲤无显著差异。

（3）成活率高，松浦红镜鲤与散鳞镜鲤无显著差异，1~2龄鱼的平均饲养成活率为96.17%和95.82%，分别比荷包红鲤抗寒品系高12.93%和12.15%；平均越冬成活率为95.24%和97.63%，分别比荷包红鲤抗寒品系高 9.27％和 8.55％。

25. 易捕鲤新品种有什么特点？

易捕鲤（见彩图第 3 页）是以从云南省晋宁水库采捕的大头鲤、嫩江中下游捕获的黑龙江鲤和前苏联引进的散鳞镜鲤复合杂交〔（大头鲤♀×散鳞镜鲤♂）♀×（黑龙江鲤♀×散鳞镜鲤♂）♂〕后代♀与大头鲤♂回交获得的子一代群体作为基础群体，以起捕率为主要选育指标，经连续 3 代群体选育后，又结合现代生物技术手段强化培育 3 代后获得。

在相同池塘养殖条件下，1 龄鱼起捕率达到 93％以上，比黑龙江鲤和松浦镜鲤分别提高 113.4％和 38.7％；2 龄鱼起捕率达到 96％以上，比黑龙江鲤、松浦镜鲤、松荷鲤分别提高 96.7％、56.0％、71.3％；生长速度和成活率与松荷鲤相近。适宜在全国各地人工可控的温水性淡水水体中增、养殖。已在黑龙江、吉林、辽宁等地进行中试养殖。

26. 长丰鲫新品种有什么特点？

长丰鲫以异育银鲫 D 系为母本，自 2008 年起以鲤鲫移核鱼（兴国红鲤系）为父本进行异精雌核生殖。以生长性能和倍性为主要选育指标，兼顾体型性状，经过连续 6 代雌核发育生殖发育获得的遗传稳定的四倍体群体。长丰鲫主要特征：①长丰鲫染色体观察众数为 208条，含有 3 套鲫染色体和 1 套鲤染色体；②长丰鲫外观与普通银鲫一致，可数和可量性状与普通异育银鲫无明显区别；③在相同养殖条件下，1 龄长丰鲫平均体重增长比异育银鲫 D 系快 25.06％～42.02％，2 龄快 16.77％～32.1％；④肉质细，单位面积内肌纤维数较彭泽鲫和普通银鲫多 23％和 37％；⑤有益脂肪酸含量高，高度不饱和脂肪酸（n≥3）比异育银鲫 D 系提高 115.16％，DHA 含量较异育银鲫 D系提高 255.17％；⑥鳞片紧密，不易脱落；⑦遗传性状稳定，长丰鲫采用异精雌核发育，子代性状不分离。

二、池塘建设

27. 新建养殖场在选址时要考虑哪些条件？

在新建池塘养殖场时，一般应考虑以下几个方面的条件：

（1）要了解当地政府的区域规划发展计划，了解是否允许开展池塘养殖，若规划中不允许进行池塘养殖，则不考虑在此地建场。

（2）要认真调研当地社会、经济、环境等发展的需要，合理地确定池塘养殖场的规模和养殖品种等。

（3）要充分考虑养殖场区域的水文、水质、气候等因素，养殖场的建设规模、建设标准以及养殖品种和养殖方式，应结合当地的自然条件来决定。

（4）要充分勘查了解养殖场建设区域的地形、水利等条件，有条件的地区可以充分考虑利用地势自流进排水，以节约动力提水所增加的电力成本。

（5）要考虑养殖场建设区域的洪涝、台风等灾害因素发生情况，在洪涝、台风多发地区设计养殖场进排水渠道、池塘塘埂、房屋等建筑物时，应注意考虑排涝、防风等问题。

（6）北方等寒冷地区在规划建设水产养殖场时，需要考虑寒冷、冰雪等对养殖设施的破坏，在建设渠道、护坡、路基等应考虑防寒措施；南方高温多发地区在规划建设养殖场时，要考虑夏季高温气候对养殖设施的影响。

（7）应考虑养殖场建设区域的水源和水质问题，对于水源不足或水质不好的地区，一般应不考虑建设养殖场。若该地区的原水处理成本不高或水源阶段性短缺，可根据市场需要，建设一定规模和形式的养殖场。

（8）要考虑当地的土壤、土质等问题，养殖场最好选择黏质土或壤土、沙壤土的场地建设池塘。

（9）要考虑当地的道路、交通、电力和通讯等基础条件，水产养殖场需要有良好的道路、交通、电力、通讯、供水等基础条件。新建、改建养殖场最好选择在"三通一平*"的地方建场，如果不具备以上基础条件，应考虑这些基础条件的建设成本，避免因基础条件不足影响到养殖场的生产发展。

28. 新建养殖场时为什么要考虑水源、水质条件？

水源、水质条件直接关系到养殖的成败。养殖水源分为地面水源和地下水源，无论是采用哪种水源，一般应选择在水量丰足、水质良好的地区建场。水产养殖场的规模和养殖品种，要结合水源情况来决定。采用河水或水库水作为养殖水源，要设置防止野生鱼类进入的设施，以及周边水环境污染可能带来的影响。使用地下水作为水源时，要考虑供水量是否满足养殖需求，供水量的大小一般要求在10天左右能够把池塘注满为宜。

选择养殖水源时，还应考虑工程施工等方面的问题。利用河流作为水源时，需要考虑是否筑坝拦水；利用山溪水流时，要考虑是否建造沉沙排淤等设施。

水产养殖场的取水口应建到上游部位，排水口建在下游部位，防止养殖场排放水流入取水口。

水质对于养殖生产影响很大，养殖用水的水质一般应符合《渔业水质标准》规定。对于部分指标或阶段性指标不符合规定的养殖水源，应考虑建设源水处理设施，并计算相应设施设备的建设和运行成本。

29. 养殖池塘对土壤、土质的要求有哪些？

在规划新建养殖场池塘时，要充分调查了解场区的土壤、土质状

---

* "三通一平"，是指水通、电通、路通和场地平整。

况，不同的土壤、土质对养殖场的建设成本和养殖效果影响很大。修建池塘的土壤要求保水力强，一般应选择黏质土或壤土、沙壤土的场地建设池塘，这些土壤建塘不易透水渗漏，筑基后也不易坍塌。沙质土或含腐殖质较多的土壤，保水力差，做池埂时容易渗漏、崩塌，不宜建塘。土质对养殖影响很大，如含铁质过多的赤褐色土壤，浸水后会不断释放出赤色浸出物，对鱼类生长不利；pH 低于 5 或高于 9.5 的土壤地区，也不适宜挖塘养鱼。土质鉴定应选择足够数量的有代表性的点挖方检测，检测深度要超过池底深度 1 米。

表 2-1 为基本土壤分类，在规划养殖场时应注意参考。

表 2-1 土壤分类表

基本土名	黏粒含量	亚类土名
黏土	>30%	重黏土，黏土，粉质黏土，沙质黏土
壤土	30%～10%	重壤土，中壤土，轻壤土，重粉质壤土，轻粉质壤土
沙壤土	10%～3%	重沙壤土，轻沙壤土，重粉质沙壤土，轻粉质沙壤土
沙土	<3%	沙土，粉沙
粉土	黏粒<3%，沙粒<10%	
砾质土	沙粒含量 10%～50%	

注：黏粒粒径<0.005 毫米；沙粒粒径 0.005～2 毫米。

30. 水产养殖场在规划和建设时应遵循哪些原则?

水产养殖场建设，应本着"以渔为主、合理利用"的原则来规划布局，养殖场的规划建设既要考虑近期需要，又要考虑到今后发展。

水产养殖场的规划建设，一般应遵循以下原则：

(1) 合理布局 根据养殖场规划要求，合理安排各功能区，做到布局协调、结构合理，既满足生产管理需要，又适合长期发展需要。

(2) 利用地形结构 充分利用地形结构规划建设养殖设施，做到施工经济、进排水合理和管理方便。

(3) 就地取材，因地制宜 在养殖场设计建设中，要优先考虑选用当地建材，做到取材方便，经济可靠。

(4) 搞好土地和水面规划 养殖场规划建设要充分考虑养殖场土

地的综合利用问题，利用好沟渠、塘埂等土地资源，实现养殖生产的循环发展。

31. 养殖场的布局一般是怎么规划的？

养殖场的布局结构，一般分为养殖区、办公生活区和水处理区等，养殖区又可分为苗种养殖区、成鱼养殖区和越冬繁育区等。以养殖为主的场内，池塘的面积一般占养殖场面积的65％～75％。在规划养殖场布局时，应根据场地地形进行规划，同时，应注意办公生活区应建在进出便捷、管理方便的位置，鱼苗池应靠近孵化繁育设施，各类养殖池塘应连片，以便于管理等。

狭长形场地内的池塘排列，一般为非字形；地势平坦场区的大型养殖场池塘排列，一般采用围字形布局；由多个养殖单元组成的养殖小区，一般采取镶嵌组合式布局结构。图2-1是一种现代水产养殖场布局图。

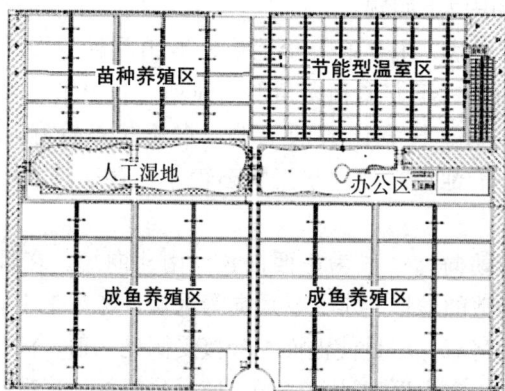

图 2-1 一种水产养殖场布局图

32. 养殖池塘有哪些类型？

按照养殖功能划分，池塘可分为亲鱼池、鱼苗池、鱼种池和成鱼池等。按照养殖品种划分，有养虾池、养蟹池和养鱼池等。在一个养殖场内各类池塘所占的比例，一般根据养殖模式、养殖特点和品种等来确定。不同类型池塘规格参考表2-2。

表2-2 不同类型池塘规格

项目 类型	面积（米²）	池深（米）	长∶宽	备 注
鱼苗池	600～1 300	1.5～2.0	2∶1	可兼作鱼种池
鱼种池	1 300～3 000	2.0～2.5	（2～3）∶1	
成鱼池	3 000～10 000	2.5～3.5	（3～4）∶1	
亲鱼池	2 000～4 000	2.5～3.5	（2～3）∶1	应接近产卵池
越冬池	1 300～6 600	3.0～4.0	（2～4）∶1	应靠近水源

33. 设计建设池塘时应考虑哪些结构问题？

池塘结构主要有形状、朝向、面积、深度和底型结构等。在设计池塘时，应考虑以下问题：

(1) 池塘形状 主要取决于地形、养殖品种等要求，一般为长方形，也有圆形、正方形和多角形的池塘。长方形池塘的长宽比一般为（2～4）∶1。长宽比大的池塘，水流状态较好，管理操作方便；长宽比小的池塘，池内水流状态较差，存在较大死角，不利于养殖生产。

(2) 池塘朝向 一般为东西向长、南北向短。在规划具体朝向时，应结合场地的地形、水文、风向等因素，考虑是否有利于风力搅动水面，增加溶氧，尽量使池面充分接受阳光照射，满足水中天然饵料的生长需要。在山区建造养殖场，应尽量根据地形选择背山向阳的位置。

(3) 池塘面积 取决于养殖模式、品种、池塘类型和结构等。面积较大的池塘建设成本低，但不利于生产操作，进排水也不方便；面积较小的池塘建设成本高，便于操作，但水面小，风力增氧和水层交换差。大宗鱼类养殖池塘按养殖功能不同，其面积不同。在南方地区，成鱼池一般5～20亩，鱼种池一般2～5亩，鱼苗池一般1～2

亩；在北方地区，养鱼池的面积有所增加。

（4）**池塘水深**　水深是池底至水面的垂直距离，池深是指池底至池堤顶的垂直距离。池塘深度和水深取决于养殖需要，一般养鱼池塘的有效水深不低于 1.5 米，成鱼池的深度在 2.5～3.0 米，鱼种池在 2.0～2.5 米。北方越冬池塘的水深应达到 2.5 米以上。池埂顶面一般要高出池中水面 0.5 米左右。

水源季节性变化较大的地区，在设计建造池塘时应适当考虑加深池塘，维持水源缺水时池塘有足够水量。

深水池塘一般是指水深超过 3.0 米以上的池塘，深水池塘可以增加单位面积的产量，节约土地，但需要解决水层交换、增氧等问题。

（5）**池底结构**　池塘底部要平坦，为了方便池塘排水、水体交换和捕鱼，池底应有相应的坡度，并开挖相应的排水沟和集水坑。池塘底部的坡度一般为 1∶（200～500），在池塘宽度方向，应使两侧向池中心倾斜。面积较大且长宽比较小的池塘，底部应建设主沟和支沟组成的排水沟（图 2-2）。主沟最小纵向坡度为 1∶1 000，支沟最小纵向坡度为 1∶200。相邻的支沟相距一般为 10～50 米，主沟宽一般为 0.5～1.0 米、深 0.3～0.8 米。

面积较大的池塘可按照回形鱼池建设，池塘底部建设有台地和沟槽（图 2-3）。台地及沟槽应平整，台面应倾斜于沟，坡降为 1∶（1 000～2 000），沟、台面积比一般为 1∶（4～5），沟深一般为 0.2～0.5 米。

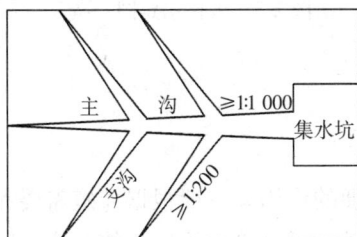

图 2-2　池塘底部沟、坑示意图　　图 2-3　回形鱼池示意图

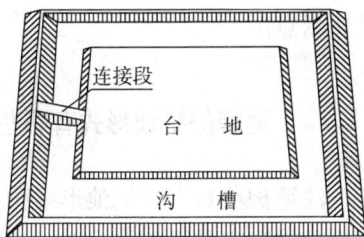

在较大的长方形池塘内坡上，为了投饵和拉网方便，一般应修建一条宽度约 0.5 米平台（图 2-4），平台应高出水面。

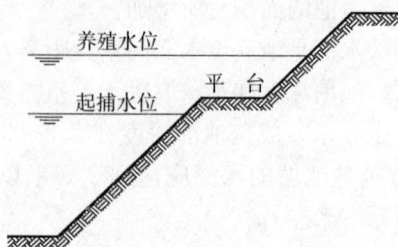

养殖水位

平 台

起捕水位

图 2-4 鱼池平台示意图

34. 池塘的塘埂与坡比有哪些要求？

池埂是池塘的轮廓基础，池埂结构对于维持池塘的形状、方便生产以及提高养殖效果等有很大的影响。池塘塘埂一般用匀质土筑成，埂顶的宽度应满足拉网、交通等需要，一般在2～6米。

池埂的坡度大小，取决于池塘土质、池深、护坡与否和养殖方式等。一般池塘的坡比为1：（1.5～3)，若池塘的土质是重壤土或黏土，可根据土质状况及护坡工艺适当调整坡比，池塘较浅时坡比可以为1：（1～1.5)。图2-5所示为坡比示意图。

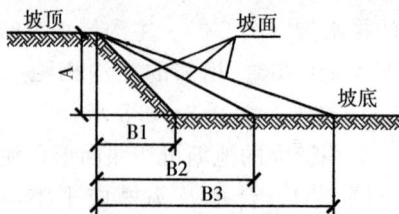

坡顶　　　　坡面
坡底

B1
B2
B3

坡比：A：B1=1：1
A：B2=1：2
A：B3=1：3

图 2-5 坡比示意图

35. 池塘的护坡形式有哪些？

池塘护坡具有保护池形结构和塘埂的作用，一般根据养殖需要和池塘条件决定是否护坡，对于池塘进排水等易受水流冲击的部位，应采取护坡措施。目前，常用的护坡形式有水泥预制板护坡、混凝土护坡、塑胶布护坡、网布护坡、砖块护坡和砾石护坡等。

（1）水泥预制板护坡　一种常见的池塘护坡方式，护坡水泥预制板的厚度一般为 5～15 厘米，长度根据护坡断面的长度决定。较薄的预制板一般为实心结构，5 厘米以上的预制板一般采用楼板方式制作。水泥预制板护坡需要在池底下部 30 厘米左右建一条混凝土圈梁，以固定水泥预制板，顶部要用混凝土砌一条宽 40 厘米左右的护坡压顶（图 2-6）。

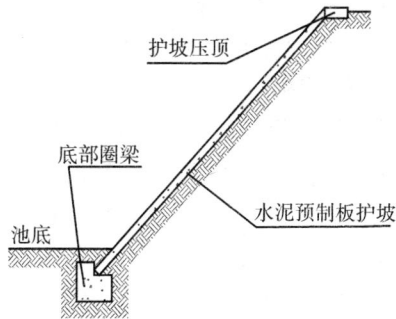

图 2-6　水泥预制板护坡示意图

水泥预制板护坡的优点是施工简单，整齐美观，经久耐用；缺点是破坏了池塘的自净能力。一些地方采取水泥预制板植入式护坡，即水泥预制板护坡建好后，把池塘底部的土翻盖在水泥预制板上部，这种护坡方式既有利于池塘固形，又有利于维持池塘的自净能力。

（2）混凝土护坡　用混凝土现浇护坡的方式，具有施工质量高、防裂性能好的特点。采用混凝土护坡时，需要对塘埂坡面基础进行整平、夯实处理。混凝土现浇护坡一般用素混凝土，也有用钢筋混凝土形式。混凝土护坡的坡面厚度一般为 5～8 厘米。无论用哪种混凝土方式护坡，都需要在一定距离设置伸缩缝，以防止水泥膨胀。

（3）地膜护坡　一般采用高密度聚乙烯（HDPE）塑胶地膜或复合土工膜护坡。HDPE 膜具抗拉伸、抗冲击、抗撕裂、强度高和耐静水压高的特点，在耐酸碱腐蚀、抗微生物侵蚀及防渗漏方面也有较好性能，且表面光滑，有利于消毒、清淤和防止底部病原体的传播。HDPE 膜护坡既可覆盖整个池底，也可以周边护坡。

复合土工膜进行护坡，具有施工简单，质量可靠，节省投资的优点。复合土工膜属非孔隙介质，具有良好的防渗性能和抗拉、抗撕裂、抗顶破、抗穿刺等力学性能，还具有一定的变形量，对坡面的凹凸具有一定的适应能力，应变力较强，与土体接触面上的孔隙压力及浮托力易于消散，能满足护坡结构的力学设计要求。复合土工膜还具有很好的耐化学性和抗老化性能，可满足护坡耐久性要求（图 2-7）。

（4）砖石、浆砌片石护坡　具有护坡坚固、耐用的优点，但施工复杂，砌筑用的片石石质要求坚硬，片石用作镶面石和角隅石时，还需要加工处理。

浆砌片石护坡一般用坐浆法砌筑，要求放线准确，砌筑曲面做到曲面圆滑，不能砌成折线面相连。片石间要用水泥勾缝成凹缝状，勾出的缝面要平整光滑、密实，施工中要保证缝条的宽度一致，严格控制勾缝时间，不得在低温下进行，勾缝后加强养护，防止局部脱落。

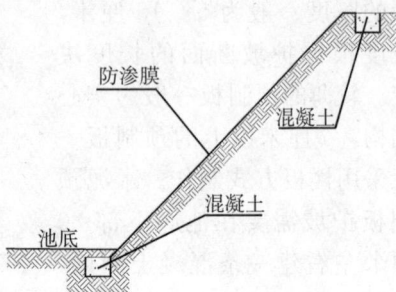

图 2-7　塑胶膜护坡示意图

36. 池塘的进、排水设施有哪些形式？

池塘的进水设施一般有进水控制闸门、进水管和防逃网等；排水设施一般有排水井、防逃隔网、排水闸和排水管等。

池塘进水闸门一般为凹槽插板的方式（图 2-8），这种方式施工简单，缺点是不容易插严，容易漏水。目前，很多地方采用预埋 PVC 管，采取拔管方式控制池塘进水（图 2-9），这种方式防渗漏性能好，操作简单。

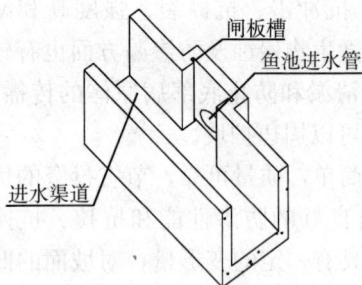

图 2-8　插板式进水闸门示意图　　　图 2-9　拔管式进水闸门示意图

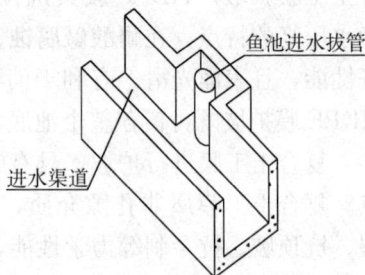

池塘进水管道一般用水泥预制管或 PVC 波纹管，较小的池塘也可以用 PVC 管或陶瓷管。池塘进水管的长度，应根据护坡情况和养

殖特点决定，一般在 0.5～3 米。进水管太短，容易冲蚀塘埂；进水管太长，又不利于生产操作和成本控制。

池塘进水管的底部一般应与进水渠道底部平齐，渠道底部较高或池塘较低时，进水管可以低于进水渠道底部。进水管中心高度应高于池塘水面，以不超过池塘最高水位为好。进水管末端应安装口袋网，防止池塘鱼类进入水管和杂物进入池塘。

每个池塘一般设有一个排水井。排水井采用闸板控制水流排放，也可采用闸门或拔管方式进行控制。拔管排水方式易操作，防渗漏效果好。排水井一般为水泥砖砌结构，有拦网、闸板等凹槽（图 2-10、图 2-11）。池塘排水通过排水井和排水管进入排水渠，若干排水渠汇集到排水总渠，排水总渠的末端应建设排水闸。

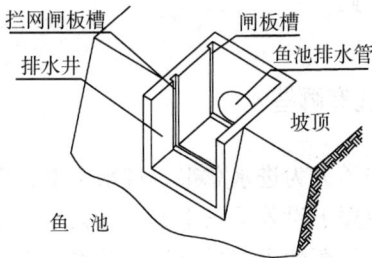

图 2-10　插板式排水井示意图　　图 2-11　拔管式排水井示意图

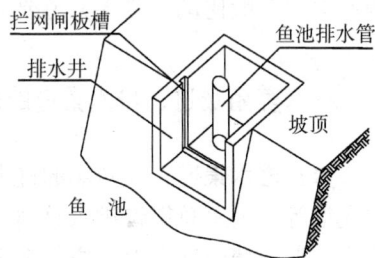

排水井的深度一般应到池塘的底部，以可排干池塘全部水为好。有的地区由于外部水位较高或建设成本等问题，排水井建在池塘的中间部位，只排放池塘 50% 左右的水，其余的水需要靠动力提升，排水井的深度一般不应高于池塘中间部位。

37. 如何规划建设养殖场的进、排水系统？

养殖场的进、排水系统，是养殖场的重要组成部分，进、排水系统规划建设得好坏，直接影响到养殖场的生产效果。水产养殖场的进、排水渠道一般是利用场地沟渠建设而成，在规划建设时应做到进、排水渠道独立，严禁进、排水交叉污染，防止鱼病传播。设计规划养殖场的进、排水系统，还应充分考虑场地的具体地形条件，尽可能采取一级动力取水或排水，合理利用地势条件设计进、排水自流形式，降低养殖成本。

养殖场的进、排水渠道一般应与池塘交替排列，池塘的一侧进水，另一侧排水，使得新水在池塘内有较长的流动混合时间。

池塘养殖场一般都建有提水泵站，泵站大小取决于装配泵的台数。根据养殖场规模和取水条件，选择水泵类型和配备台数，并装备一定比例的备用泵，常用的水泵主要有轴流泵、离心泵和潜水泵等。

低洼地区或山区养殖场，可利用地势条件设计水自流进池塘。如果外源水位变换较大，可考虑安装备用输水动力，在外源水位较低或缺乏时，作为池塘补充提水需要。自流进水渠道一般采取明渠方式，根据水位高程变化选择进水渠道截面大小和渠道坡降，自流进水渠道的截面积一般比动力输水渠道要大一些。

38. 养殖场进、排水渠道的形式有哪些?

(1) 进水渠道 养殖场的进水渠道分为进水总渠、进水干渠、进水支渠等。进水总渠设进水总闸，总渠下设若干条干渠，干渠下设支渠，支渠连接池塘。总渠应按全场所需要的水流量设计，总渠承担一个养殖场的供水，干渠分管一个养殖区的供水，支渠分管几口池塘的供水。进水渠道大小必须满足水流量要求，要做到水流畅通，容易清洗，便于维护。

进水渠道系统包括渠道和渠系建筑物两个部分。渠系建筑物包括水闸、虹吸管、涵洞、跌水与陡坡等。按照建筑材料不同，进水渠道分为土渠、石渠、水泥板护面渠道、预制拼接渠道、水泥现浇渠道等而定。按照渠道结构可分为明渠、暗渠等。

(2) 排水渠道 排水渠道是养殖场进、排水系统的重要部分。水产养殖场排水渠道的大小深浅，要结合养殖场的池塘面积和地形特点、水位高程等而定。排水渠道一般为明渠结构，也有采取水泥预制板护坡形式。

排水渠道要做到不积水，不冲蚀，排水通畅。排水渠道的建设原则是：线路短，工程量小，造价低，水面漂浮物及有害生物不易进渠，施工容易等（图 2-12）。

养殖场的排水渠一般应设在场地最低处，以利于自流排放。排水渠道应尽量采用直线，减少弯曲，缩短流程，力求工程量小，占地少，水流通畅，水头损失小。排水渠道应

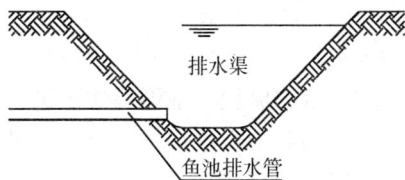

图 2-12　排水渠道示意图

尽量避免与公路、河沟和其他沟渠交叉，在不可避免发生交叉时，要结合具体情况，选择工程造价低、水头损失小的交叉设施。排水渠线应避免通过土质松软、渗漏严重地段，无法避免时应采用砌石护渠或其他防渗措施，以便于支渠引水。

养殖场排水渠道一般低于池底 30 厘米以上，排水渠道同时作为排洪渠时，其横断面积应与最大洪水流量相适应。

39. 进、排水明渠有哪些特点和施工要求？

明渠具有设计简单，便于施工，造价低，使用维护方便，不易堵塞的优点。一般情况下，池塘养殖场应采用明渠进、排水。明渠一般采用梯形断面，用水泥预制板、水泥现浇或砖砌结构。

按照地形不同，明渠分为三种类型：一是过水断面全部在地面以下，由地面向下开挖而成，称为挖方明渠；二是过水断面全部在地面以上，依靠填筑土堤而成的，称为填方明渠；三是过水断面部分在地面上，部分在地面以下，称为半填半挖明渠。不管建设哪种明渠，都要根据实际情况进行选择建设。

明渠断面的设计应充分考虑水量需要和水流情况，根据水量、流速等确定断面的形状、渠道边坡结构、渠深、底宽等。明渠断面一般有三角形、半圆形、矩形和梯形四种形式，一般采用水泥预制板护面或水泥浇筑，也有用水泥预制槽拼接或水泥砖砌结构，还有沥青、块石、石灰、三合土等护面形。建设时可根据当地的土壤情况、工程要求、材料来源等灵活选用。具体设计要求主要有：

（1）按照养殖场所需水量确定渠道流量　池塘养殖进水渠道所需

满足的流量计算方法一般为：流量（米³/小时）＝池塘总面积(米²)×平均水深（米)/计划注水时数（小时)。

(2) 根据流量、地形等确定进、排水明渠的截面大小和形状等 进水明渠的湿周高度应在 60%～80%，进水干渠宽在 0.5～0.8 米，进水渠道的安全超高一般在 0.2～0.3 米。渠道过大会造成浪费，渠道过小会出现溢水冲损等现象，渠道水流速度一般采取不冲不淤流速（表 2-3)。

表 2-3　不同明渠的最大允许平均流速

流速(米/秒)　　水深(米)　　　护面种类	0.4	1.0	2.0	3.0 以上
松黏土及黏壤土	0.33	0.40	0.46	0.50
坚实黏土	1.00	1.20	1.40	1.50
草皮护坡	1.50	1.80	2.00	2.20
水泥砌砖	1.60	2.00	2.30	2.50
水泥砌石	2.90	3.50	4.00	4.40
木槽	2.50			

(3) 渠道坡度　进水渠道一般需要有一定的比降，尤其是较长的渠道，其比降是设计建设中必须考虑的。渠道比降的大小，取决于场区地形、土壤条件、渠道流量、灌溉高程和渠道种类等。支渠的比降一般为 1∶(500～1 000)，干渠的比降一般为 1∶(1 000～2 000)，总渠的比降一般为 1∶(2 000～3 000)。

40. 建设暗管（渠）与分水井有哪些要求？

在寒冷地区或特殊要求的养殖场，进水渠道可采用暗管或暗渠结构。暗管有水泥管、陶瓷管和 PVC 波纹管等；暗渠结构一般为混凝土或砖砌结构，截面形状有半圆形、圆形和梯形等。

铺设暗管、暗渠时，一定要做好基础处理，一般是铺设 10 厘米左右的碎石作为垫层。寒冷地区水产养殖场的暗管，应埋在不冻土层，以免结冰冻坏。为了防止暗渠堵塞，便于检查和维修，暗渠一般每隔 50 米左右设置一个竖井，其深度要稍深于渠底。

分水井又叫集水井，设在鱼塘之间，是干渠或支渠上的连接结构，一般用水泥浇筑或砖砌。分水井一般采用闸板控制水流（图 2-13），也有采用预埋 PVC 拔管方式控制水流（图 2-14）。采用拔管方式控制分水井结构简单，防渗漏效果较好。

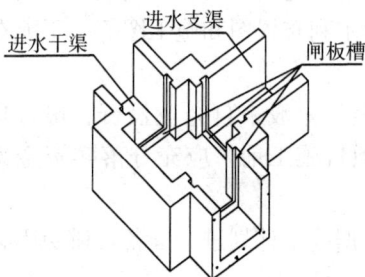

图 2-13　闸板控制的分水井　　　　图 2-14　拔管控制的分水井

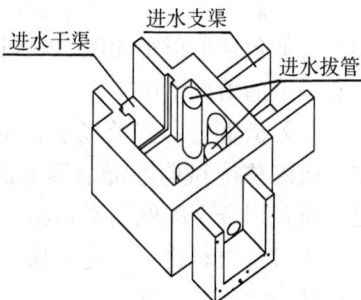

41. 池塘养殖场施工时应注意哪些问题？

(1) 确定设计方案和工程概算　设计方案应根据规划要求制订，在制订设计方案时，应分析了解以下几个方面的情况：

①养殖场的地理位置以及周边的环境情况。

②地理、水文、地形结构以及土质等。

③规划区范围内的人口、劳动力情况。

④规划区及周边范围的河流、水源、水质状况等。

⑤当地的水产资源现状和市场等情况。

(2) 工程规划和概算　主要包括以下几个方面：

①规划的原则和建设目标。

②规划项目、数量与投资金额：主要包括池塘数目、面积、土方总量、排灌渠结构长度、桥涵数量、动力设备数量、办公库房、场地道路、供水供电等方面。

③经济性分析：即对整个工程项目，应根据自然资源、技术力量和社会需求等，编制年度产量、产值、效益分析表，并分析投资回收计划，争取实现良好的经济、社会、生态效益。

(3) 施工组织 池塘养殖场施工过程中，应做好以下几个方面的工作：

①成立项目组：成立包括管理、技术、施工等方面人员组成的项目组，明确管理结构。项目组负责审定规划、指挥施工工作。

②绘制图纸：工程施工前，应根据工艺要求精心绘制图纸，工程图纸一般包括地形平面图、规划图、水利布置图和施工图等。不能在没有图纸的情况下施工。

③筹措资金：养殖场建设的资金，一般来自企业投资、银行贷款、政府扶持和自筹资金等方面。项目施工前，应充分落实资金渠道，避免因资金问题而影响施工。

④筹备材料物资：施工物资应根据施工计划进行准备，避免因物资短缺影响施工进度。

(4) 放样 按照施工图纸在现场准确地描出工程实样。放样时，用经纬仪、软尺、花杆、木桩、石灰粉等定出各个池塘塘埂的中心线，划出池塘和沟渠的轮廓，经复查无误后，再按塘埂宽度和坡度比例，画出各个池塘坡底线和各个鱼池的进、排水口线。在中心线上要竖一定距离的塘埂高程桩，作为筑堤高程的参考依据。在池塘沟渠的挖土范围内也要插一些木桩，表明挖土或填土深度。

42. 池塘改造的原则与措施有哪些？

鱼池经过多年的使用后，池底会出现淤积坍塌等现象，不能满足养殖生产需要，还有的养殖池塘因布局结构不合理，无法满足养殖需要，就必须对池塘进行改造。

池塘改造的原则，主要有以下几个方面：

(1) 池塘规格要合理。

(2) 池塘深度要符合养殖需要。

（3）进、排水通畅。

（4）塘埂宽度、坡度要符合生产要求。

（5）池底平坦、有排水的沟槽和坡度。

池塘改造的措施，有以下几个方面：

（1）小塘改大塘、大塘改小塘　根据养殖要求，把原来面积较小的池塘通过拆埂、合并，改造成适合成鱼养殖的大塘。把原来面积较大的池塘，通过筑埂、分割成适合育苗养殖的小塘。

（2）浅水池塘挖深　通过清淤疏浚，把池塘底部的淤泥挖出，加深池塘，使能达到养殖需要。

（3）进、排水渠道改建　进、排水渠道分开，减少疾病传播和交叉污染；通过暗渠改明渠，有利于进、排水和管理。

（4）塘埂加宽　随着养殖生产的机械化程度越来越高，池塘塘埂的宽度应满足一般动力车辆进出的需要；同时加宽塘埂，还有利于生产操作和增加塘埂的寿命。

（5）增加排放水处理设施　养殖排放水污染问题已成为重要的面源污染问题，引起了社会的关注，严重制约了水产养殖业的发展。通过池塘改造建设人工湿地、生态沟渠等生态化处理设施，可以有效地净化处理养殖排放水。

43.　如何维护养殖池塘？

（1）池塘防渗　池塘防渗是为了防止和减少鱼池渗漏损失而实施的维护措施。池塘渗漏不仅增加了生产成本，还可以造成当地的水位上升，出现冷底地、泛酸地等现象。常见的池塘防渗漏维护措施，主要有以下几种方法：

①压实法：一种采用机械或人工夯压池塘表层，增加土壤密实度来减少池塘渗漏的方法，有原状土压实和翻松土压实两种。原状土压实主要用于沙壤土池塘，在池塘成型后，先去除表面的碎石、杂草等杂物后，通过机械或人工夯实的办法进行压实；翻松土压实是将池塘底部和坡面的土层挖松耙碎后进行压实的一种方法。土壤湿度是影响压实质量的一个重要因素（表2-4）。

表2-4 不同土壤压实的湿度

沙壤土（%）	壤土（%）			黏土（%）
	轻壤土	中壤土	重壤土	
12～15	15～17	21～23	20～23	20～25

②覆盖法：即利用黏性土壤在池塘表面覆盖一层一定厚度的覆盖层，以达到防渗漏的方法。覆盖土壤一般为黏土，覆盖厚度一般要超过5厘米。覆盖法施工的工序包括挖取黏土，拌和调制用料，修整清理池塘覆盖区，铺放黏土，碾压护盖层等。

③填埋法：即利用池塘水体中的细沙粒，填充池塘土壤缝隙，达到降低池塘土壤透水性和防渗漏的一种方法。一般情况下，填埋的深度越大，防渗漏效果越好。厚度2～10厘米的填埋层，可以减少50％～85％的渗漏。填埋法可在净水或动水中进行，池塘的不同部位填埋厚度不同。

④塑膜防渗法：利用塑膜覆盖在池塘表面，防止池塘渗漏的一种方法。目前，常用的防渗塑膜主要有聚氯乙烯和聚乙烯地膜、HEPE塑胶防渗膜、土工布等。塑膜的厚度一般为0.15～0.5毫米，抗拉强度超过20兆帕。塑膜覆盖防渗法施工简单，防渗效果好，有表面铺设和铺设埋藏两种形式。施工时要注意平整池塘底面，清除碎石、树枝等杂物；铺设后应注意防止利器刮破塑膜，并定期检查接缝处是否破裂，发现破裂应及时黏结。

（2）池塘清淤整形

①清淤：淤泥的沉积使池塘变浅，有效养殖水体减少，产量下降。淤泥较多的池塘，一定要进行清淤，一般精养池塘至少3年清淤1次。一般草鱼、鲂、鲤池池底淤泥厚度应小于15厘米，鲢、鳙、罗非鱼池在20～40厘米为宜。

②池塘整形：池塘的塘埂等部位因经常受到雨水、风浪等的冲蚀出现坍塌，若不及时修整维护，会影响到池塘的使用寿命。一般每年冬春季节，应对池塘堤埂进行一次修整。

（3）进、排水设施维护 池塘的进、排水管道、闸门等设施因使用频繁，常常会出现进水管网破裂，排水闸网损坏，进、排水管道堵塞等现象。在养殖过程中，应定期检查池塘的进、排水设施，发现问题及时维修更换，确保养殖生产的正常运行。

44. 养殖场的房屋建筑物有哪些要求？

水产养殖场应按照生产规模、要求等，建设一定比例的生产、生活、办公等建筑物。建筑物的外观形式应做到协调一致、整齐美观。生产、办公用房应按类集中布局，尽可能设在水产养殖场中心或交通便捷的地方。生活用房可以集中布局，也可以分散布局。

水产养殖场建筑物的占地面积，一般不超过养殖场土地面积的 0.5%。

(1) 办公、生活房屋 水产养殖场一般应建设生产办公楼、生活宿舍和食堂等建筑物。生产办公楼的面积应根据养殖场规模和办公人数决定，适当留有余地，一般以 1:667 的比例配置为宜。办公楼内一般应设置管理、技术、财务、档案、接待办公室和水质分析与病害防护实验室等。

(2) 库房 水产养殖场应建设满足养殖场需要的渔具仓库、饲料仓库和药品仓库。库房面积根据养殖场的规模和生产特点决定，库房建设应满足防潮、防盗、通风等功能。

(3) 值班房屋 水产养殖场应根据场区特点和生产需要，建设一定数量的值班房屋。值班房屋兼有生活、仓储等功能，值班房的面积一般为 $30\sim80$ 米^2。

(4) 大门、门卫房 水产养殖场一般应建设大门和门卫房。大门要根据养殖场总体布局特点建设，做到简洁、实用。

大门内侧一般应建设水产养殖场标示牌。标示牌内容包括水产养殖场介绍、养殖场布局、养殖品种和池塘编号等。

养殖场门卫房应与场区建筑协调一致，一般在 $20\sim50$ 米^2。

45. 养殖场的主要生产、生活设施有哪些？

养殖场的生产、生活设施主要有：

（1）围护设施 水产养殖场应充分利用周边的沟渠、河流等构建围护屏障，以保障场区的生产、生活安全。根据需要可在场区四周建设围墙、围栏等防护设施，有条件的养殖场还可以建设远红外监视设备。

（2）供电设备设施 水产养殖场需要稳定的电力供应，供电情况对养殖生产影响重大，应配备专用的变压器和配电线路，并备有应急发电设备。水产养殖场的供电系统应包括以下部分：

①变压器：水产养殖场一般按每亩 0.75 千瓦以上配备变压器，即 100 亩规模的养殖场，需配备 75 千瓦的变压器。

②高、低压线路：高、低压线路的长度取决于养殖场的具体需要，高压线路一般采用架空线，低压线路尽量采用地埋电缆，以便于养殖生产。

③配电箱：配电箱主要负责控制增氧机、投饲机、水泵等设备，并留有一定数量的接口，便于增加电气设备。配电箱要符合野外安全要求，具有防水、防潮、防雷击等性能。水产养殖场配电箱的数量，一般按照每两个相邻的池塘共用一个配电箱，如池塘较大较长，可配置多个配电箱。

④路灯：在养殖场主干道路两侧或辅道路旁应安装路灯，一般每30～50 米安装路灯 1 盏。

（3）生活用水 水产养殖场应安装自来水，满足养殖场工作人员生活需要。条件不具备的养殖场，可采取开挖可饮用地下水，经过处理后满足工作人员生活需要。自来水的供水量大小，应根据养殖小区规模和人数决定，自来水管线应按照市政要求铺设施工。

（4）生活垃圾、污水处理设施 水产养殖场的生活、办公区，要建设生活垃圾集中收集设施和生活污水处理设施。常用的生活污水处理设施有化粪池等。化粪池大小取决于养殖场常住人数，三格式化粪池（图 2-15）应用较多。水产养殖场的生活垃圾要定期集中收集

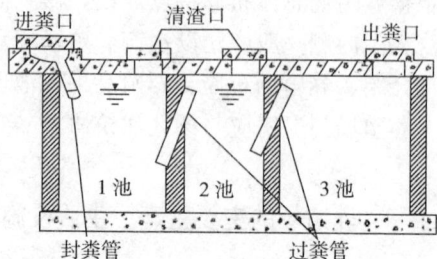

图 2-15 三格式化粪池结构示意图

处理。

46. 养殖场的原水处理设施有哪些?

水产养殖场在选址时,应首先调查水源水质情况。如果水源水质存在问题或阶段性不能满足养殖需要,应考虑建设原水处理设施。原水处理设施一般有沉淀池、快滤池和杀菌、消毒设施等。

(1) 沉淀池 应用沉淀原理去除水中悬浮物的一种水处理设施,沉淀池的水停留时间应一般大于2小时。

(2) 快滤池 一种通过滤料截留水体中悬浮固体和部分细菌、微生物等的水处理设施(图2-16)。对于水体中含悬浮颗粒物较高或藻类、寄生虫等较多的养殖源水,一般可采取建造快滤池的方式进行水处理。

快滤池一般有2节或4节结构,快滤池的滤层滤料一般为3~5层,最上层为细沙。

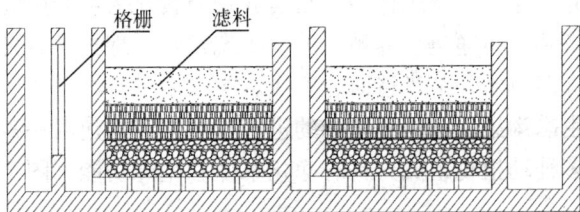

图 2-16 一种快滤池结构示意图

(3) 杀菌、消毒设施 养殖场孵化育苗或其他特殊用水,需要进行原水杀菌消毒处理。目前,一般采用紫外线杀菌装置或臭氧消毒杀菌装置,或臭氧—紫外复合杀菌消毒等处理设施。杀菌、消毒设施的大小,取决于水质状况和处理量。

紫外线杀菌装置是利用紫外线杀灭水体中细菌的一种设备和设施,常用的有浸没式、过流式等。浸没式紫外线杀菌装置结构简单,使用较多,其紫外线杀菌灯直接放在水中,既可用于流动的动态水,也可用于静态水。

臭氧是一种极强的杀菌剂,具有强氧化能力,能够迅速广泛地杀灭水体中的多种微生物和致病菌。

臭氧杀菌消毒设施，一般由臭氧发生机、臭氧释放装置等组成。淡水养殖中臭氧杀菌的剂量，一般为每立方水体 1～2 克，臭氧浓度为 0.1～0.3 毫克/升，处理时间一般为 5～10 分钟。在臭氧杀菌设施之后，应设置曝气调节池，去除水中残余的臭氧，以确保进入鱼池水中的臭氧低于 0.003 毫克/升的安全浓度。

47. 养殖排放水或回用水的处理设施有哪些?

养殖过程中产生的富营养物质主要通过排放水进入到外界环境中，已成为主要的面源污染之一。对养殖排放水进行处理回用或达标排放，是池塘养殖生产必须解决的重要问题。

目前，养殖排放水的处理一般采用生态化处理方式，也有采用生化、物理和化学等方式进行综合处理的案例。

养殖排放水生态化处理，主要是利用生态净化设施处理排放水体中的富营养物质，并将水体中的富营养物质转化为可利用的产品，实现循环经济和水体净化。养殖排放水生态化水处理技术有良好的应用前景，但许多技术环节尚待研究解决。

（1）生态沟渠 利用养殖场的进、排水渠道构建的一种生态净化系统，由多种动植物组成，具有净化水体和生产功能（图 2-17）。

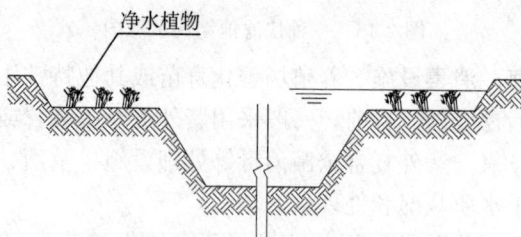

图 2-17 生态沟示意图

生态沟渠的生物布置方式，一般是在渠道底部种植沉水植物、放置贝类等，在渠道周边种植挺水植物，在开阔水面放置生物浮床、种植浮水植物，在水体中放养滤食性、杂食性水生动物，在渠壁和浅水区增殖着生藻类等。

有的生态沟渠是利用生化措施进行水体净化处理。这种沟渠主要是在沟渠内布置生物填料，如立体生物填料、人工水草和生物刷等，利用这些生物载体附着细菌，对养殖水体进行净化处理。

（2）人工湿地　人工湿地是模拟自然湿地的人工生态系统，它类似自然沼泽地，但由人工建造和控制，是一种人为地将石、沙、土壤、煤渣等一种或几种介质按一定比例构成基质，并有选择性地植入植物的水处理生态系统。人工湿地的主要组成部分为人工基质、水生植物和微生物等。人工湿地对水体的净化效果，是基质、水生植物和微生物共同作用的结果。人工湿地按水体在其中的流动方式，可分为表面流人工湿地和潜流型人工湿地（图2-18）。

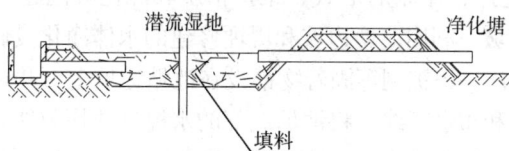

图2-18　潜流湿地立面图

人工湿地水体净化包含了物理、化学、生物等净化过程。当富营养化水流过人工湿地时，沙石、土壤具有物理过滤功能，可以对水体中的悬浮物进行截流过滤；沙石、土壤又是细菌的载体，可以对水体中的营养盐进行消化吸收分解；湿地植物可以吸收水体中的营养盐，其根际的微生态环境也可以使水质得到净化。利用人工湿地构筑循环水池塘养殖系统，可以实现节水、循环和高效的养殖目的。

（3）生态净化塘　一种利用多种生物进行水体净化处理的池塘。塘内一般种植水生植物，以吸收净化水体中的氮、磷等营养盐；通过放置滤食性鱼、贝等，吸收养殖水体中的碎屑、有机物等。

生态净化塘的构建，要结合养殖场的布局和排放水情况，尽量利用废塘和闲散地建设。生态净化塘的动植物配置要有一定的比例，符合生态结构原理要求。生态净化塘的建设、管理、维护等成本，比人工湿地要低。

48. 养殖池塘的水体净化调控设施有哪些？

池塘水体净化设施，是利用池塘的自然条件和辅助设施构建的原位水体净化设施。主要有生物浮床、生态坡、水层交换设备和藻类调控设施等。

（1）生物浮床　利用水生植物或改良的陆生植物，以浮床作为载体，种植在池塘水面，通过植物根系的吸收、吸附作用和物种竞争相克机理，消减水体中的氮、磷等有机物质，并为多种生物生息繁衍提供条件，重建并恢复水生态系统，从而改善水环境。生物浮床有多种形式，构架材料也有很多种。在池塘养殖方面应用生物浮床，需注意浮床植物的选择、浮床的形式、维护措施和配比等问题。

（2）生态坡　利用池塘边坡和堤埂修建的水体净化设施。一般是利用沙石、绿化砖、植被网等固着物铺设在池塘边坡上，并在其上栽种植物，利用水泵和布水管线，将池塘底部的水提升并均匀地布洒到生态坡上，通过生态坡的渗滤作用和植物吸收截流作用，去除养殖水体中的氮、磷等营养物质，达到净化水体的目的。

49. 水产养殖越冬设施有哪些？

鱼类越冬、繁育设施，是水产养殖场的基础设施。根据养殖特点和建设条件不同，越冬温室有面坡式日光温室、拱形日光温室等形式。

水产养殖场的温室，主要用于一些养殖品种的越冬和鱼苗繁育需要。水产养殖场温室建设的类型和规模，取决于养殖场的生产特点、越冬规模、气候因素以及养殖场的经济情况等。水产养殖场温室，一般采用坐北朝南方向。这种方向的温室采光时间长，阳光入射率高，光照强度分布均匀。温室建设应考虑不同地区的抗风、抗积雪能力。

（1）面坡式日光温室　一种结构简单的土木结构或框架结构温室，有单面坡日光温室、双面坡日光温室等形式。单面坡日光温室在北方寒冷地区使用较多，一般为土木结构，左右两侧及后面为墙体结构，顶面向前倾斜，棚顶一般用塑料薄膜或日光板铺设。单面坡日光温室具有保温效果好、防风抗寒、建造成本低的特点。缺点是空间矮，操作不太方便。双面坡日光温室一般为金属或竹木框架结构，顶部一般用塑料薄膜或采光板铺设。双面坡日光温室具有建设成本低、生产操作方便、适用性广的特点，适合于各类养殖品种的越冬需要。

（2）拱形日光温室 一种广泛使用的越冬温室，依据骨架结构不同，分为竹木结构温室、钢筋水泥柱结构温室和钢管架无柱结构温室等。按照室顶所用材料不同，又可分为塑料薄膜拱形日光温室和采光板拱形日光温室（图2-19、图2-20）。

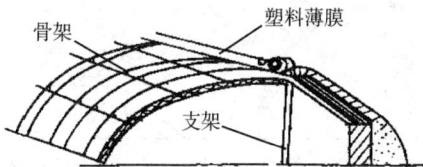

图 2-19 一种钢架式采光板拱形温室

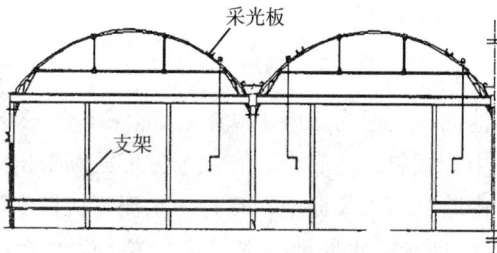

图 2-20 一种拱形日光温室

采光板拱形日光温室一般采用镀锌钢管拱形钢架结构，跨度10～15米，顶高3～5米，肩高1.5～3.5米，间距4米。采光板温室的特点是结构稳定，抗风雪能力强，透光率适中，使用寿命长。

塑料薄膜拱形日光温室的塑料薄膜，主要有聚乙烯薄膜、聚氯乙烯薄膜等。聚乙烯薄膜对红外光的穿透率较高，增温性能强，但保温效果不如聚氯乙烯薄膜。

50. 常用的鱼类产卵设施有哪些?

鱼苗繁育是水产养殖场的一项重要工作,对于以鱼苗繁育为主的水产养殖场,需要建设适当比例的繁育设施。鱼类繁育设施,主要包括产卵设施、孵化设施和育苗设施等。

产卵设施是一种模拟江河天然产卵场的流水条件建设的产卵用设施,包括产卵池、集卵池和进排水设施。产卵池的种类很多,常见的为圆形产卵池(图2-21),目前也有玻璃钢产卵池、PVC编织布产卵池等。

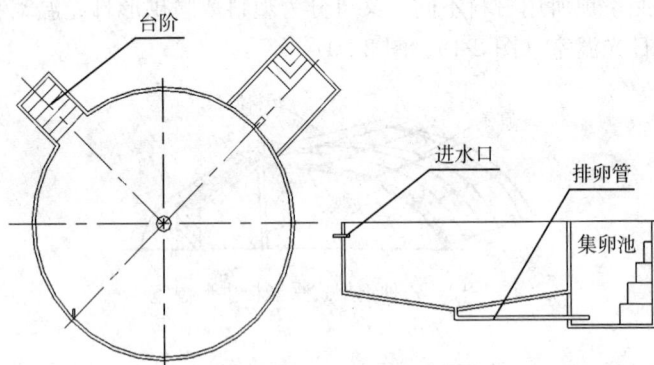

图 2-21 圆形产卵池结构

传统产卵池面积一般为 50~100 米^2,池深 1.5~2 米,水泥砖砌结构,池底向中心倾斜。池底中心有一个方形或圆形出卵口,上盖拦鱼栅。出卵口由暗管引入集卵池,暗管为水泥管、搪瓷管或 PVC 管,直径一般 20~25 厘米。集卵池一般长 2.5 米、宽 2 米,集卵池的底部比产卵池底低 25~30 厘米。集卵池尾部有溢水口,底部有排水口。排水口由阀门控制排水。集卵池墙一边有阶梯,集卵缯网与出卵暗管相连,放置在集卵池内,以收集鱼卵。

产卵池一般有一个直径 15~20 厘米进水管,进水管与池壁成 40°夹角,进水口距池顶端 40~50 厘米。进水管设有可调节水流量的阀门,进水形成的水流不能有死角,产卵池的池壁要光滑,便于冲卵。

玻璃钢产卵池和 PVC 编织布材料产卵池,是用玻璃钢或 PVC 编织布材料制作产卵池。这两种产卵池对土建和地基要求低,具有移动方便、便于组装、操作简便等特点,适合于繁育车间和临时繁育的需要。

51. 常用的鱼苗孵化设施有哪些?

鱼苗孵化设施是一类可形成均匀的水流,使鱼卵在溶氧充足、水质良好的水流中孵化的设施。鱼苗孵化设施的种类很多,传统的孵化设施主要有孵化桶(缸)、孵化环道和孵化槽等,也有矩形孵化装置和玻璃钢小型孵化环道等新型孵化设施系统。

近年来,出现了一种现代化的全人工控制孵化模式,这种模式通过对水的循环和控制利用,可以实现反季节的繁育生产。鱼苗孵化设施一般要求壁面光滑,没有死角,不堆积鱼卵和鱼苗。

(1)孵化桶 一般为马口铁皮制成,由桶身、桶罩和附件组成。孵化桶一般高1米,上口直径60厘米,下口直径45厘米,桶身略似圆锥形。桶罩一般用钢筋或竹篾做罩架,用60目的尼龙纱网做纱罩,桶罩高25厘米。孵化桶的附件一般包括支持桶身的木架、铁架,胶皮管以及控制水流的开关等(图2-22)。

(2)孵化缸 小规模育苗情况下使用的一种孵化工具,一般用普通水缸改制而成,要求缸形圆整,内壁光滑。孵

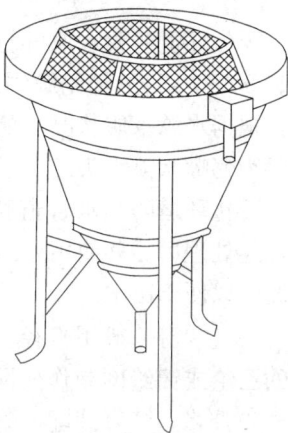

图2-22 常用孵化桶

化缸分为底部进水孵化缸和中间进水孵化缸。孵化缸的缸罩一般高15~20厘米,容水量200升左右。孵化缸一般每100升水放卵10万粒。

(3)孵化环道 设置在室内或室外利用循环水进行孵化的一种大型孵化设施。孵化环道有圆形和椭圆形两种形状,根据环数多少又分为单环、双环和多环几种形式。椭圆形孵化环道水流循环时的离心力较小,内壁死角少,在水产养殖场使用较多。

孵化环道一般采用水泥砖砌结构，由蓄水、过滤池、环道、过滤窗、进水管道和排水管道等组成（图 2-23）。

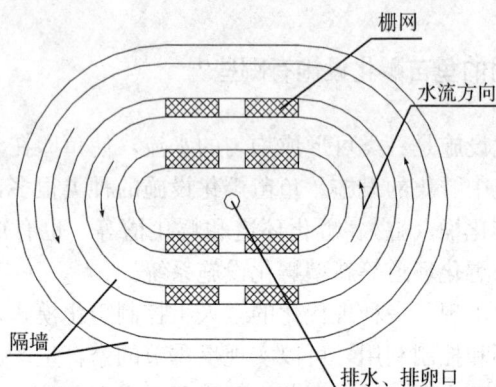

图 2-23　椭圆形孵化环道结构图

孵化环道的蓄水池可与过滤池合并，外源水进入蓄水池时，一般安装 60～70 目的锦纶筛绢或铜纱布过滤网。过滤池一般为快滤池结构，根据水源水质状况，配置快滤池面积、结构。孵化环道的出水口一般为鸭嘴状喷水头结构。

孵化环道的排水管道直接将溢出的水排到外部环境或水处理设施，经处理后循环使用。出苗管道一般与排水管道共用，并有一定的坡度，以便于出水。

滤过纱窗一般用直径 0.5 毫米的乙纶或锦纶网制作成网，高 25～30 厘米，竖直装配，略往外倾斜。环道宽度一般为 80 厘米。

（4）矩形孵化装置　一种用于孵化黏性卵和卵径较大沉性卵的孵化装置。矩形孵化池一般为玻璃钢材质或砖砌结构，规格有 2.0 米×0.8 米×0.6 米和 4.0 米×0.8 米×0.6 米等形式（图 2-24）。

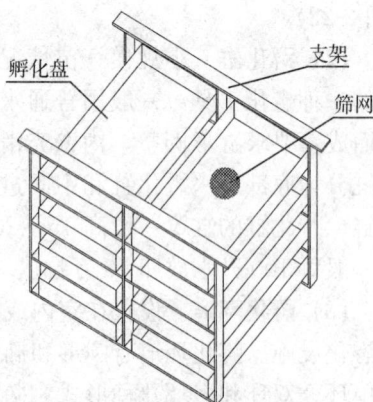

图 2-24　矩形孵化装置

（5）玻璃钢小型孵化环道 一种主要用于沉性和半沉性卵脱黏后孵化的设施。图 2-25 所示为一种玻璃钢池体的孵化环道，孵化池有效直径为 1.4 米、高 1.0 米、水体约 0.8 米^3。采用上部溢流排水，底部喷嘴进水。其结构特点是环道底部为圆弧形，中间为向上凸起的圆锥体，顶部有一进水管，锥台形滤水网设在圆池上部池壁内侧。

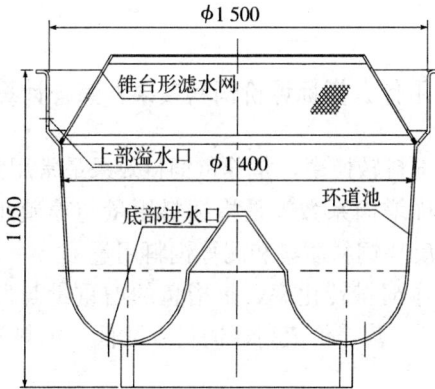

图 2-25 玻璃钢小型环道孵化装置图（单位：毫米）

三、营养与饲料

52. 生产中用什么指标评价饲料效果？怎样计算？

饲料系数和饲料转换率，是养鱼饲料效果最常用的评价指标。

饲料系数又称增肉系数，是指饲料用量与养殖鱼类增重量的比值，饲料系数能反映饲料质量和测算饲料用量。

饲料效率或称饲料转化率，是指鱼的增重量与所投饲料总量之比，再乘以 100%。营养价值高，饲料系数低，饲料效率就高。计算公式为：

$$饲料系数 = 总投饵量/鱼总增重量$$
$$饲料效率（\%）= 鱼总增重量/总投饵量 \times 100\%$$

53. 如何降低池塘养鱼的饲料成本？

池塘养鱼饲料成本的高低，是由饲料价格和饲料系数的高低决定的。选用高品质饲料，提高饲料利用率，降低饲料系数，成为减少饲料成本的关键因素。

(1) 放养鱼种要质优量足，突出主养鱼 具有优良性状的鱼种对饲料的消化吸收率较高，而且鱼的生长速度快，其饲料系数则低。

(2) 选择营养全面、合理的优质颗粒饲料 要根据主要养殖鱼类的食性、个体大小和营养要求，选用合理配方、合适料径的饲料，使之具有良好的适口性，利于主养鱼摄食生长，减少饲料损失。

(3) 正确掌握饲料的投喂量 饲料投喂不足，会引起鱼体消瘦，生长缓慢，抗逆性下降，产量、效益低下；过量投喂，会导致饲料浪费，饲料系数升高，水环境污染加重，饲料成本及养殖成本升高。

（4）**采取科学的投喂方法**　池塘养鱼，一般采用驯化使鱼上浮集中摄食的投饵方法，按照"定时、定量、定质、定点"的原则投喂，这样可便于观察鱼的摄食情况，减少饲料浪费。

（5）**注重水质调节，创造良好的生态环境**　良好的水质可以促进鱼类生长，提高饲料利用率，降低饲料系数。

（6）**注重鱼病的预防**　养殖过程中一旦发生鱼病，就会影响鱼类的摄食，患病鱼类即使摄食，饲料利用率也不高，造成饲料浪费。

54. 如何科学投喂水产饲料？

（1）**掌握常规标准**　春季可投放少量的精饲料；夏初每天投喂量占鱼体总重的 1%～2%；盛夏日投喂量占鱼体总重的 3%～4%；秋季投喂量占鱼体总重的 2%～3%；冬季在晴好天气时，可少量投喂，以保持鱼体肥满度。

（2）**区分养殖种类**　不同种类的鱼，其潜在生长能力及生长所需营养要求各不相同，因此其投饵率也有区别。

（3）**把握吃食时间**　按照常规标准投喂一定数量的饲料后，鱼类吃完时间不足 2 小时，说明投饵不足，应适当增多。

（4）**观看养鱼水色**　一般肥水呈油绿色或黄褐色，上午水色较淡，下午渐浓。水的透明度在 30 厘米左右，表明肥度适中，可进行正常投喂；透明度大于 40 厘米时，水质太瘦，应增加投饵量；透明度小于 20 厘米时，水质过肥，应停止或减少投饵。

（5）**区别饲料品种**　蛋白质是鱼类生长所必需的最主要营养物质，蛋白质含量也是鱼饲料质量的主要指标。对于同一种鱼类，蛋白质含量高的饲料可适当减少投喂量，而蛋白质含量低的饲料就应增加投喂量。

（6）**讲求投喂技巧**　合理放养，调节水质，科学投喂，"四定"（即定点、定时、定量、定质）投饵。

55. 怎样进行定点投饵法"上台"训练？

不管是训练过，还是没有训练过的鱼种，都应采取本法训练。成鱼饲养选用训练过的春片（北方），也采取本法训练。

第一周：夏花鱼种下塘当天就开食，先在食台下投入 5 千克颗粒料，当天上午就不必喂。中午、下午各 1 次，边投料边敲食台，投喂时间约 50～60 分钟。以后投喂日粮 2 千克/亩，料径 1～1.5 毫米，3～5 天日粮增至 3 千克/亩，受训练鱼部分已经形成"上台"习惯。

第二周：加强训练同第一周，投饵量随"上台"鱼增多而增加，日粮由 3 千克/亩增到 5 千克/亩。投料时间缩短到 30～40 分钟，投喂次数改为 4 次。本周末"上台"鱼群较大并且每次较稳定，在一般情况下，训练即达到目的。

第三周：按照规定的日粮，严格执行"四定"原则，维持"上台"稳定，直到鱼种饲养结束。

56. 自配渔用饲料应该注意哪些事项？

（1）设计合理的饲料配方 设计配方之前，必须弄清楚养殖鱼类的种类及生长阶段，以便确定饲料中蛋白质、能量等营养素的水平。既要满足鱼类生长对蛋白质的需要，又要使能量和蛋白质的比例适中，过高和过低的能量蛋白比都不利于鱼类生长。

（2）饲料原料的科学选择 选用原料要坚持质优价廉、货源稳定、运输方便的原则。在条件允许的情况下，原料的种类越多越好，这样才能保证饲料中的必需氨基酸尽量达到平衡，最大限度满足鱼类对各种必需氨基酸的需求。

（3）加工工艺的科学控制 自配饲料的工艺流程，一般包括粉碎、混合和制粒等过程，有条件的地方在制粒之前还包括调质。粉碎粒度过粗和过细都不好，一般渔用配合饲料的原料应全部通过 40 目筛，60 目筛以上物质不超过 20%。调质是饲料制粒前，饲料与蒸汽搅拌混合的过程，调质使淀粉糊化，可提高消化率。

（4）添加剂的合理使用 饲料添加剂是指添加到饲料中能促进营养物质消化吸收、调节机体代谢、保证动物健康、改善营养物质利用效率、提高动物生产水平，从而改进动物产品品质的物质的总称。对于维生素和矿物质添加剂来讲，养殖户自配效果很差，不能达到营养元素间的平衡搭配，因此可选用正规厂家的产品，按养殖鱼类的品种与生长阶段合理添加。

57. 怎样降低鱼饲料对水质的污染？

(1) 合理控制饲料的蛋能比　一些厂家在配制水产饲料时，只考虑水产动物对蛋白质的需求量，而忽视了水产动物对能量的需求量，添加大量鱼粉，是导致高磷和高氮污染的主要原因。因此，可以适当提高饲料的能量含量并减少蛋白质含量，从而减轻这类污染。

(2) 提高蛋白质的生物学价值　采用理想的蛋白质模式，改善蛋白质中各种氨基酸的平衡状况，可提高蛋白质的生物学价值，有效降低饲料粗蛋白质水平，提高饲料中氮的利用率，减少粪便中氮的排泄量。

(3) 合理使用添加剂　添加剂的合理使用，可以促进水产动物摄食，提高饲料利用率，从而减轻对水体的污染。

(4) 改善加工工艺　饲料加工工艺（如粉碎、混合、制粒以及膨化等）可影响水产动物对饲料营养成分的利用率，在生产水产饲料时，应该根据不同品种的生活习惯、不同的发育阶段及不同的生理机能，采用相应的生产工艺，配制适合其摄食和消化的优质饲料。

58. 无公害养鱼如何选择饲料？

(1) 注意饲料原料是否符合要求　加工原料是否符合标准，如不得使用受潮、发霉、生虫、腐败变质及受到石油、农药、有害金属污染的原料；大豆原料应经过破坏蛋白酸因子的处理等。

(2) 饲料是否符合卫生指标　渔用饲料中有害物质及微生物的允许量是否达标，如沙门氏菌不得检出等。

(3) 饲料使用准则　所用饲料及饲料添加剂，必须来自于有生产许可证的企业，并具有企业、行业的国家标准，产品批准文号。养殖者应优先使用无公害食品生产的饲料类产品，至少 90% 的饲料来源于已认定的无公害食品及其副产品。严禁使用违禁药物，不得过量添加微量元素和不按规定使用饲料药物添加剂。防止饲料在加工、生产、运输和储存过程中化学物质对饲料的污染；防止饲料霉变而降低饲料的营养价值和导致霉菌的代谢产物；防止沙门氏菌、大肠杆菌、朊病毒等微生物污染；防止使用营养不均衡、配比不合理、利用效率低的饲料而污染养殖水环境。

59. 如何用感官鉴别鱼饲料质量？

（1）**观颜色** 专业饲料生产企业，其产品的主要原料成分一般为鱼粉、豆粕和棉粕等蛋白原料，故产品外观颜色一般为深黄褐色或褐色。一些企业在产品中加入柠檬酸色素，使产品的颜色很浅，这并非豆粕含量高造成，对鱼类并无益处。有的渔民认为，饲料的颜色越深越好，部分生产企业为此采取提高制粒温度的方法来满足渔民的消费心理，但制粒温度过高，饲料中各种营养成分会发生分解、散失，从而导致饲料营养不足。

（2）**闻气味** 专业企业生产的鱼饲料一般具有豆粕的香味、鱼粉的鱼腥味。部分企业在产品中添加抗生素药物（如大蒜素），因而饲料具有药物的气味。部分生产企业为了说明他们的产品鱼粉含量大，添加鱼腥宝、鱼香精等香味剂，以假乱真。此类产品一般具有较浓的鱼香味，如用水浸泡一段时间后，鱼腥味马上消失或变淡。

（3）**试耐水性** 有些渔民认为，耐水时间长，可减少鱼饲料的浪费。其实，常见的青鱼、草鱼、鲫、鲤等大宗淡水鱼类没有胃，需要经常摄食，经过驯化后摄食剧烈，只要增加投喂次数，即可达到不浪费饲料的目的。饲料的耐水性一般在3～6分钟。

（4）**看规格** 专业的生产企业一般根据鱼类不同生长期的特点，推出适应生长特点的系列产品，并进行有效的产品跟踪服务。如颗粒饲料，同规格的产品均匀一致，表面光泽鲜亮，断面切口平整。而劣质的饲料表面粗糙，规格单一，断面不平。对于渔用颗粒饲料来说，颗粒的长度一般为粒径的1.5～2.5倍。长度与粒径的比例失调，会严重影响饲料对鱼的适口性，造成饲料大量浪费。

60. 怎样选购水产饲料？

首先，要选择信誉好、规模大的企业所生产的饲料产品。因为规模大、信誉好的企业有比较雄厚的资金和技术力量，可以保证生产的饲料营养均衡，配方科学，而且能够有针对性。有疑问要向经销者咨询清楚，避免由于使用不当而造成损失。特别强调的是，在购买水产饲料时，一定要看清粒径的大小。水产饲料的粒径从 0.5～8.0 毫米的都有，分别饲喂不同口裂的鱼类。基本上饲料的粒径，应该是鱼类口裂纵向长度的 2/3。

从色泽方面鉴别好的饲料：应该有比较亮的光泽而且色泽一致，这是选择饲料的第一个感观指标。这个指标所反映的实质内容为，饲料粉碎的力度是比较好的，符合要求。不能选择发生霉变或者变质的饲料，发霉或变质的饲料一般都颜色发蓝而且颜色很不均匀、不一致，这种饲料就不要选择了。

从气味上进行鉴别好的饲料，特别是水产饲料，由于使用了一些鱼粉，一般都有很正常的鱼腥味，闻起来比较愉快。如果是比较差的饲料，因为它用了一些鱼粉的替代品，这种鱼腥味就比较淡，或者干脆就没有。另外，不好的饲料有可能出现霉味或者哈喇味，这实际上就是脂肪氧化以后产生的味，这种饲料不应该投喂。因为这种饲料一旦投喂，就有可能会引起鱼的大面积死亡。

在购买水产饲料时，先少拿一点放在水里浸泡一段时间，看看它在水中的稳定性如何，通过稳定性也能看出饲料的好坏。

61. 鱼饲料应如何防霉、防虫、防鼠害？

（1）防霉措施一 引起饲料霉变的三个主要条件，是湿度、温度和氧气。如果我们能控制这三个条件，即可有效地防止霉变。

①控制饲料水分：配合饲料的水分含量一般要求在 12％以下，如果将水分含量控制在 10％以下，则任何微生物都不能生长；配合饲料的水分含量大于 12％，或空气湿度大，配合饲料会返潮，在常

温下易发霉。

②改善贮藏条件：贮藏饲料和原料的仓库要求干燥，通风良好。仓库侧壁下方应做防潮、防水处理；饲料及原料不应直接堆放于地板，而应堆放在木板上；贮料仓库上方和料与墙壁间要留有空隙。

③原粮应装入内衬塑料袋的麻袋，尽量装满并扎紧袋口，此后因为原粮本身的呼吸作用，消耗了袋中的氧气，抑制霉菌生长。

（2）防霉措施二　缩短饲料成品和原粮的储存时间，严格按照"先进先出"的使用原则。

（3）防霉措施三　添加防霉剂，常被用作防霉剂的有丙酸及其盐类、山梨酸及其盐类、双乙酸钠、乙氧喹、延胡索酸、胱氢醋酸盐、龙胆紫和富马酸二甲酯等。

（4）防止虫害和鼠害　为避免虫害和鼠害，在贮藏饲料前，应彻底清扫仓库内壁、夹缝及死角，堵塞墙角漏洞，并进行密封熏蒸处理。从卫生着手，控制鼠类的繁殖和活动，把鼠类的生存空间降低到最低限度，使它们难以找到食物和藏身之处。药物灭鼠法比较常用，优点是见效快、成本低，缺点是容易引起人中毒。

在适宜温度下，害虫大量繁殖，消耗饲料和氧气，产生二氧化碳和水，同时放出热量，在害虫集中区域温度可达 45℃，所产生之水汽凝集于配合饲料表层，而使其结块、生霉，导致严重变质。如果温度过高，也可能导致自燃。鼠类啮吃饲料，破坏仓房，传染病菌，污染饲料，是危害较大的动物。

62. 饲料在水中的稳定性时间多少为宜？

由于鱼虾生活在水中，饲料投入后要具有良好的水中稳定性，配合饲料应维持在水中不溃散，且要求减少溶失率。因此，鱼虾配合饲料中需添加黏合剂，或采用后熟化工艺，使配合饲料在水中维持数小时不溃散。影响鱼虾颗粒饲料水中稳定性的因素，主要有饲料原料的粉碎粒度、饲料黏合剂的品种和用量、饲料造粒的工艺条件等。鱼类饲料在水中稳定性要求要高一些，一般要求鱼饲料浸泡 30 分钟，水中散失率＜20％。同时，要求饲料在浸泡过程中表面形成保护膜，使饲料中的水溶性营养元素不被溶失。

63. 如何鉴别真假鱼粉?

鉴别鱼粉是否掺假,一般采用感官鉴别、物理检验和化学分析三种方法。

(1) 感官鉴别 优质鱼粉多为棕黄色或黄褐色,粉状或颗粒状,细度均匀,手捻质地柔软,呈肉松状。优质鱼粉可见细长的肌肉束、鱼骨、鱼肉块等,具有较浓的烤鱼香味,略带鱼腥味。掺假鱼粉多为灰白色或灰黄色,均匀度差,手捻感到粗糙,纤维状物多,粗看似灰渣,鱼味不香,腥味较浓。掺假原料不同就带有不同的异味,如掺入尿素就带有氨味,掺入油脂就带有油脂味。

(2) 物理检验 优质鱼粉在体式显微镜下可见鱼肌肉束、鱼骨、鱼鳞片和鱼眼等,鱼肉具有纤维结构,颜色浅。鱼骨为半透明至不透明的银色体,鱼鳞为平坦或弯曲的透明物,有同心圆。鱼鳞表面有轻微的十字架。鱼鳞表面破裂,形成乳白色的玻璃珠。在鱼粉中有和以上特征相差较远的颗粒或粉状物多为掺假物。

对于鱼粉中掺麦麸、花生壳粉、稻壳粉及沙,可采用水浸泡法鉴别。其方法是将样品取适量放入水中,搅拌后静置数分钟,掺假物一般会浮在水面,鱼粉则沉入水底;如有沙时,鱼粉和沙都沉入水底,轻轻搅拌后鱼粉稍微浮起旋转,而沙在底部也有旋转。

(3) 化学分析

①鱼粉粗蛋白和纯蛋白质含量的分析:一般正常国产鱼粉的粗蛋白为 $49.0\%\sim61.9\%$,纯蛋白质为 $40.7\%\sim55.4\%$。初步认为,纯蛋白质/粗蛋白质为 80%,可作为判断鱼粉是否掺有高氮化合物的依据之一,高于该值即没有掺入高氮化合物。

②粗灰分和钙、磷比例分析:全鱼鱼粉中粗灰分含量为 $16\%\sim20\%$,如鱼粉中掺入骨粉、贝壳粉等,灰分含量会明显增加;优质鱼粉钙、磷比例一般为($1.5\sim2$):1,若掺入石粉、细沙、泥土和贝壳粉等比例较大时,则鱼粉中钙、磷比例增大。

③鱼粉中粗纤维和淀粉的分析:优质鱼粉中粗纤维一般不超过

0.5%，且鱼粉中不含淀粉。如掺入稻壳粉、棉籽饼粕等，则粗纤维含量增加；若混入玉米粉等富含淀粉物质时，则无氮浸出物的含量大大增加。

根据鱼粉常规分析结果鉴定掺假：如掺入尿素的鱼粉，测定其粗蛋白含量很高，但真蛋白却很低；掺入植物蛋白后，真蛋白虽然很高，但脂肪和淀粉含量又相对增加；掺入沙土，灰分又会增加。

将以上三种鉴别方法紧密结合，可以较准确地鉴别鱼粉是否掺假。

64. 水产饲料在贮藏中应注意哪些问题？

(1) 仓库设施 贮藏饲料的仓库要通风良好、防潮，不漏雨，门窗齐全，防晒、防热，仓顶要有隔热层，仓库周围可种树遮阳，减少仓房日照时间。

(2) 饲料合理堆放 仓内堆放饲料前，应先做好铺垫防潮工作。如果是袋装饲料，可码垛堆放，堆放时袋口一律向里，以免沾染虫杂，并防止吸湿和散口倒塌，且堆放时不要紧挨墙壁，要留一人通道；如果是散装饲料，可装入麻袋或编织袋，码成围墙进行散装，或是用竹席或芦席围成围墙，散装饲料。如果量少，可直接堆放在地上；量多时适当安放通风桩，以防发热自燃。

(3) 日常管理 加强库房内外卫生管理，经常消毒灭鼠灭虫，注意四周墙角有无空洞，要及时堵塞。及时注意库内湿度和温度，保持温度15℃以内，湿度70%以下，保持通风良好。

65. 鱼类养殖中应如何选择投饲场所？

鱼类养殖，尤其是池塘养鱼，要遵循四定（定质、定量、定时、定点）和三看（看天气、看水质、看鱼情）的投喂原则，定位就要求选择好的投饲场，一般要求投饲食场应选择向阳、滩脚较硬、最好有螺蛳壳的地方，利于鱼类摄食。塘泥较多的地方，当饲料落入塘底，由于鱼争食时搅动池水，饲料会很快混入底泥中，造成浪费。根据养殖的实际情况，也可搭设各种饲料台（架），做到定位投饲是十分必要的。

66. 怎样估计单位池塘或网箱中鱼的数量？

要计算具体投喂多少饲料，除了确定投饲率外，还需要估算饲养在水体（池塘或网箱等）中的载鱼量。估算池塘或网箱中鱼数量的方法有很多，有抽样法、生长法和饲料系数法等，这里仅就在实际生产中较为实用的抽样法做相关介绍：从鱼池（或网箱）中捕出部分鱼，分别称重（W）并记录，然后把所称鱼体总重（$\sum W$）除以所称鱼的总尾数（$\sum N$），得出鱼体的平均重量（$AW = \dfrac{\sum W}{\sum N}$），再从放养尾数中减去死亡数所得的尾数，乘以抽样所得的平均体重，即可估算出水体中的载鱼量。一般抽样合理、操作熟练，都可获得较满意的结果。根据估算出某期间水体中的载鱼量，然后依据不同的养殖方式，再按当时的水温条件和鱼的规格，即可计算出相应的日投饲量。

67. 在选用豆饼、豆粕时应注意哪些问题？

豆饼、豆粕（图3-1）是传统的大宗植物性蛋白质饲料，蛋白质含量高（42%～48%），品质好（鱼类对熟豆饼中粗蛋白消化率一般都在85%以上），赖氨酸含量丰富，但大豆饼中蛋氨酸含量较低，蛋氨酸是豆饼的第一限制性氨基酸，且如果热处理不够，则豆粕中含有很多的抗胰蛋白酶、大豆凝集素等抗营养因子，降低其营养利用程度，影响鱼虾的生长。因此，选用豆粕时，除需做粗蛋白分析外，还需注意检测抗胰蛋白酶值，对抗胰蛋白

图 3-1　豆　粕

酶值超标的生豆饼要先热处理后再利用。由于豆粕蛋氨酸含量低，且无黏性、无香味、诱食性差，因此，可与其他动物性饲料搭配使用。因此，可通过合理搭配、添加蛋氨酸，以及对抗胰蛋白酶值高的生豆粕，进行适当的热处理等途径，来提高大豆粕的营养价值。

68. 鱼虾饲料的卫生指标是什么？

目前，我国还没有制订统一的鱼虾饲料的卫生质量标准，仅有淡水鱼饲料的地方卫生标准（表 3-1）。

表 3-1　淡水渔用饲料有害物质及微生物的允许量

(DB 11/422—2007)

序号	卫生指标含量	产品名称	指标	备注
1	砷（以总砷计）的允许量（毫克/千克）	配合饲料	≤2.0	
		添加剂预混合饲料	≤10.0	
2	铅（以 Pb 计）的允许量（毫克/千克）	配合饲料	≤5.0	
		添加剂预混合饲料	≤40.0	
3	氟（以 F 计）的允许量（毫克/千克）	配合饲料	≤100	
		添加剂预混合饲料	≤1 000	
4	汞（以 Hg 计）的允许量（毫克/千克）	配合饲料	≤0.1	
		添加剂预混合饲料	≤0.1	
5	铬（以 Cr 计）的允许量（毫克/千克）	配合饲料	≤10	所列指标允许量，是以干物质含量为 88%的饲料为基础计算
6	镉（以 Cd 计）的允许量（毫克/千克）	配合饲料	≤0.5	
		添加剂预混合饲料	≤5.0	
7	黄曲霉毒素 B_1 的允许量（微克/千克）	配合饲料	≤10	
8	游离棉酚的允许量（毫克/千克）	配合饲料	≤140（冷水鱼） ≤240（温水鱼）	
9	霉菌的允许量（每千克产品中）霉菌总数×10^3 个	配合饲料	≤30	

（续）

序号	卫生指标含量	产品名称	指标	备　注
10	沙门氏菌	配合饲料	不得检出	
		添加剂预混合饲料	不得检出	所列指标允许量，是以干物质含量为88%的饲料为基础计算
11	赭曲霉毒素A（微克/千克）	配合饲料	≤100	
12	玉米赤霉烯酮（微克/千克）	配合饲料	≤500	

注：其他有毒有害物质应符合国家相关法律法规和强制性标准的规定。

69. 水产鱼类缺乏钙、磷的主要症状是什么？

钙、磷是鱼体内含量最多的无机元素，体内99%的钙和80%的磷存在于骨骼、牙齿和鳞片上。无论在海水还是淡水中，鱼都能从水中获取足量的钙，因此鱼类不易缺乏钙，钙的缺乏症在一些鱼类中也很难发现。鱼类一旦缺钙，则表现为生长差，骨中灰分含量降低，饲料效率低和死亡率高；磷由于水中含量较低，又不易吸收，因此对水产鱼类而言，磷几乎全部要由饲料中摄取。磷缺乏症表现为生长差，骨骼发育异常，头部畸形，脊椎骨弯曲，肋骨矿化异常，胸鳍刺软化，体内脂肪蓄积，水分、灰分含量下降，血磷含量降低，饲料转化效率差。

70. 池塘混养不同鱼种应如何选择饲料品种？

搭配混养，是根据各种鱼类的栖息习性、食性等不同的特点，运用它们相互有利的一面，尽可能地限制和缩小它们矛盾的一面，达到充分发挥"水、种、饵"潜力的目的。一般养殖品种从它们的习性看，相对地可分上层鱼、中层鱼、底层鱼三类。如鲢、鳙为上层鱼；草鱼、鲂为中层鱼；鲤、鲫为底层鱼。因此，将这些鱼混养在同一个池塘中，就可以有效地利用池塘的各个水层，与单养一种鱼类相比，就增加了池塘单位面积的放养量，从而可以提高池塘的鱼产量。从食性上看，鲢、鳙是吃浮游生物和悬浮有机碎屑的鱼类；鲂、草鱼主要是吃草类；鲤、鲫吃底栖动物和一些有机碎屑。将这些鱼混养在一起，就能更充分地利用池塘中的各种饵料资源，发挥池塘的生产潜力。而由于混养中各种食性的鱼种均存在，但总有一种是主养鱼，因此选择饲料品种时应选择以主养鱼为主，同时也要兼顾其他鱼种。

71. 影响鱼类摄食的环境因素有哪些?

(1) 水温 鱼类是变温动物，水温是影响鱼类新陈代谢最主要的因素之一，对摄食量影响更大，一般在适宜范围内，随温度的升高而增加。

(2) 水中溶氧 水体溶氧量是饲料的最大影响因素，水体溶氧充足，鱼体生长新陈代谢旺盛，对饲料消化时间大大缩短，鱼类的生长速度指数呈增长态势，饲料系数呈负增长。鱼类的摄食率，随水体中溶氧增加而增加。水体中溶氧含量高，鱼摄食旺盛，消化率高，生长快，饲料利用效率高；水中溶氧低，鱼体由于生理上的不适应，摄食和消化率降低，并会消耗较多的能量。

(3) 水质 水质较好时，鱼类的摄食较好；当水质变坏时，鱼的摄食量会随之下降。如水中氨氮、亚硝酸盐等有害物质的超标，特别是亚硝酸盐超标（>0.2 毫克/升），会使鱼类机体血液循环输送氧气不正常，从而影响到鱼类的正常摄食生长；水体偏酸或偏碱，同样影响鱼类摄食生长，造成饲料的浪费。

72. 如何提高饲料对鱼类的诱食效果?

在水产饲料中添加适量的诱食剂，可改善饲料的适口性，增进水产动物的食欲，提高饲料的消化吸收率，降低饲料系数，促进水产动物生长，并减轻水质的污染。

诱食剂主要由具有一定挥发性的天然物质（如从植物的根、茎、叶、花、果等提取的浓缩物）和人工合成香味原料（如醛、酮、醇、酸、酯、醚等化合物）配制而成。诱食剂是一种色、香、味统一的结合体。诱食剂的特点是：一般具有鲜艳的色彩，能刺激视觉，引起食欲；散发浓郁的香气，感染周围的环境，通过刺激嗅觉，诱导动物采食；具有良好的适口性，能刺激味觉，促进动物采食。色、香、味协同作用，构成饲料诱食剂的基本特征。

　　水产用诱食剂，一般都是根据鱼类最喜食的动植物提取物中所含的化学成分，配成人工合成提取物，通过因子除去试验而逐渐确定下来的。它往往含有两种以上的化合物，这些化合物对鱼的摄食刺激有协同作用。诱食剂通过刺激鱼类的嗅觉、味觉和视觉等，使其聚集到饲料周围，加快摄食，提高采食量。

　　在很大程度上，影响鱼类对食物的选择行为，是食物本身性状的信息特征，在水环境中化学信息显得特别重要。在隔光和有流水的特定试验条件下，发现只有化学溶出物的信息特点和水流刺激对鱼类的趋食行为起作用，而在动物完成吞咽动作时味觉起关键作用，诱食剂就是根据鱼类的这一特点而研制的。鱼类的视觉能感受到颜色的刺激及光的明暗，嗅觉使鱼类有感觉气味的能力，能接受和区别水体中较低浓度化学物质的刺激，从而可寻觅和辨别食物；鱼类的味蕾几乎遍布身体的各个部位，能感受化学物质的刺激。鱼类在水中接近某种饵料物质时，嗅觉和味觉均立即产生效应并相互配合，决定是否接近乃至最后摄取。饲料中添加诱食剂，可从颜色、散发的气味及口味等方面给鱼类以刺激，促进鱼类摄食。

73. 在鱼类粗养模式中，精粗饲料应如何搭配？

　　鱼类粗养时，以摄食天然饵料为主，但鱼类和其他动物一样，需要的营养元素也是要多样化的，应做到合理搭配。如饲养草鱼，除投喂草料外，还要适量投喂麦麸、油枯等。鲢以摄食水生浮游动植物为主，要做到适时施肥，保持塘水的一定肥度。投喂饵料时，应做到定时、定质、定量、定位。

（1）根据不同的放养模式适当调整投喂方式　　混养时一定要注意

尽量让各种鱼吃到、吃好，以免出现养殖规格不均，如草鱼的抢食能力强于鲤、鲫，摄食量大，在摄食方面占优势。因此，要做到少量多次，适当延长投喂时间，一次性投喂量不能太少，照顾中下层的鲤、鲫吃到饲料，以免出现草鱼规格大而其他品种规格偏小，影响上市规格。在渔业生产上大力提倡和应用自动投饵机，来改变过去旧的投喂方法。

（2）勤检查食场　在平时饲养投喂过程中，做好每15天在投喂1小时后，在食台前用用密眼捞海检查是否在食场周围有散落的饲料，可判断投喂饲料是否适量，可作适当的调整。切记鱼不浮出水面集群摄食时，应停止投喂，查明原因，采取相应措施。

74. 饲料中蛋白过高是否会引起草鱼肝胆综合征？

从目前实践的结果看，过量投喂营养水平过高的饲料，当摄食量大大超过动物的需要，就会在一定程度上加重肝脏的负担，导致肝胆病变。但只要控制投饲率，即使是饲料蛋白偏高，如一般情况下是投喂蛋白24%的饲料，现在是选择的30%蛋白的饲料，若前者每天投喂100千克刚好满足动物的需要，则后者投喂80千克以下，总摄入量就不会超过动物的营养需要，也就不会对肝脏有损害。因此，只是饲料蛋白过高，对草鱼肝胆综合征没有直接影响。

对饲料行业来讲，饲料的营养水平越高，获得同等动物产品投入水体的饲料就越少，残留在水体的排泄物越少，越对持续养殖有利。对用户而言，在不考虑天然饵料转化的影响前提下，在鱼价高时选择中高档饲料总体上是比较经济的。

因此，建议用户根据自己实际的养殖条件和过去的养殖经验，选择合适的饲料和投喂率，当选择高营养水平饲料时，不要盲目追求生长速度而投喂量过大。关于肝胆综合征的界定，目前尚无学界公认的生理和生化指标，由于养殖密度过大、水体环境恶化、乱用药物也会导致肝胆疾病，因此它可能不是单纯的营养性疾病，此方面正在进一步研究。

75. 配合饲料和鲜活饵料相比有什么优点？

（1）配合饲料是按照鱼虾的种类、不同生长阶段的营养需要和其消化生理特点配制而成的，在加工中经过蒸汽调制和熟化，营养全面平衡，饲料易于消化，适口性好，病菌减少，其质量可以控制在要求的标准以内。从而可降低饲料系数和生产成本，提高经济效益。

（2）配合饲料通过加热，使淀粉糊化，增强了黏结性能，提高了饲料在水中的稳定性。并由于投饲量少，不易腐败，水质污染轻，便于集约化经营，增加鱼虾放养密度，提高渔场效益。

（3）配合饲料的原料来源广，可以合理地开发利用各种饲料源。除采用粮食、饼粕、糠麸、鱼粉等各种动植物作为原料之外，各屠宰、肉联厂、水产品加工厂的下脚料，酿造、食品、制糖、医药等工业副产品都可做配合饲料的原料。

（4）配合饲料可以做到储存原料和常年制备，不受季节和气候的限制，从而能保障供应，满足投饲需要。鱼虾养殖业者可随时采购，不愁匮乏。

（5）配合饲料中添加抗氧化剂、防霉剂等各种饲料添加剂，可以延长保存期，提高配合饲料质量。且配合饲料含水分少，体积小，用量少，使用安全，保管、运输方便。可节省劳力，降低费用。

76. 对鱼虾来说为什么要在饲料中添加着色剂？

人工养殖的鱼、虾，其体色往往不如天然鱼、虾的色彩鲜艳，影响其商品价值。在饲料中添加着色剂，可以改善养殖鱼、虾的体色。虾粉、苜蓿、黄玉米和绿藻等都是良好的色源原料，但天然色源成分不稳定，有的价高，故需开发着色剂。属于黄色色系的有金鱼、香鱼等，属于红色色系的有真鲷、对虾、虹鳟、锦鲤鱼等。所用着色剂多为类胡萝卜素产品。

裸藻酮利用范围相当广，鲑、鳟、鲷、金鱼、虾、鲤等改善体色，皆可使用。裸藻酮在对虾体内可转变成虾青素，在饲料中添加

0.02%，喂养 4 周就显效果，是优良的着色剂。

金鱼、红鲤和锦鲤能将叶黄素和玉米黄素转变成虾青素。以叶黄素喂鱼，橙色加强；以玉米黄素喂鱼，则红色增强。因此，为改善金鱼、红鲤的体色，以在饲料中加入玉米黄素为佳。虾青素为红色系列着色剂，在饲料中添加虾青素饲喂对虾，经过 8 周，对虾体内的虾青素即达到最高值，在 4 周后就能看到色彩的改善，因此，改善体色历时 1 个月即可。

77. 渔用饲料添加剂包括哪些？

渔用饲料添加剂，可分为营养性添加剂和非营养性添加剂。

(1) 营养性添加剂 ①氨基酸：配合饲料所用的主要原料是鱼粉、饼粕类及玉米粉等，这些原料所含的赖氨酸、蛋氨酸较少，不能满足鱼虾生长的需要，被称为限制性氨基酸。为了使饲料中的氨基酸能符合营养上的需要，常常在饲料中以游离态加入某种限制性氨基酸。②维生素：许多维生素都是不稳定的物质，在饲料加工和贮存中容易被破坏。因此，在制造维生素添加剂时，必须注意各种维生素的特性，进行预处理，加以保护，使之稳定。③矿物质：钠、氯、钾来源于食盐和氯化钾，镁的原料有碳酸镁、氯化镁和硫酸镁，钙、磷为饲料中添加的主要常量元素。鱼虾饲料中也常缺乏微量元素，因此，有必要补充微量元素以满足鱼、虾的营养需求，微量元素主要包括铜、铁、锰、锌、钴和碘等。

(2) 非营养性添加剂 ①促生长剂：其主要作用是通过刺激内分泌系统、调节新陈代谢、提高饲料利用率来促进动物的生长。②防霉剂：添加防霉剂的目的是，抑制霉菌的代谢和生长，延长饲料的贮藏期。凡食品中被批准的防霉剂都可用于饲料，在生产中常用的是丙酸钠和丙酸钙，用量为 0.1%～0.3%。③抗菌剂：在饲料中添加抗菌剂，主要是用于防治鱼、虾由细菌引起的疾病，常用的抗生素有土霉素等。④抗氧化剂：鱼虾饲料中所含的油脂及维生素等很容易氧化分解，产生毒物或造成营养缺乏，因此需添加抗氧化剂。目前，常用的抗氧化剂是乙氧基喹啉、丁基羟基甲氧苯和二丁基羟基甲苯。⑤促消化剂：添加酶制剂的目的是，促进饲料中营养成分的分解和吸收，提高其利用率。所用的酶多是由微生物发酵或是从植物中提取得到。⑥诱食剂：作用是提高配合饲料的适口性，诱引和促进鱼虾对饲料的摄食。⑦着色剂：目的是改善养殖鱼虾的体色，提高其商品价值。⑧黏合剂：用饲料中特有的具有黏合成型作用的添加剂。

78. 饲料添加剂使用应注意哪些方面？

饲料添加剂使用应注意以下几个方面：

（1）安全 长期使用或在添加剂使用期内，不会对动物产生急性或慢性毒害作用及其他不良影响；不会导致种鱼生殖生理的恶变或对其子代造成不良影响；在水产品中无蓄积，或残留量在安全标准之内，其残留及代谢产物不影响水产品的质量及水产品消费者——人的健康；不得违反国家有关饲料、食品法规定的限用、禁用等规定。

（2）有效 在水产品生产中使用，有确实的饲养效果和经济效益。

（3）稳定 符合饲料加工生产的要求，在饲料的加工与储存中有良好的稳定性，与常规饲料组分无配伍禁忌，生物学效价好。

（4）适口性好 在饲料中添加，不影响饲料的适口性。

（5）对环境无不良影响 经水产品消化代谢、排出机体后，对植物、微生物、土壤和水体等环境无有害作用。

79. 草浆喂鱼的操作方法及好处是什么？

把草打成草浆喂鱼，其饲料利用率可提高 50% 以上，而且还可起到投饵和施肥的双重作用。其原因是，草浆中有很多与浮游生物大小相同的颗粒，可供滤食和杂食性鱼类利用；而较大的碎片，则可被草鱼、鳊等草食性鱼类摄食。凡未被鱼类摄食的草浆颗粒及浆汁，除被大型浮游动物和底栖动物利用外，还能在细菌的作用下转化为浮游生物的营养元素，促进浮游生物的增殖，从而为鱼类提供丰富的天然饵料。其操作流程如下：

(1) 方法 用打浆机将水葫芦、水花生、水浮莲及一些陆生草类打成草浆。打浆时，加料要少量多次，草和水的比例要掌握好，尽量把草浆打得细一些，以增加草浆颗粒在水中悬浮的时间，提高草浆利用率。各种草在打浆前均需用清水冲洗干净，并用漂白粉溶液浸泡消毒。打完后，在草浆中加2‰～5‰的食盐，可起消毒作用。打浆前后要仔细检查打浆机，保证打浆机刀片有足够的锋利度和机器有较高的转速。

(2) 投喂 一般每亩水面每天投喂50～75千克草浆。投喂量应根据池鱼的生长、天气和水质变化等情况灵活掌握。为了让鱼充分摄食，投喂时应全池均匀泼洒。每天上午和下午各投喂1次，以增加鱼的摄食机会。在鱼苗、鱼种饲养后期和混有非草食性鱼类的池塘中，应适当在草浆中加些精料。

(3) 管理 投喂草浆后要经常加注新水，调节水质，以增加水中含氧量和水体空间。还要适当泼洒石灰水，可起到杀菌、消毒和防病作用，还可中和草浆分解所产生的酸性物质，使水质酸碱度趋于中性。

80. 在喂鱼前饲料进行预处理有何好处？

对饲料进行前处理的好处分别如下：①对颗粒饲料的检查，可以确定饲料是否发霉变质，如果受潮需要晾干。②对饼类饲料的前处理（如破碎和浸泡等），可以促进鱼类对饲料的消化吸收。③大颗粒的谷物饲料宜粉碎后喂鱼，以提高鱼类对饲料的消化利用率；小颗粒的谷粒可使其发芽后喂鱼，谷物幼芽的营养价值高，易消化，效果更佳。④对青饲料进行切碎、煮熟，拌入适量糠麸和苏打等处理，不仅可以提高饲料的营养价值，还可以促进鱼类的摄食和对饲料的消化。⑤对糟糠类饲料进行浸软、发酵等，可以促进鱼类的摄食，提高鱼类对饲料的利用率。⑥动物蛋白质饲料（如蚯蚓、蝇蛆、昆虫等）晒干加工成粉后配合其他饲料喂鱼，不仅便于贮藏，还可以提高其营养价值。⑦粪便应晒干后磨成粉，再按一定比例配合其他饲料使用，这样不仅便于贮存，还以提高其饲用价值。

81. 饲料脂肪酸败对鱼的健康生长有何危害？如何预防？

饲料脂肪酸败对鱼类生长的危害主要有以下四个方面：①脂肪氧化过程中会产生大量具有不良气味的醛、酮等低分子化合物，这些化合物会降低脂肪的营养价值和饲料的适口性，适口性的降低会减少鱼类的摄食量，而脂肪被破坏就会导致鱼类必需脂肪酸的缺乏；②脂肪氧化过程中产生的一些物质会抑制消化酶的活性，从而降低鱼类对饲料的消化吸收；③脂肪氧化时产生的大量过氧化物会破坏某些维生素，这样即便饲料在加工过程中添加的维生素足量，也会使鱼类出现维生素缺乏症；④氧化过程中产生的醛和酮对鱼体有直接毒害作用，不仅抑制鱼类的生长，严重时还会导致其死亡。

防止饲料脂肪氧化酸败的关键在于改善仓储条件，缩短贮存时间，防止饲料霉变。此外，在脂肪含量高的饲料中加入一定量的抗氧化剂，也可以起到良好的效果。

82. 鱼在什么情况下容易缺乏维生素？

鱼类缺乏维生素的原因，主要有以下几个方面：①饲料中维生素的添加量不足，难以满足鱼体生长和代谢的基本需要。由于饲料原料中的维生素含量不能完全满足鱼类的需要，因此必须额外添加一定的维生素。②维生素在饲料贮藏、加工和投喂过程中出现损失或被破坏，这样即便饲料在加工时添加的维生素足量，鱼体仍然会出现维生素缺乏症。如挤压膨化过程中产生的高温，会使多种热敏性维生素如维生素 B_1、叶酸、维生素 C 和维生素 A 等失活；而贮存不当会引起饲料中脂肪的氧化，期间产生的大量过氧化物会破坏维生素 A、维生素 D、维生素 E 和维生素 K 等脂溶性维生素，引起相应的缺乏症。③鱼体患病后，会对多种维生素的吸收利用发生障碍。④鱼类在某些特定条件（如出现高温、分塘、运输和用药等）下，对维生素的需求量增加，此时应适时多给鱼类补充维生素。

83. 鱼苗在培育期要不要投喂商品饲料？

鱼苗在培育期间，一般靠增殖天然生物饵料来满足其营养需求。增殖天然饵料，一般采取先施底肥后再追肥的方式，即放鱼苗前7～10天每亩施放经彻底发酵的有机粪肥100～200千克，然后加水50厘米左右，以后根据水质的肥瘦、饵料生物的多少进行适当的追肥。也可以直接投喂豆浆，部分豆浆被鱼苗摄食，另外一部分进入塘中肥水以繁殖轮虫、枝角类等天然饵料。在培养生物饵料时需要大规模的设备和劳力，而且受自然条件的限制，很难保证苗种培育的需要，此时可以考虑使用微粒饲料。微粒饲料应符合以下条件：①原料粉碎粒度通过100目筛以上；②高蛋白低糖，脂肪含量在10%～13%，能充分满足鱼苗的营养需要；③投喂后，在水中饲料的营养素不易溶失；④营养素易被鱼类消化吸收；⑤饲料粒径应与鱼苗的口径相适应，一般在10～300微米范围内；⑥具有一定的漂浮性。

84. 自配料时如何选用预混合饲料？

选用预混料的方法，主要有以下四点：①不同鱼类和同种鱼类的不同生长阶段，对营养物质的需求量不一致，因此，应根据养殖品种和其生长阶段选择专用的预混料。②购买预混料时，应仔细查看其包装和标签是否符合国家的规定，正规的预混料其包装和标签上必须清楚标明商标、品牌、生产厂家、产品执行标准、产品批准文号、生产许可证号、品种名称、适用阶段、饲料成分分析保证值、卫生标准、原料组成、药物名称及含量、停药期、使用注意事项、生产日期、保质期和净重等。如果有重要信息缺失，则质量不可靠。③打开袋子之后，要查看预混料的色泽和粒度，要求色泽均一、粒度粗细均匀且无结块出现，否则质量不过关。④用鼻子辨别味道，正常的预混料应没有霉味和酸败味。

85. 如何确定鱼塘年月的计划饲料用量？

要确定饲料的计划用量，首先要搞懂两个概念：池塘载鱼量和饲料系数。池塘载鱼量是指池塘中所容纳的鱼的重量，其计算方法为：从池塘中捕出部分鱼，称出重量然后除以捕出鱼的尾数，得到平均体重；然后，用平均体重乘以放养时的鱼苗数目（扣除期间死亡的尾数）即可。在收获时，利用上述方法可估算出鱼塘的净产量。饲料系数是指鱼增加单位体重需要摄入的饲料量，即饲料摄入量/鱼体重增加量，一般商品饲料的标签上都会标注其饲料系数。用估算出的池塘净产量乘以所用饲料的饲料系数，即可得出饲料的计划用量。

86. 配合饲料加工前为什么要对原料进行粉碎？

配合饲料加工前要根据要求对原料进行粉碎，目的主要有以下三个方面：①鱼类的消化系统比较简单，食物在肠道中停留的时间较短，如果原料颗粒较大，就不容易被消化吸收。而粉碎后会减小物料的粒径，增加原料的暴露面积，进而增加消化酶和原料接触的面积，促进酶对饲料中营养物质的消化。②各种原料的形状和粗细不一样，如果加工前不根据要求对其进行粉碎，在加工过程中各种原料就不容易混合（尤其是某些微量组分，如维生素、矿物质和药物等），导致生产出的配合饲料营养成分含量不均匀。③鱼类比较特殊，在水中摄食，这就要求饲料水稳性要好，要在一段时间内不溃散。原料如果不按规定进行粉碎，就会影响之后的制粒工艺，饲料的黏结性差，进而降低饲料颗粒在水中的稳定性。而粉碎后可提高原料间的结合力，便于制粒和提高饲料在水中的稳定性，降低营养物质的溶失率。

87. 不同鱼类对粉碎粒度有何要求？

目前，鱼饲料的最佳粉碎粒度研究报道较少。美国 NRC 在鱼类营养需要中，建议淡水鱼饲料的粉碎粒度一般要达到40目左右。而我国规定一般渔用配合饲料的原料粉碎粒度，要全部通过40目筛（0.38毫米筛孔），60目筛（0.25毫米筛孔）筛上物不大于20%，鱼饲料的对数几何平均粒径应在200以下。江苏制定的地方标准，对淡水鱼类饲料的粒度要求：全部通过20目分析筛，40目分析筛筛上物小于30%。一般来说，鲤、草鱼、青鱼、鳊的幼鱼配合饲料的粉碎粒度应过50～60目筛（0.27～0.25毫米），成鱼配合饲料的粉碎粒度应过30～40目筛（0.55～0.38毫米）。

88. 如何解决鱼苗开口饵料？

在池塘中直接繁殖轮虫，是解决鱼苗开口饵料、降低生产成本、提高鱼苗成活率和质量的有效途径。其操作要点主要有以下四个方面：①排水清塘。轮虫是依靠底泥中的休眠卵重新萌发的。据测定，肥水鱼塘的底泥中，平均每立方米有轮虫休眠卵1 000多万个，它们是翌年轮虫繁殖的"种子"。排水能增加底泥中休眠卵的受热量，清塘可清除轮虫的敌害，更换新水本身对休眠卵是一个良性刺激。所以，在平均水温20～25℃时，每亩用生石灰100千克左右排水清塘，经8～10天轮虫便可大量出现。②施有机肥。有关试验表明，每天每亩池塘投入26千克左右的牛粪或人粪尿，即可满足轮虫的食物需要。也可将塘泥翻起加1%的生石灰，以增加池塘水体中轮虫休眠卵的数量。③控制敌害。在池塘轮虫发生不久，水溞也将开始出现，因为两者都以细菌、腐屑和藻类为食，而水溞的滤食能力又强于轮虫，因此水溞数量过多，将会致使轮虫缺食而生长受到抑制。此时，可用晶体敌百虫配制浓度为0.5毫克/升的药液全池泼洒，即可杀死水溞而保留轮虫。用上述方法控制水溞并加施有机肥，可以把轮虫高峰期从自然状况下的3～5天延续到15～20天。④加注新水。在环境条件适宜时，轮虫繁殖十分迅速，达到高峰后1～2天，很容易出现缺氧等不利条件，若不加以改善，轮虫将很快出现休眠卵而终止繁殖。此时应加注新水，适当降低轮虫的密度，以利延续轮虫的高峰期。

89. 添加氨基酸能否提高鱼种对饲料的利用率？

在水产饲料中添加限制性氨基酸，能改善饲料氨基酸的平衡程度，使饲料中氨基酸和蛋白质具有最高的营养价值，提高鱼种对饲料蛋白质的消化利用率。水产饲料中的氨基酸类添加剂，主要指水产动物机体不能合成的限制性氨基酸，即赖氨酸、蛋氨酸等。水产饲料缺乏限制性氨基酸的情况，往往是由于使用大量植物性蛋白质饲料。因为，大多数植物性蛋白质饲料中缺乏赖氨酸和蛋氨酸。如果在缺乏赖氨酸、蛋氨酸的配合饲料中，用合成赖氨酸、蛋氨酸补充到水产动物需要量的水平，就能强化饲料蛋白质的营养价值，大大提高养殖效果。同时，采用添加限制性氨基酸的办法提高某些植物性饲料的营养价值，也是提高经济效益、合理利用饲料资源的有效途径。如在饲料中添加一定量的赖氨酸和蛋氨酸后，可降低饲料中的粗蛋白质含量2%以上，且不影响饲养效果。

90. 草鱼从鱼苗到成鱼饲料蛋白含量是否相同？

草鱼为典型的草食性鱼类，常以水陆生草类以及商品饲料投喂。草鱼对蛋白质的需要主要由蛋白质的品质决定，同时也受到其他因素，如鱼体大小、生理状况、水温、池塘中天然食物的多少、养殖密度、日投饲量、饲料中非蛋白能量的数量等因素的影响。草鱼配合饲料的蛋白质来源主要是各种饼粕，其中，大豆饼粕、棉粕和菜粕是草鱼的理想植物蛋白源。一般来说，草鱼幼鱼阶段以浮游生物等为食，对蛋白质的需求较高，随着生长发育食性转变为完全能够摄食水生植物时，对饲料蛋白质需求降低。草鱼配合饲料蛋白含量，从鱼苗到夏花阶段可确定为30%，鱼种到养成鱼阶段可确定为22%～25%。

91. 饲养青鱼过程中投喂颗粒饲料好还是膨化饲料好？

目前，普遍使用的青鱼配合饲料是压粒的沉性饲料，它存在着饲料溶散大、利用率低以及观察不到鱼的采食情况、难以确定合适的投饲量等缺点。应用挤压膨化技术生产的浮水性膨化饲料可克服上述缺点，而且具有适口性好、有益健康、利于吸收、提高饲料利用率等优点，是水产配合饲料的发展方向。与压粒生产工艺相比，膨化工艺生产的配合饲料可使饲料中的淀粉糊化、蛋白质变性、脂肪细胞裂解，有利于消化酶的作用，从而提高了营养物质的消化吸收，提高青鱼的生长速度，降低饲料系数。虽然制作膨化饲料的额外工艺增加了饲料的加工成本，但总体来说由于鱼体体重的增加，质量的提高和饲料系数的降低，使生产等量鱼所需的饲料成本反而比颗粒饲料要低，具有较好的经济效益。

92. 如何调整饲料预防草鱼脂肪肝病？

脂肪肝病的成因，主要是由于营养不平衡和缺乏抗脂肪肝物质引起的。在饲料的投喂过程中，由于长期饲喂单一性饲料，如菜粕、豆粕一类含蛋白质高的商品饲料，而这类饲料中的粗纤维特别是新鲜粗纤维又很少，引发该病。即使长期吃颗粒饲料，如果营养配方不合理，也会影响正常生长。先是脂肪积累，然后肝脂浸润，最后肝细胞出现萎缩，表现为肝脏贫血、肥大、脂肪含量高，细胞被脂肪浸润。预防草鱼脂肪肝病的办法是，调整饲料结构，尤其是精饲料与青饲料之间的比例。要求青饲料多于精饲料，两者之比为3∶1，最低不少于1.5∶1。也就是说，在饲养草鱼过程中，要始终掌握以投喂青饲料为主。并且要根据鱼的规格大小，把青饲料加工成不同规格。在投喂上，先投不切碎的青饲料，让大规格的草食性鱼类先抢到吃食，后投切碎的青饲料，使小规格的鱼也能吃到。这样，大小规格的鱼都能正常生长。总之，草食性鱼类只要不以商品饲料为主，注意控制脂肪积累，便可有效地预防脂肪肝病的发生。

93. 如何降低鱼类的饲料系数？

（1）改进养殖方式，采用新型养殖技术 随着科技进步，高产的新型养殖技术不断涌现。如当前淡水养殖中，正在推广的80：20优质吃食鱼为主的养殖技术，与传统的多品种混养技术相比，由于优质鱼比例大，并采用投饵机投饵的科学投饲方法，因而产量高、利润丰，饲料系数普遍较低。

（2）选择生长速度快、饲料转化率高的优良品种进行放养　养殖品种的优劣，是决定生长速度并影响饲料系数高低的重要因素。无论是鱼类、虾类、蟹类、鳖类乃至贝类，都应选择适合当地或环境条件的优良品种进行放养。

（3）建立良好的水域环境条件　良性生态养殖水域环境条件，主要包括水质、底质、水中天然生物状况，以及外来污染、养殖过程中自身污染等因素。养殖对象如果长期处于不良甚至危及生命的恶劣环境中，即使有营养全面、适口性好的优质饲料，也绝对得不到良好的饲料报酬，饲料系数肯定居高不下，使养殖效益降低。

（4）水中溶氧量需尽量提高　水中溶氧量低，养殖对象食欲下降，甚至拒食，即使食入饲料，也会造成消化吸收率低下、生长速度减缓、饲料利用率低、饲料系数增大的状况。所以，在养殖过程中要经常采取注入新水，调节水质，清除过多淤泥，使用增氧机，并监测水质理化指标等措施，来达到溶氧充足，降低有害气体含量，利于消化吸收，降低饲料系数之目的。

（5）采用科学合理的放养技术　选用优质饲料，放养过程中制订合理的放养密度，是决定饲料系数的关键因素。因此，我们首先要根据当地的气候条件、水质状况及生物状况，确定合适的放养密度，即最适放养量。密度太大，水体中易于缺氧，饲料系数肯定上升；密度太稀，则不能充分发挥水体的潜力，产值效益下降，饲料系数同样上扬。

94. 饲料本身有哪些因素影响鱼的摄食？

一般来说，鱼类的摄食与饲料有着密切的联系。鱼类饲料配方中的蛋白和能量是基本的营养指标，其中，蛋白质则是鱼类饲料中最重要而且成本最高的营养素。鱼类对蛋白质的利用程度，不仅与饲料中的蛋白种类和含量密切相关，而且与饲料中非蛋白能源存在着密切关系。当饲料中蛋白质含量偏低而能量物质又供应不足时，饲料中的蛋白不是用于生长，而是被转化成能量来维持生存，从而鱼类要加大摄食量来满足其生长；同样，当饲料中能量过高会降低鱼的摄食量，从而减少了最佳生长所必需的蛋白质和其他重要物质的摄入。此外，除了饲料中的几个主要营养成分影响鱼类摄食外，饲料的颜色、软硬、形状、粒径以及一些饲料添加剂，如某些氨基酸、小肽和诱食剂，也可以不同程度地影响鱼类对饲料的摄食。

95. 春季养鱼投喂时需注意哪几个方面？

营养供应是鱼类生长发育的基础，春季水温在 5～8℃时鱼类就开始摄食，为了促使鱼类早恢复体质、早生长，应及时投喂饲料。此时，应投喂蛋白质含量高的饲料。精饲料的投喂量为鱼体重的 1.5%～2.5%，开始每天投喂 1 次，以后随着水温升高，逐渐加大投喂量和投喂次数；对主养草鱼的池塘，应投喂适量的水陆草，投喂量以投料后 4～6 小时吃完为佳，并适当补充精料。春季投喂，既要保证鱼类吃饱吃好，又应特别注意防止饲料过剩。因此，具体投喂量要根据天气、水温以及鱼的吃食情况来决定。

96. 如何合理投喂饲料从而减少鱼种越冬死亡？

鱼种在越冬期间，特别是在一些小型鱼池里，一般死亡率高达 10%～20%，这样对渔业生产的损失较大。一般规格小的鱼种，体质差，体内积存的脂肪等营养物质少，无法抵抗冬天的严寒。7～9 月是鱼类生长旺期，特别是秋季，鱼类摄食量大，积累脂肪以作越冬期消耗。因此，在越冬前应多投脂肪和蛋白质含量高的饲料，添加玉米粉等能量饲料，培育大规格鱼种越冬，以减少损失。为保证安全越冬，必须要在秋季强化培育，以鲢、鳙为主的鱼池要进行施肥，还可投喂精饲料；以草鱼为主的鱼池先投浮萍、水草等青饲料，然后投喂精饲料。总之，保证膘肥体壮，增强其耐寒和抗病能力，同时注意肥水越冬。

97. 如何判断饲养鱼的饥饱状态?

（1）留心观察鱼类在食台或食场吃食时间的长短。如果在投入一定数量的饲料后（正常投饲量），鱼吃完饲料的时间不到 2 小时，说明饲料不足，还有一部分鱼没有吃到或吃饱，应该适当添加。如果每旬投饲量一定，旬内日投饲量相同，但到旬末所投饲料在不到 2 小时内就被鱼类吃完了，说明鱼体已增重，饲料量应增加。投喂配合颗粒饲料时，饲料已投完，鱼群仍在表层水面急游觅食，不愿沉入"二层水"中去，表明鱼未吃饱。如鱼群已从食台、食场散去，还有剩饵，鱼则食饱有余，下次可酌情减少投量。

（2）水面极不平静，池中鱼类活动频繁，检查鱼体是否有寄生虫骚扰为害，或可能鱼群处于饥饿状态。在育种塘，鱼苗、鱼种出现成群结队沿池周不停疯狂游转，这是缺乏适口饵料、呈现严重饥饿状况的标志，俗称"跑马病"。

（3）定期检查饲养鱼类的生长情况，一般每月检查 1 次。在放养密度适宜、搭配比例合理、无疾病发生的情况下，发现鱼类的生长远远没有达到预定的规格，且个体大小相差悬殊，说明所养鱼类摄食不足，经常处于饥饿或半饥饿状态。

（4）以鲢、鳙为主养鱼类的池塘，池水的透明度超过 40 厘米，或水质由肥变瘦，或者鲢、鳙头大、尾小、背窄、游动无力，甚至有瘦弱死亡的个体漂浮水面，这些都表明水中鲢、鳙鱼类可食的浮游生物很少，致使这些鱼类生长缓慢。

（5）以鲤为主养鱼类的池塘，要判断鱼的饥饱，可以根据池水的混浊度来确定。如果整池水都很混浊（呈泥黄色），证明鲤在池底觅食活动频繁，可判定鱼处于饥饿状况。

98. 如何培养生物饲料?

重视饲料生物的培养，可降低饲料系数，降低成本，提高经济效益。

培养方法：用有机肥，每亩施发酵后过筛的鸡粪 50 千克；用无机肥，每亩施尿素 2 千克和磷肥 0.5 千克。这样水的肥度比较平衡，饵料生物生长好。磷肥还可以控制蓝绿藻的生长，使硅藻成为池中的多数种。水色呈现黄绿色或黄褐色最好，如果水色过清，透明度大于 50 厘米，就要在 2～3 天后追肥 1 次，达到需要的浓度时停止施肥。

在第一次培养生物饵料时，池水深 50 厘米就够了，先把水色培养好，再加水进行第二次培养。由于培养的是浮游植物，靠光合作用生长。池水深在 1 米以上时，下层水光线不足，浮游植物难以繁殖。另外，培养底栖生物应撒化肥颗粒，沉在池底；而培育浮游生物则必须把化肥溶解后泼向水面，溶在水中。

99. 水产慢沉性饲料养鱼为何可节省饲料？

慢沉性鱼饲料具有良好的沉降性能，其沉降速度较慢，介于浮性膨化料与沉性料之间，在投喂后能很好地观察鱼的摄食情况，可随时根据鱼的摄食情况调整投饵量。

与沉性料相比，慢沉料的沉降速度能使饲料颗粒完整保持一定时间，更能保证鱼类有足够的摄食时间，且减少沉性饲料的易散失、易污染水体等弊端。而浮性料不仅成本高，且由于是浮在水面上的，对中下层鱼而言，不利于摄食且增加了体能消耗。

另外，由于慢沉性料在加工过程中经过高温高压处理，使其中的生淀粉熟化，脂肪等更易消化吸收，并破坏或减少了饲料中的一些有害物质，从而提高饲料的适口性和消化吸收率，最终达到节省饲料的效果。

100. 饲料中哪些营养物质的破坏和缺乏会影响鱼体健康？

饲料如果用得不科学，也会使鱼类发生各种各样营养性疾病，或称饲料诱发病。

（1）油脂氧化 饲料中不饱和脂肪酸的油脂，在高温、高湿环境条件下极易氧化，产生醛酮等有害物质。氧化油脂可使鱼类血细胞比容和血红蛋白数量下降，红细胞数量减少，红细胞脆性增强以及血红细胞形态异常，降低鱼类免疫能力，增加死亡。

（2）维生素缺乏　对于大多数维生素，鱼虾不能合成或合成能力有限，主要从饲料或浮游生物中摄入，以维持正常生长、繁殖和发育。维生素的种类很多，饲料中长期缺乏某些维生素，鱼类会出现相应的病症。

（3）矿物盐缺乏　鱼体内的无机盐，包括常量元素和微量元素。常量元素主要是钙、磷、钠、钾、镁、硫、氯7种，占体内无机盐总量的 $60\% \sim 80\%$；微量元素如铁、铜、碘、锰、钴、锌、钼、铬、锡、镍、铝等20多种。饲料中矿物盐缺乏时，鱼虾出现生长缓慢，饲料效率降低，骨骼矿化不良。

101. 饲料中可能存在哪些有毒有害物质会影响鱼体健康？

（1）棉酚　在棉籽壳和棉籽短绒中最多，分为游离棉酚和结合棉酚两种。其中，游离棉酚毒性很大，对心、肝、肾的细胞以及神经、血管均有毒性作用。

（2）蛋白酶抑制剂　豆科植物中含量较多，一般认为它能抑制肠道中蛋白水解酶对饲料蛋白质的分解作用，从而阻碍动物对饲料蛋白质的消化，导致生长缓慢或停滞，饲料系数增高。还能引起胰腺肥大，影响机体正常功能。

（3）硫葡萄糖苷　主要存在菜籽饼中，其水解产物具有毒性，对消化道的黏膜有强烈的刺激作用，并影响甲状腺滤细胞的生理功能，引起鱼类胃肠炎、肾炎及甲状腺肿大，破坏其正常的生理机能。

（4）单宁　一种多羟基酚物质，主要存在于菜籽饼、高粱等饲料原料中。单宁具涩味，高单宁饲料适口性差。单宁能与蛋白质及其他化合物产生络合物，降低了它们的消化吸收率。它还能与肠道消化酶结合，降低酶的活性，干扰正常消化过程。

四、人工繁殖与苗种培育

102. 鱼类人工繁殖要解决哪几个关键技术问题？

开展鱼类人工繁殖，需要解决亲鱼的种质、亲鱼的运输、亲鱼的培育、人工催产、鱼苗孵化和繁殖设施等几个关键技术问题。

以上几个关键技术之间互相关联，缺一不可，只有每个关键技术达到比较好的状态，才能使鱼类人工繁殖最终获得良好的效果；否则，往往会前功尽弃，没有收益。

103. 何为鱼类的性周期？

鱼类一生之中可多次生殖，所以，性成熟后到衰老前，性腺会按一定的规律，出现周期性的发育变化，这种性腺发育的周期现象，称为性周期。一年产卵一次的鱼类，性周期为一年；一年多次产卵的，以相邻两次产卵的间隔时间，形成性周期。有的鱼类所怀的卵会分批成熟、分批产出，这是同一性周期内的分批现象，与性周期不应混淆。

在池养条件下，四大家鱼的性周期基本上相同，性成熟的个体每年一般只有一个性周期。但在我国南方一些地方，经过人工精心培育，草鱼、鲢、鳙一年也可催产2～3次。

104. 鱼类性腺发育的分期特征是什么？

按照鱼类性腺发育的规律培育亲鱼，才能取得事半功倍的效果。为了便于观察鉴别鱼类性腺生长、发育和成熟的程度，通常将主要养殖鱼类的性腺发育过程分为6期，各期特征见表4-1。

表 4-1　家鱼性腺发育的分期特征

分期	雄　　性	雌　　性
I	性腺呈细线状，灰白色，紧贴在鳔下两侧的腹膜上；肉眼不能区分雌雄	性腺呈细线状，灰白色，紧贴在鳔下两侧的腹膜上；肉眼不能区分雌雄
II	性腺呈细带状，白色，半透明；精巢表面血管不明显；肉眼已可区分出雌或雄	性腺呈扁带状，宽度比同体重雄性的精巢宽5～10倍，肉白色，半透明；卵巢表面血管不明显，撕开卵巢膜可见花瓣状纹理；肉眼看不见卵粒
III	精巢白色，表面光滑，外形似柱状；挤压腹部，不能挤出精液	卵巢的体积增大，呈青灰色或褐灰色；肉眼可见小卵粒，但不易分离、脱落
IV	精巢已不再是光滑的柱状，宽大而出现皱褶，乳白色；早期仍挤不出精液，但后期，能挤出精液	卵巢体积显著增大，充满体腔；鲤、鲫呈橙黄色，其他鱼类为青灰色或灰绿色；表面血管粗大可见，卵粒大而明显，较易分离
V	精巢体积已膨大，呈乳白色，内部充满精液，轻压腹部，有大量较稠的精液流出	卵粒由不透明转为透明，在卵巢腔内呈游离状，故卵巢也具轻度流动状态，提起亲鱼，有卵从生殖孔流出
VI	排精后，精巢萎缩，体积缩小，由乳白色变成粉红色，局部有充血现象；精巢内可残留一些精子	大部分卵已产出体外，卵巢体积显著缩小，卵巢膜松软，表面充血；残存的、未排除的部分卵，处于退化吸收的萎缩状态

105. 如何挑选合格的亲鱼?

四大家鱼亲鱼来自国家四大家鱼原良种场培育的亲本，鲤、鲫、鲂应选用人工培育的新品种。

要得到产卵量大、受精率高、出苗率多、质量好的鱼苗，保持养殖鱼类生长快、肉质好、抗逆性强、经济性状稳定的特性，必须认真挑选合格的亲鱼。挑选时，应注意以下几点：

（1）所选用的亲鱼，外部形态一定要符合鱼类分类学上的外形特征，这是保证该亲鱼确属良种的最简单方法。

（2）由于温度、光照、食物等生态条件对个体的影响，以及种间差异，鱼类性成熟的年龄和体重有所不同，有时甚至差异很大。

（3）为了杜绝个体小、早熟的近亲繁殖后代被选作亲鱼，一定要根据国家和行业已颁布的标准选择。

（4）亲鱼必须健壮无病，无畸形缺陷，鱼体光滑，体色正常，鳞片、鳍条完整无损，因捕捞、运输等原因造成的擦伤面积，越小越好。

（5）根据生产鱼苗的任务，确定亲鱼的数量，常按每千克亲鱼产卵5万～10万粒，估计所需雌亲鱼数量。再以1：（1～1.5）的雌雄比，得出雄亲鱼数。亲鱼不要留养过多，以节约开支。

106. 大宗淡水鱼类性成熟年龄和体重是多少?

选择性成熟年龄的亲鱼，是开展鱼类人工繁殖的基本条件。而达到性成熟年龄的亲鱼，具有一定的体重。因此，应将亲鱼的年龄和体重两项参数结合起来进行挑选，主要大宗淡水鱼类的成熟年龄和体重见表4-2。

亲鱼年龄的鉴别，通常用洗净的鳞片在解剖镜下或肉眼进行观察。一般以鳞片上的每一疏、密环纹为1龄，或在鳞片的侧区观察两龄环纹的切割线数量，即一条切割线为1龄。用以上两种观察方法结合，确定其年龄大小。

表 4-2　大宗淡水鱼类的成熟年龄和体重

鱼类名称	开始用于繁殖的年龄（足龄）		开始用于繁殖的最小体重（千克）		用于人工繁殖的最高年龄（足龄）
	雌	雄	雌	雄	
青鱼	7	6	15	13	25
草鱼	5	4	7	5	18
鲢	4	3	5	3	15
鳙	6	5	10	8	22
鲤	2	1	1.5	1.0	5
鲫	2	2	0.3	0.25	
团头鲂	3	3	1.5	1.5	4～6

注：我国幅员辽阔，南北各地的鱼类成熟年龄和体重并不一样。南方成熟早，个体小；北方成熟晚，个体较大。表中数据是长江流域的标准，南方或北方可酌情增减。

亲鱼性成熟的体重往往与养殖条件、放养密度有一定关系，即养殖条件好，密度较小，体重较大，反之偏小。此外，一般同年龄的雌鱼体重比雄鱼体重大。

107. 亲鱼的雌雄如何鉴别？

养殖鱼类两性的外形差异不大，细小的差别有的终生保持，有的只在繁殖季节才出现，所以雌雄不易分辨。目前，主要根据追星（也叫珠星，是由表皮特化形成的小突起）、胸鳍和生殖孔的外形特征来鉴别雌、雄（表4-3）。

表4-3 常规养殖鱼类雌、雄特征比较

鱼类名称	生殖季节		非生殖季节	
	雄性	雌性	雄性	雌性
青鱼	胸鳍及鳃盖有细密的锥状追星，触摸时，感觉粗糙；发育好的，头部也有追星；轻压成熟个体的腹部，可见白色精液流出	无追星，手摸头、鳃盖、胸鳍时，有光滑感；成熟个体腹部膨大，当腹部朝天时，可见明显的卵巢轮廓	胸鳍一般较大，且长	胸鳍比雄性小
草鱼	与青鱼基本相同，胸鳍鳍条粗大，狭长，自然张开时，呈尖刀形	仅胸鳍鳍条末梢有少数追星，手感仍光滑；胸鳍张开时，呈扇状	胸鳍狭长，长度超过胸鳍至腹鳍距离的一半，腹部鳞小而尖，排列紧密	胸鳍略宽且短，长度小于胸、腹鳍之间距离的一半，腹部鳞大而圆，排列疏松
鲢	胸鳍前面几根鳍条上，有锯齿状突起，手感很粗糙；鳃盖、眼眶边缘有细小的追星	胸鳍鳍条光滑，仅鳍条末梢有少数锯齿状突起，无追星；生殖孔长稍凸，有时红润	同生殖季节，但无追星	同生殖季节
鳙	胸鳍内侧有骨质刀状突起，有割手感；鳃盖、眼眶边缘有细小的追星	手摸胸鳍，有光滑感	同生殖季节，但无追星	同生殖季节

（续）

鱼类名称	生殖季节		非生殖季节	
	雄性	雌性	雄性	雌性
鲂	胸鳍第一鳍条较厚，团头鲂呈 S 形弯曲；胸鳍的前几根鳍条、头背部、鳃盖、尾柄背面等处，均有密集的追星	胸鳍第一鳍条薄而直，仅眼眶及体背部有少数追星，泄殖孔稍凸，有时红润	胸鳍第一鳍条厚而曲	胸鳍第一鳍条薄而直
鲤	胸鳍、鳃盖等处有明显的追星，手感粗糙；泄殖孔呈长形下凹，不红润	有少数追星，或无；泄殖孔红肿，呈圆形、外凸	体狭长，头较大，肛门内凹，肛门前区无纵褶	背高、体短而宽；头小，近于椭圆形；肛门微凸，肛门前区有辐射状纵褶
鲫	头背部、尾柄部及鳃盖两侧有追星，手感粗糙；泄殖孔内陷，呈三角形	无追星，手感光滑；泄殖孔呈圆形，稍凸出	泄殖孔形状同生殖季节	泄殖孔形状同生殖季节

108. **亲鱼培育中的放养方式主要有哪些？**

亲鱼培育，多采用以 1～2 种鱼为主养鱼的混养方式，少数种类使用单养方式。混养时，不宜套养同种鱼种，或配养相似食性的鱼类、后备亲鱼，以免争食，影响主养亲鱼的性腺发育。搭配混养鱼的数量为主养鱼的 20%～30%，它们的食性和习性与主养鱼不同，能利用种间互利，促进亲鱼性腺的正常发育。混养肉食性鱼类时，应注意放养规格，避免危害。除鲤、鲫、鲂等鱼在早春至产前的培育时间外，亲鱼应雌、雄混合放养，放养密度因塘、因种而异。通常每亩放养量为 150～200 千克。各种亲鱼的放养情况见表4-4。

表 4-4　亲鱼放养密度和放养方式

鱼类名称	水深（米）	每亩的放养量		放养方式
		重量（千克）	尾数（尾）	
青鱼	1.5～2.5	200 以内	8～10	主养青鱼池中，可混养鲢亲鱼4～6尾，或鳙亲鱼1～2尾；不得混放小青鱼、鲤、鲫等肉食性或杂食性鱼类，雌、雄比为1∶1
草鱼	1.5～2.5	150～200	15～25	草鱼亲鱼池中，可混养鲢亲鱼或鳙亲鱼3～4尾，或鲢、鳙后备亲鱼，还可加肉食性的鳜或乌鳢2～3尾，池中螺、蚬多，可配放2～3尾青鱼，雌、雄比为1∶(1～1.5)
鲢	1.5～2.5	100～150	20～30	鲢亲鱼池中，可混养鳙亲鱼2～3尾；为清除池中杂草、螺、蚬和野杂鱼，可配放适量的草鱼、青鱼及其他肉食性鱼类，雌、雄比为1∶(1～1.5)
鳙	1.5～2.5	80～100	10～15	鳙亲鱼池中，不得混养鲢；其他方面，可参照鲢鱼池情况
鲂	1.5～2.5	100～150	70～100	混放的鲢、鳙，可占放养总量的20%～30%；雌、雄比为1∶(1～2)，春季一定要雌、雄分养
鲤	1.5～2.0	100～150	不超过120	可混养少量鲢、鳙，控制浮游生物的量，雌、雄比为1∶(1～2)，如雌、雄体型差异大时，雄鱼数还可酌增；早春就要雌、雄分养，不同源的亲鱼不可混放，以保持品系纯正
鲫	1.5～2.0	150 以内		以单养为好；不同源的亲鱼不可混合放养，以保持品种纯正；雌、雄比要求为1∶1，早春应雌、雄分养

注：表中的放养量已到上限，不得超过。如适当降低，培养效果更佳。

109. 亲鱼培育的要点有哪些？

（1）**产后及秋季培育**（产后到11月中下旬）　生殖后无论是雌鱼或雄鱼，其体力都损耗很大。因此，生殖结束后，亲鱼经几天在清水水质中暂养后，应立即给予充足和较好的营养，使其体力迅速恢复。如能抓紧这个阶段的饲养管理，对性腺后阶段的发育甚为有利。越冬前使亲鱼有较多的脂肪贮存，这对性腺发育很有好处，故入冬前仍要抓紧培育。有些苗种场往往忽视产后和秋季培育，平时放松饲养管理，只在临产前1～2个月抓一下，形成"产后松、产前紧"的现象，结果亲鱼成熟率低，催产效果不理想。

(2) 冬季培育和越冬管理（11月中下旬至翌年2月） 水温5℃以上，鱼还摄食，应适量投喂饵料和施以肥料，以维持亲鱼体质健壮，不使落膘。

(3) 春季和产前培育 亲鱼越冬后，体内积累的脂肪大部分转化到性腺，而这时水温已日渐上升，鱼类摄食逐渐旺盛，同时又是性腺迅速发育时期。此时期所需的食物，在数量和质量上都超过其他季节，故此时是亲鱼培育至关重要的季节。

(4) 亲鱼整理和放养 亲鱼产卵后，应抓紧亲鱼整理和放养工作，这有利于亲鱼的产后恢复和性腺发育。亲鱼池不宜套养鱼种。

110. 怎样培育鲢、鳙亲鱼？

鲢、鳙是以浮游生物为主要食物，所以，采用施肥为主的培育方法。有时为补充亲鱼的营养需要，可适当地投喂一些精料。常用肥料是发酵后的畜、禽粪肥及绿肥和无机肥。精料，主要用豆饼磨浆投喂。放养前7～10天，每亩最少施粪肥100～150千克，或绿肥200～250千克作为基肥。以后，按晴天中午池水透明度能保持在20～25厘米作为标准，采取少量多次的方法酌施追肥。夏、秋季，亲鱼性腺从产后（Ⅵ期）渐退化至Ⅱ（Ⅲ）期，又从Ⅱ（Ⅲ）期开始向Ⅲ（Ⅳ）期发育，因这段时间水温高，代谢旺盛，每亩每月需追施粪肥750～1 000千克，入冬前为保证性腺继续发育的营养需要和安全越冬，仍需重施追肥。入冬后，只施少量追肥维持水质，保证亲鱼不会掉膘。为补充天然饵料的不足，产前、产后和越冬期间，均需适当补充精料。每亩鱼池全年精料的用量为200～300千克。每天投饲量为鱼体重量的2%～4%。产后，为迅速恢复体力，可每天投喂 2 次，其他时间投喂 1 次。培育亲鱼，同样要求肥、活、嫩、爽的水质，故需定期注水，避免水质老化和泛池，并借注水促进性腺发育。夏、秋季，每月至少注水 2 次；冬季可不加注新水，但越冬前要加满池水；开春后要酌施肥料，一般每亩每次施尿素 2.5 千克和过磷酸钙 5 千克，使池水迅速转肥；临产前 1 个月，每周冲水 1～2 次，每次 2～4 小时；产前半月，冲水次数应酌情增加，必要时甚至隔天或每天冲水，要绝对防止出现浮头。大量冲水时，为保持池水肥度，可抽本塘池水回冲，或用相邻两池水互冲。

111. 怎样培育青鱼亲鱼？

以螺、蚬为主，辅投豆饼、菜籽饼、蚕蛹或颗粒饲料。可不用食台，食场设在池边浅水处。投喂要求为饲料不变质，池鱼不断食，以吃饱为度。青鱼亲鱼池的池水不宜过肥，透明度以不低于 30 厘米为宜。由于投饲量大，单纯靠混养的鲢、鳙调控水质，常不易达到要求，需适时注换新水。夏、秋季，每月注水 1～2 次；冬季，只要水质不恶化，可不加水；产前，由每 3～5 天冲水 1 次，渐变为 2～3 天冲水 1 次，以使池水水位升高 20～30 厘米为度。

112. 怎样培育草鱼亲鱼？

以青饲料为主，精饲料为辅。青饲料需设草架；精饲料可不搭食台，但要固定食场。青饲料的日投喂量为鱼体重的 30%～50%，精饲料为鱼体重的 1%～3%。具体投喂量以每天傍晚吃完为度。产后需辅投精料，让其迅速恢复体力；冬季水温低，食欲不旺，青饲料不易解决，可每周选 1～2 个晴天，酌情投喂精饲料，避免掉膘；开春，青饲料较难满足，可由青、精饲料相结合（精饲料主要用谷、麦芽），逐步过渡到以青饲料为主；其他时间，原则上都应投喂青饲料。草鱼摄食量大，水易肥，故旺食季节隔 3～5 天注水 1 次，每次注水量为池水水位上升 15 厘米左右。产前 1 个月，每周注水 2 次；产前半个月，隔天冲水。总的来说，草鱼亲鱼要严防缺氧浮头，产前所需流水刺激的程度也比青鱼亲鱼高，因此，全期的注换水次数较多。

113. 怎样培育鳊、鲂亲鱼？

专池培育，管理方便。单养、混养皆可，以混养多见。不论单养或混养，开春后务必雌雄分养。培育方法与草鱼亲鱼培育方法基本相同，但食量小，每天投饲量，青饲料为鱼体重的10%～25%，精饲料为鱼体重的2%～3%。在夏、秋季，为弥补青饲料质量欠佳的缺陷，也要青、精饲料相结合投喂；春季，以青饲料为主，只有在青饲料不足时，才辅投精饲料（三角鲂喜食动物性饵料，可增喂轧碎的螺、蚬肉和蚌肉，以满足需要）。水质管理没有草鱼亲鱼严格，只要不发生浮头即可。开春后，水温达14℃以上，每3～5天冲水1次；产前冲水次数可酌增。水量以水位升高10～15厘米为宜。

114. 怎样培育鲤、鲫亲鱼？

以精饲料为主，辅以动物性饵料及适口的青料。每天投饲量，鲤亲鱼为体重的3%～5%，鲫亲鱼为2%～5%；为减少用饲量，可适当施肥。由于鲤、鲫亲鱼开春不久就产卵繁殖，所以，早春所用饲料的蛋白质含量应高于30%。同时，它们以Ⅳ期性腺越冬，故秋季培育一定要抓紧、抓好，越冬期再抓住保膘，则春季只要适当强化培育，即可顺利产卵。水质调控没有上述亲鱼严格，全期只要求水质清新即可。

115. 为什么现在生产上养殖的鲢性成熟个体变小了？

目前，我国淡水养殖生产上的鲢，都是未经遗传改良的野生种。由于缺乏科学的保种和制种技术，许多生产单位在有限的群体内，经多代人工繁殖和逆向选择，导致鲢原有野生种的遗传多样性减少，优良经济性状严重退化，使得生长减慢，性成熟提前，在生产上的表现就是鲢性成熟个体变小。

116. 为什么在选留种鱼时要留足一定数量的亲鱼？

有些生产单位在选留种鱼时，考虑到成本及人力方面的因素，只保留较少数量的亲鱼，这样经过几代后，极易产生近亲交配，导致后代的种质退化。要控制近亲交配，必须具备一定的有效群体数量。随着繁殖世代的增加，有效群体数量也要增加。

117. 为什么苗种生产单位要选用不同来源的亲鱼？

选用不同来源的亲鱼用作生产苗种的亲本，一方面可利用亲缘关系远（遗传基础差异较大）的种群进行杂交，杂交后代因表型性状优于杂交双亲而表现出杂交优势，提高养殖效益；另一方面可有效避免因同一种群内亲缘关系密切的个体间互相交配，而导致后代的近交衰退，因为亲缘关系密切的个体间相互交配，使子代的纯合基因型的增加，即杂合子的减少和大量的隐性或近隐性有害基因的增加，从而导致后代生产性状的衰退。

118. 常用的催产剂有哪些？

目前，用于鱼类繁殖的催产剂，主要有绒毛膜促性腺激素（HCG）、鱼类脑垂体（PG）、促黄体素释放激素类似物（LRH-A）等。

（1）绒毛膜促性腺激素（HCG）　HCG是从怀孕2～4个月的孕妇尿中提取出来的一种糖蛋白激素，分子量为36 000左右。HCG直接作用于性腺，具有诱导排卵作用，同时也具有促进性腺发育，促使雌、雄性激素产生的作用。

HCG是一种白色粉状物，市场上销售的渔（兽）用HCG一般都封装于安瓿中，以单位（U）计量。HCG易吸潮而变质，因此要在低温干燥避光处保存，临近催产时取出备用。储量不宜过多，以当年用完为好，隔年产品影响催产效果。

（2）鱼类脑垂体（PG）（图4-1）　PG是从性成熟而尚未产卵的

鲤鱼脑髓下部摘取获得，并经丙酮或无水酒精 2 次脱水、脱脂（每次 8 小时）制成的催产药物。它对促进卵母细胞的卵泡成熟作用大，在水温正常和偏低的条件下作用显著。PG 几乎可用于所有鱼类催产，可单独或与其他催产药物配合使用，但来源有限。

（3）促黄体素释放激素类似物（LRH-A） LRH-A 是一种人工合成的九肽激素，分子量约 1 167。由于它的分子量小，反复使用，不会产生抗药性，并对温度的变化敏感性较低。应用 LRH-A 作催产剂，不易造成难产等现象发生，不仅价格比 HCG 和 PG 便宜，操作简便，而且催产效果大大提高，亲鱼死亡率也大大下降。

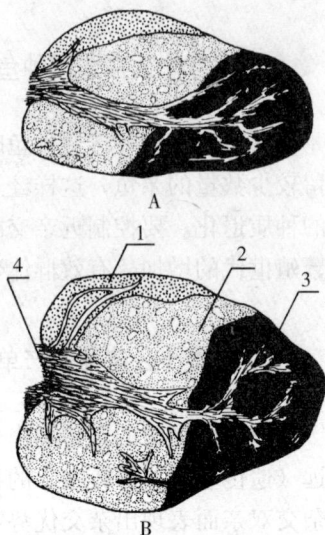

图 4-1　脑垂体
A. 鲤脑垂体 B. 草鱼脑垂体
1. 前叶 2. 间叶 3. 后叶 4. 神经部

近年来，我国又在研制 LRH-A 的基础上，研制出 LRH-A$_2$ 和 LRH-A$_3$。实践证明，LRH-A$_2$ 对促进 FSH 和 LH 释放的活性，分别高于 LRH-A 12 倍和 16 倍；LRH-A$_3$ 对促进 FSH 和 LH 释放的活性，分别高于 LRH-A 21 倍和 13 倍。故 LRH-A$_2$ 的催产效果显著，而且其使用的剂量可为 LRH-A 的 1/10；LRH-A$_3$ 对促进亲鱼性腺成熟的作用，比 LRH-A 好得多。

（4）地欧酮（DOM） DOM 是一种多巴胺抑制剂，生产上不单独使用，主要与 LRH-A 混合使用，以进一步增加其活性。DOM 在亲鱼性腺发育不太好和水温较低的条件下，可发挥良好的作用；相反，则减少用量或不用。

119. 常用的催产激素各有什么特点？

促黄体素释放激素类似物、垂体、绒毛膜促性腺激素等，都可用于草鱼、鲢、鳙、青鱼、鲤、鲫、鲂、鳊等主要养殖鱼类的催产，但对不同的鱼类，其实际催产效果各不相同。

（1）**垂体** 对多种养殖鱼类的催产效果都很好，并有显著的催熟作用。在水温较低的催产早期，或亲鱼一年催产两次时，使用垂体的催产效果比绒毛膜促性腺激素好，但若使用不当，常易出现难产。

（2）**绒毛膜促性腺激素** 对鲢、鳙的催产效果与脑垂体相同。催熟作用不及垂体和释放激素类似物。催产草鱼时，单用效果不佳。

（3）**促黄体素释放激素类似物** 对草鱼、青鱼、鲢、鳙等多种养殖鱼类的催熟和催产效果都很好，草鱼对其尤为敏感。对已经催产过几次的鲢、鳙，效果不及绒毛膜促性腺激素和脑垂体。对鲤、鲫、鲂、鳊等鱼类的有效剂量也较草鱼大。促黄体素释放激素类似物为小分子物质，副作用小，并可人工合成，药源丰富，现已成为主要的催产剂。

上述几种激素互相混合使用，可以提高催产率，且效应时间短、稳定，不易发生半产和难产。

120. 如何确定合适的催产季节？

在最适宜的季节进行催产，是家鱼人工繁殖取得成功的关键之一。长江中、下游地区适宜催产的季节是 5 月上中旬至 6 月中旬，华南地区约提前 1 个月。鲮的催情产卵时期相对比较集中，每年 5 月上中旬进行，过了此时期卵巢即趋向退化。华北地区是 5 月底至 6 月底，东北地区是 6 月底至 7 月上旬。催产水温 18～30℃，而以 22～28℃最适宜（催产率、出苗率高）。生产上可采取以下判断依据，来确定最适催产季节：①如果当年气温、水温回升快，催产日期可提早些，反之催产日期相应推迟；②草鱼、青鱼、鲢、鳙的催产程序，一般是先进行草鱼和鲢、再进行鳙和青鱼的催产繁殖；③亲鱼培育工作做得好，亲鱼性腺发育成熟就会早些，催产时期也可早些。通常在计划催产前 1 个月至 1 个半月，对典型的亲鱼培育池进行拉网，检查亲鱼性腺发育情况。根据亲鱼性腺发育，推断其他培育池亲鱼性腺发育情况，确定催产季节和亲鱼催产先后。

121. 催产前需准备哪些工具?

(1) 亲鱼网 苗种场可配置专用亲鱼网。亲鱼网与一般成鱼网的不同在于:网目小,为 1.0~1.5 厘米,以减少鳞片脱落和撕伤鳍膜;网线要粗而轻,用 2 毫米×3 毫米或 3 毫米×3 毫米的尼龙线或维尼纶线,不用聚乙烯线或胶丝;需加盖网,网高 0.8~1.0 米,装在上纲上,用短竹竿等撑起,防止亲鱼跳出。产卵池的专用亲鱼网,长度与产卵池相配,网衣可用聚乙烯网布,形似夏花网。

(2) 布夹(担架) 以细帆布或厚白布做成,长 0.8~1.0 米、宽 0.7~0.8 米。宽边两侧,布边向内折转少许,并缝合,供穿竹、木提杆用;长的一端,有时左右相连,作亲鱼头部的放置位置(也有两端都相连的,或都不连的)。在布的中间,即布夹的底部中央,是否开孔,视各地习惯与操作而定(图 4-2)。

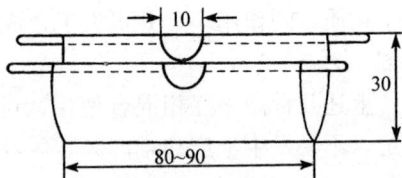

图 4-2 亲鱼布夹(单位:厘米)

(3) 卵箱 卵箱有集卵箱和存卵箱两种,均形似一般网箱,用不漏卵、光滑耐用的材料作箱布,如尼龙筛绢等。集卵箱从产卵池直接收集鱼卵,大小为 $0.25~0.5$ 米^2,深 0.3~0.4 米,箱的一侧留一直径 10 厘米的孔,供连接导卵布管用。导卵布管的另一端,与圆形产卵池底部的出卵管相连,是卵的通道。存卵箱,把集卵箱已收集的卵移入箱内,让卵继续吸水膨胀。集中一定数量后,经过数再移入孵化箱。箱体比集卵箱大,常用 1 000 毫米×700 毫米×600 毫米的规格。

(4) 鱼巢 专供收集黏性鱼卵的人工附着物。制作的材料很多,以纤细多枝、在水中易散开、不易腐烂、无毒害浸出物的材料为好。常用杨柳树根、冬青树须根、棕榈树树皮、水草及一些陆草,如稻草、黑麦草等。根须和棕皮含单宁等有害物质,用前需蒸煮除掉,晒干后再用;水、陆草要洗净,严防夹带有害生物进入产卵池;稻草最好先捶软。处理后的材料经整理,用细绳扎成束,每束大小与 3~4 张棕皮所扎的束相仿。一般每尾 1~2 千克的亲鱼,每次需配鱼巢4~

5 束。亲鱼常有连续产卵 2～3 天的习性，鱼巢也要悬挂 2～3 次，所以鱼巢用量颇多，需事前做好充分准备。

(5) 其他 如亲鱼暂养网箱，卵和苗计数用的白碟、量杯等常用工具，催产用的研钵、注射器，以及人工授精所需的受精盆、吸管等。

122. 如何鉴别亲鱼的成熟度?

亲鱼成熟度的鉴别方法，以手摸、目测为主。轻压雄鱼下腹部，见乳白色、黏稠的精液流出，且遇水后立即迅速散开的，是成熟好的雄鱼；当轻压时挤不出精液，增大挤压力才能挤出，或挤出的为黄白色精液，或虽呈乳白色但遇水不化，都是成熟欠佳的雄鱼。当用手在水中抚摸雌鱼腹部，凡前、中、后三部分均已柔软的，可认为已成熟；如前、中腹部柔软，表明还不成熟；如腹部已过软，则已过度成熟或已退化。为进一步确认，可把鱼腹部向上仰卧水中，轻抚腹部出水，凡腹壁两侧明显胀大，腹中线微凹的，是卵巢体积增大，显出卵巢下垂轮廓所致；此时，轻拍鱼腹可见卵巢晃动，手摸下腹部具柔软而有弹性的感觉，生殖孔常微红稍凸，这些都表明成熟好。如腹部虽大，但卵巢轮廓不明显，说明成熟欠佳，尚需继续培育；如生殖孔红褐色，是有低度炎症;生殖孔紫红色，是红肿发炎严重所致，需清水暂养，及时治疗。鉴别时,为防止误差,凡摄食量大的鱼类,要停食 2 天后再检查。

生产上也可利用挖卵器（图 4-3），直接挖出卵子进行观察，以鉴别雌亲鱼的成熟度。操作时，将挖卵器准确而缓慢地插入生殖孔内，然后向左或右偏少许，伸入一侧的卵巢约 5 厘米，旋转几下抽出，即可得到少量卵粒。将卵粒放在玻璃片上，观察大小、颜色和核的位置，若大小整齐、大卵占绝大部分、有光泽、较饱满或略扁塌、全部或大部分核偏位，则表明亲鱼成熟较好；若卵大小不齐，互相集结成块状，卵不易脱落，表明尚未成熟；若卵过于扁塌或糊状，无光泽，则表明亲鱼卵巢已趋退化，凡属此

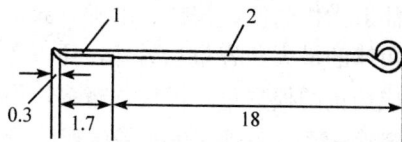

图 4-3 挖卵器（单位：厘米）
1. 槽 2. 柄

类亲鱼，催产效果和孵化率均较差。

鱼类在繁殖季节内成熟繁殖，无论先后均属正常。由于个体发育的速度差异，整个亲鱼群常会陆续成熟，前后的时间差可达2个月左右。为合理利用亲鱼，常在繁殖季节里把亲鱼分成三批进行人工繁殖。早期水温低，选用成熟度好的鱼，先行催产；中期，绝大多数亲鱼都已相当成熟，只要腹部膨大的皆可催产；晚期，由于都是发育差的亲鱼，怀卵量少，凡腹部稍大，皆可催产。这样安排，既避免错过繁殖时间，出现性细胞过熟而退化，又保证不同发育程度的亲鱼都能适时催产，把生产计划落实在可靠的基础上。

123. 雌、雄亲鱼如何配组？

催产时，每尾雌鱼需搭配一定数量的雄鱼。如果采用催产后由雌、雄鱼自由交配产卵方式，雄鱼要稍多于雌鱼，一般采用1：1.5比较好；若雄鱼较少，雌、雄比例不应低于1：1。如果采用人工授精方式，雄鱼可少于雌鱼，1尾雄鱼的精液可供2～3尾同样大小的雌鱼授精。同时，应注意同一批催产的雌、雄鱼，个体重量应大致相同，以保证繁殖动作的协调。

124. 如何配制催产药物？

根据亲鱼体重和药物催产剂量计算出药物总量后，将药物经过适当处理，均匀溶入一定量的蒸馏水或生理盐水中，即成注射药液。在生产中，情况往往比较复杂，如一次性催产的亲鱼较多，特别是鲤、鲫等中、小型鱼类更多，同时，亲鱼个体体重有一定差别，为了使药液注射操作简便、快捷、准确，获得整体较高的催产率，需要考虑单个鱼体的最大药容量；另外，还应考虑因亲鱼尾数多，在注射过程中造成药量的损失量，即尾数越多，损失量越大，一般损失量为总容量的3%～5%。因此，在配制催产药物之前，需根据个体的最大注射容量计算总容量，然后，根据催产亲鱼尾数多少确定损失的百分比，补进损失的容量和相应的药量。这样，所配成的注射药液，既保证了按预定的剂量注入鱼体，又保证了注射快捷、简便。同时，当注射结束时，所配药液基本用完，避免了药液不够重新加配，或剩余药液过多造成浪费。

此外，在配制药液时，还应注意药物特性，如 LRH-A 和 HCG 溶解快，可直接溶入注射用水中；而 PG 和 DOM 需要先在研钵中研磨精细，再加入少许水继续研成浆液。

DOM 与其他药混合使用时，DOM 需要单独配制，即利用注射用水总容量的一半配制 DOM，另一半配制其他药物，注射时，两种药液多次现场等量均匀混合即用，以保证在半小时之内将混合液注射完。

125. 如何确定催产剂的注射次数？

凡成熟好的亲鱼，只要一次注射，就能顺利产卵。成熟度尚欠理想的可用两次注射法，即先注射少量的催产剂催熟，然后再行催产。对青鱼或成熟度稍差的草鱼，有时在催熟注射前，再增加一次催熟注射，称为三次注射。有的注射四五次，实际没有必要。成熟差的亲鱼应继续强化培育，不应依赖药物作用，且注入过多的药剂并不一定能起催熟作用；相反，轻则影响亲鱼今后对药物的敏感性，重则会造成药害或死亡。

亲鱼对不同药物的敏感程度，存在着种的差异。鲢、鳙、鲂对 HCG 较敏感，而草鱼对 LRH-A 敏感，故选用何种催产剂，应视鱼而异。

126. 如何确定催产剂的用量？

催产剂的用量，除与药物种类、亲鱼的种类和性别有关外，还与催产时间、成熟度、个体大小等有关。早期，因水温稍低，卵巢膜对激素不够敏感，用量需比中期增加20％～25％。成熟度差的鱼，或增大注射量，或增加注射次数。成熟好的鱼，则可减少用量，对雄性亲鱼甚至可不用催产剂。性别不同，注射剂量可不同，雄鱼常只注射雌鱼用量的一半。体型大的鱼，当按体重用药时，可按低剂量使用。在使用 PG 催产时，过多的垂体个数，会造成注入过多的异体蛋白而引起不良影响，所以常改用复合催产剂。为避免药物可能产生的副作用，在增加药物用量时，增大的药剂量常用 PG 作催产剂。催产剂的用量见表4-5。

表 4-5　催产剂的使用方法与常用剂量

鱼类	一次注射法（每千克体重用量）	两次注射法（每千克体重用量） 第一次注射	第二次注射	间隔时间（小时）	备注
鲢、鳙、三角鲂	1.PG 3～5毫克 2.HCG 1 000～1 200单位 3.LRH-A 15～20微克+PG 1毫克（或HCG 200单位）	1.LRH-A 1～2微克 2.PG 0.3～0.5毫克	1.PG 3～5毫克 2.HCG 1 000～1 200单位 3.LRH-A 15～20微克	12～24	1.雄鱼用量为雌鱼的一半 2.一次注射法、雌、雄鱼同时注射；二次注射法，在第二次注射时、雌、雄鱼才同时注射 3.左列药物只任选一项
草鱼		1.LRH-A 1～2微克 2.PG 0.3～0.5毫克	同一次注射法的催产剂量	6～12	1.雄鱼用量为雌鱼的一半 2.一次注射法、雌、雄鱼同时注射；二次注射法，在第二次注射时、雌、雄鱼才同时注射 3.左列药物只任选一项
青鱼		1.HCG 1 000～1 250单位 2.LRH-A 5微克 3.LRH-A 5微克	PG 0.5～1毫克 HCG 500单位＋PG 0.5～1毫克 LRH-A 10微克＋PG 0.5～1毫克	12 12 12	1.雄鱼用量为雌鱼的一半 2.一次注射法、雌、雄鱼同时注射；二次注射法，在第二次注射时、雌、雄鱼才同时注射 3.左列药物只任选一项 4.如需三次注射时，雌鱼首次用LRH-A 2～5微克，在催产前1～5天注射

（续）

鱼类	雌　鱼				备　注
	一次注射法（每千克体重用量）	两次注射法（每千克体重用量）			
		第一次注射	第二次注射	间隔时间（小时）	
团头鲂	1. PG 7～10毫克 2. HCG 1 000～1 500单位 3. HCG 600～1 000单位＋PG 2毫克	为一次注射法所用剂量的1/10	为一次注射法所用量的9/10	5～6	1. 雄鱼用量为雌鱼的一半 2. 一次注射法，雌、雄鱼同时注射；两次注射法，在第二次注射时，雌、雄鱼才同时注射 3. 左列药物只选一项
鲤	1. PG 4～6毫克 2. PG 2～4毫克＋HCG 100～300单位 3. PG 2～4毫克＋LRH-A 10～20微克 4. LRH-A 10～20微克＋HCG 500～600单位				1. 雄鱼用量为雌鱼的一半 2. 一次注射法，雌、雄鱼同时注射；两次注射法，在第二次注射时，雌、雄鱼才同时注射 3. 左列药物只选一项
鲫	1. PG 3毫克 2. HCG 800～1 000单位 3. LRH-A 25微克				1. 雄鱼用量为雌鱼的一半 2. 一次注射法，雌、雄鱼同时注射；两次注射法，在第二次注射时，雌、雄鱼才同时注射 3. 左列药物只选一项

127. 催产剂的注射方法有哪几种？

催产剂的注射方法，一般分为胸鳍基部体腔注射和背部肌肉注射两种方法。

（1）胸鳍基部体腔注射　在胸鳍的内侧基部凹陷无鳞处，以注射针头朝背鳍前段方向，与鱼体表呈 45°角刺入鱼体腔内，并迅速注入药液，应避免针头朝吻端刺入鳃腔内，也应避免朝下误刺心脏。这种方法注射速度快，药容量大，是一种最常用的方法。

（2）背部肌肉注射　在背鳍下方肌肉最厚处，以注射针尖翘起鳞片，与体表成 40°角刺入鱼体肌肉内，并缓缓注入药液。这种方法适合药液较少的注射，如行两次注射的第一针。

必须注意：这两种方法都应根据鱼体大小，掌握针头刺入鱼体的深度，避免过深伤及内脏和骨骼；也应避免过浅，药液反流体外。一般采用的针头为 6～7 号。

128. 什么叫效应时间？

从末次注射到开始发情所需的时间，叫效应时间。效应时间与药物种类、鱼的种类、水温、注射次数和成熟度等因素有关。一般温度高，时间短；反之，则长。草鱼效应时间短，青鱼效应时间长，其他鱼类居中。使用 PG 效应时间最短，使用 LRH-A 效应时间最长，而使用 HCG 效应时间在两者之间。

129. 如何确定催产剂的注射时间？

任何时间都可以注射催产剂，促进亲鱼性腺成熟、发情和产卵。确定合适的注射时间，是根据注射后预测发情、产卵的时间倒推注射的适当时间，如选定控制亲鱼在清晨发情、产卵，便于白天人工观察、管理和有关技术操作，提高效率；或者选定在水温偏高和偏低时，控制亲鱼在水温下降的下半夜产卵和在水温较高的下午产卵，以分别避开高温和低温对发情、产卵、受精和早期胚胎发育的不良影响。

生产中一般控制在早晨或上午产卵，有利于工作进行。为此，需根据水温和催情剂的种类等计算好效应时间，掌握适当的注射时间。如要求清晨 6:00 产卵，药物的效应时间是 10~12 小时，那么可安排在前一天的 18:00~20:00 注射。当采用两次注射法时，应再增加两次注射的间隔时间。

130. 为什么鲢、鳙亲鱼有时能产卵但不受精？

鲢、鳙亲鱼产卵不受精的原因是多方面的，来自雌鱼方面是性腺发育脱节，在外源激素的作用下，能够排卵，但产出的卵没有受精能力；来自雄鱼方面是精液数量少、质量差，或尽管精液量多，但质量差，遇水不散（死精），没有受精能力。或因水温偏高，注射方法不当，雌、雄亲鱼成熟不同步等。此外，还可因亲鱼受伤过重，特别是雄鱼，没有能力默契配合，从而使产出的卵不能受精。

131. 鲤繁殖时为什么也要注射催产激素？

与四大家鱼不同，鲤在池塘养殖条件下，只要环境生态因子适宜，亲鱼发育良好，即使不注射催产激素，也可自行在池塘中产卵繁殖。但这样的繁殖方式，由于雌鱼性腺发育程度存在差异，导致成熟有先有后，因而产卵期也有先后之分，这样收获的苗会有大有小，规格不统一；在一定时间内，苗的数量也无法控制。通过给发育良好的亲鱼注射催产激素，则能使这些亲鱼的性腺发育同步，从而使雌鱼能在相近的一段时间内同时产卵，获得大批的鱼苗。

132. 鲤人工催产时，为什么注射 LRH-A 的效应时间要比注射垂体或 HCG 的长？

人工催产的生物学原理，是采用生理、生态相结合的方法，对鱼体直接注射催产激素（PG、HCG 或 LRH-A 等），代替鱼体自身垂体分泌的促性腺激素的作用，或者代替自身下丘脑释放 LRH 的作用，由它来触发垂体分泌促性腺激素，从而促使卵母细胞成熟和产卵。在鱼类催产激素中，垂体和 HCG 的主要成分是 FSH 和 LH，它们进入鱼类血液循环后，直接作用于鲤的性腺，促进性腺发育成熟、产卵；而 LRH-A 的作用器官是鲤的脑下垂体，它刺激脑下垂体分泌 FSH 和 LH，再通过血液循环作用于鲤的性腺，促进其成熟、产卵。这样，LRH-A 的作用时间就要长一些，所以，注射 LRH-A 后的效应时间就要比注射垂体或 HCG 的长。

133. 怎样观察亲鱼发情、产卵现象？

当亲鱼经药物催产后，一般情况下，到预测发情、产卵的时间会有发情、产卵的动作表现。当发现雌、雄鱼追逐（雌鱼在前、雄鱼在后），而且追逐的次数和强度不断增加，即为发情现象。当追逐达到高潮（半小时内 2～3 次）即开始产卵，有时"四大家鱼"发情表现激烈，水质清新时还可看到雌、雄鱼腹部朝下、肛门靠近、齐头由水面向水下缓游，精、卵产出，甚至射出水面，清晰可见；有时还可观察到雄鱼在下，尾部弯曲抱住雌鱼，肛门靠近，将雌鱼拖出水面。以上现象出现，往往预示有较高的催产率和受精率。

134. 人工授精的方法主要有哪几种？

用人工的方法使精卵相遇，完成受精过程，称为人工授精。青鱼由于个体大，在产卵池中较难自然产卵，常用人工授精方法。另外，在鱼类杂交和鱼类选育中，一般也采用人工授精的方法。常用的人工授精方法有干法、半干法和湿法三种：

（1）干法人工授精 当发现亲鱼发情进入产卵时刻（用流水产卵方法最好在集卵箱中发现刚产出的鱼卵时），立即捕捞亲鱼检查。若轻压雌鱼腹部卵子能自动流出，则一人用手压住生殖孔，将鱼提出水面，擦去鱼体水分，另一人将卵挤入擦干的脸盆中（每一脸盆约可放卵 50 万粒)。用同样方法立即向脸盆内挤入雄鱼精液,用手或羽毛轻轻搅拌,约 1～2 分钟,使精、卵充分混合。然后,徐徐加入清水,再轻轻搅拌 1～2 分钟。静置 1 分钟左右,倒去污水。如此重复用清水洗卵 2～3 次,即可移入孵化器中孵化。

(2) 半干法人工授精 将精液挤出或用吸管吸出,用 0.3%～0.5% 生理盐水稀释,然后倒在卵上,按干法人工授精方法进行。

(3) 湿法人工授精 将精卵挤在盛有清水的盆中,然后,再按干法人工授精方法操作。

在进行人工授精过程中,应避免精、卵受阳光直射。操作人员要配合协调,做到动作轻、快。否则,易造成亲鱼受伤,引起产后亲鱼死亡。

135. 自然受精和人工授精相比,有哪些优缺点?

自然受精与人工授精都是当前生产中常用的方式,两种方式各有利弊(表 4-6)。各地可根据当时的实际情况,选择适宜的方法。

表 4-6　自然受精与人工授精利弊比较

序数	自然受精	人工授精
1	因自找配偶,能在最适时间自行产卵,故操作简便,卵质好,亲鱼少受伤	人工选配,操作繁杂,鱼易受伤,甚至造成死亡,且难掌握适宜的受精时间,卵质受到一定影响
2	性比为 x：$(x+1)$,所需雄鱼量多,否则受精率不高	性比为 x：$(x-1)$,雄鱼需要量少,且受精率常高
3	受伤亲鱼难利用	体质差或受伤亲鱼易利用,甚至亲鱼成熟度稍差时,也可能使催产成功
4	鱼卵陆续产出,故集卵时间长。所集之卵,卵中杂物多	因挤压采卵,集卵时间短,卵干净
5	需流水刺激	可在静水中进行
6	较难按人的主观意志进行杂交	可种间杂交或进行新品种选育
7	适合进行大规模生产,所需劳力较少,但设备多,动力消耗也多些	动力消耗少,设备也简单,但因操作多,所需劳力也多

136. 如何鉴别鱼卵的质量？

鱼卵质量的优劣，用肉眼是不难鉴别的，鉴别方法见表 4-7。卵质优劣对受精率、孵化率影响甚大，未熟或过熟的卵受精率低，即使已受精，孵化率也常较低，且畸形胚胎多。卵膜韧性和弹性差时，孵化中易出现早出膜，需采取增固措施加以预防。因此，通过对卵质的鉴别，能使鱼卵孵化工作事前就能心中有底。

表 4-7　家鱼卵子质量的鉴别

性状 ＼ 质量	成熟卵子	不熟或过熟卵子
颜色	鲜明	暗淡
吸水情况	吸水膨胀速度快	吸水膨胀速度慢，卵子吸水不足
弹性状况	卵球饱满，弹性强	卵球扁塌，弹性差
鱼卵在盘中静止时胚胎所在的位置	胚体动物极侧卧	胚体动物极朝上，植物极向下
胚胎的发育	卵裂整齐，分裂清晰，发育正常	卵裂不规则，发育不正常

137. 为什么鲢人工催产繁殖后易死亡？

鲢性情活泼，喜欢跳跃，在催产池中经常碰壁，尤其是拉网次数多，反复检查亲鱼发育情况时更易发生，导致鱼体受伤严重；另外，催产药物剂量偏高、水温偏高、雌鱼难产和亲鱼体质差等，也是导致鲢人工催产后死亡的原因。

138. 亲鱼产后如何进行护理？

产后亲鱼，往往因多次捕捞及催产操作等缘故而受伤，所以需进行必要的创伤治疗。产卵后亲鱼的护理，首先应该把产后过度疲劳的亲鱼，放入水质清新的池塘里，让其充分休息，并精养细喂，使它们迅速恢复体质，增强对病菌的抵抗力。为了防止亲鱼伤口感染，可对产后亲鱼加强防病措施，进行伤口涂药和注射抗菌药物。轻度外伤，用 5％食盐水，或 10 毫克/升亚甲基蓝，或饱和高锰酸钾液药浴，并在伤处涂抹广谱抗生素油膏；创伤严重时，要注射磺胺嘧啶钠，控制感染，加快康复。用法：体重 10 千克以下的亲鱼，每尾注射 0.2 克；体重超过 10 千克的亲鱼，注射 0.4 克。

139. 鲤、鲫、团头鲂等产黏性卵的鱼类如何进行鱼卵孵化？

黏性鱼卵孵化的常用方法，有池塘孵化、淋水孵化、流水孵化和脱黏孵化四种。

（1）池塘孵化 孵化的基本方法，也是使用最广的方法。从产卵池取出鱼巢，经清水漂洗掉浮泥，用 3 毫克/升亚甲基蓝溶液浸泡 10～15 分钟，移入孵化池孵化。现大多由夏花培育池兼作孵化池，故孵化池面积为 0.5～2.0 亩，水深 1 米左右。孵化池的淤泥应少，使用前用生石灰彻底清塘，水经过滤再放入池中，避免敌害残留或侵入。在避风向阳的一边，距池边 1～2 米处，用竹竿等物缚制孵化架，供放置鱼巢用。一般鱼巢放在水面下 10～15 厘米，要随天气、水温变化而升降。池底要铺芦席，铺设面积由所孵鱼卵的种类和池底淤泥量决定。鲂和鲴的卵黏性小，易脱落，且孵出的苗不附在巢上，会掉入泥中，所以铺设的面积至少要比孵化架大。鲤、鲫的卵黏性大，孵出的苗常附于巢上，所铺面积比孵化架略大或相当即可。如池底淤泥多，或水源夹带的泥沙多，浮泥会因水的流动、人员操作而沉积在鱼巢表面，妨碍胚胎和幼苗的呼吸，故铺设面积应更大。一般每亩水面放卵 20 万～30 万粒。卵应一次放足，以免出苗时间参差不齐。孵化过程中，遇恶劣天气，孵化架上可覆盖草帘等物遮风避雨，尽量保持小环境的相对稳定。鱼苗孵出2～3 天后，游动能力增强，可取出鱼巢。取巢时，要轻轻抖动，防止带走鱼苗。

（2）淋水孵化 采取间断淋水的方法，保持鱼巢湿润，使胚胎得以正常发育。当胚胎发育至出现眼点时，移鱼巢入池出苗。孵化的前段时间可在室内进行，由此减少了环境变化的影响，保持了水温、气温的恒定，并用3毫克/升的亚甲基蓝药液淋卵，能够更为有效地抑制水霉的生长，从而能够提高孵化率。

（3）流水孵化　把鱼巢悬吊在流水孵化设备中孵化，或在消除卵的黏性后移入孵化设备孵化。具体方法与流水孵化漂浮性卵相同，只是脱了黏性的卵，其卵的本质并未改变，密度大，耐水流冲击力大，可用较大流速的水孵化。但出苗后适应流水的能力反而减弱，因此，在即将出膜时，就应将水流流速调小。

（4）脱黏孵化　使用脱黏剂处理鱼卵，待黏性消失后，移入流水孵化设备中孵化，提高孵化设备的利用率。常用脱黏剂有黄泥浆和滑石粉。黄泥浆脱黏剂的制备：用敲碎并捶细的干黄土，加水调浆，然后用每平方毫米40目的筛绢过滤，除去杂质和粗粒，滤出的泥浆呈浓水汤状即可使用。滑石粉脱黏剂的制备：10升水，加100克滑石粉（有时再加20~30克食盐）而成的悬浮液。每10升滑石粉悬浮液可放卵1~1.5千克，边倒卵边用手搅拌，倒毕，再搅拌30分钟（指早期鲤鱼卵），检查的卵放入清水中能粒粒分开即可。脱黏时间长短与水温有关，水温高，脱黏时间短；反之，则长。两种脱黏液，可任选一种使用。

140. 如何观察鱼卵胚胎发育的进程？

家鱼的胚胎期很短，在孵化的最适水温时，通常20~25小时就出膜。受精卵遇水后，卵膜吸水迅速膨胀，在10~20分钟内，其直径可增至4.8~5.5毫米，细胞质向动物极集中，并微微隆起形成胚盘，以后卵裂就在胚盘上进行。经过多次分裂后，形成囊胚期、原肠期……，最后发育成鱼苗（表4-8）。

表4-8　鲢胚胎发育特征和进度（水温20~24℃）

序号	分期	外部特征	经历时间	备注
1	受精卵	圆球形、卵质均匀分布	0：00	

（续）

序号	分期	外部特征	经历时间	备注
2	1 细胞期	原生质集中在卵球一极，形成隆起的胚盘	30 分	
3	2 细胞期	胚盘经分裂，为两个大小相等的细胞	1 小时	
4	4 细胞期	分裂球再次经分裂，分裂沟与第一次垂直，4 个细胞大小相等	1 小时 10 分	
5	8 细胞期	有两个分裂面与第一次分裂面平行，8 个细胞排列成两排，中间 4 个细胞大，两侧 4 个细胞小	1 小时 20 分	
6	16 细胞期	两个经裂面与第二次分裂面平行，16 个细胞，中央 4 个大，外围 12 个细胞小	1 小时 30 分	
7	囊胚早期	分裂球很小，细胞界限不清楚，由很多分裂球组成囊胚层，高突在卵黄上	2 小时 27 分	
8	囊胚中期	囊胚层较囊胚早期为低，看不出细胞界限，解剖观察，可见到囊胚腔	3 小时	
9	囊胚晚期	囊胚表面细胞向卵黄部分下包约占整个胚胎的 1/3，囊胚层变扁	5 小时 30 分	
10	原肠早期	胚盘下包 1/2，胚环出现，背唇呈新月形	6 小时 30 分	
11	原肠中期	胚盘下包 2/3，胚盾出现	7 小时 30 分	计算受精率
12	原肠晚期	胚盘下包 3/4，侧面观胚胎背面	9 小时 15 分	
13	神经胚期	胚盘下包 4/5，神经板形成，胚体转为侧卧	10 小时	
14	胚孔封闭期	胚孔关闭，神经板中线略向下凹，脊索呈柱状	11 小时 33 分	
15	尾芽期	胚体后端腹面有一圆柱状的尾芽；眼囊变圆，体节 10 对，体长 1.7 毫米	16 小时 5 分	
16	肌肉效应期	胚体开始微微收缩，第四脑室出现，晶体很清楚	19 小时 35 分	
17	心跳期	在卵黄囊头脊前下方，可以看到管状的心脏开始跳动，起初搏动微弱，继而变为有力	25 小时 15 分	

（续）

序号	分期	外部特征	经历时间	备注
18	出膜期	胚胎破卵膜而出，中脑和后脑膨大，全身无色素，心脏为长管状，鳃板三块，头仍弯向腹面，体节40～42对	31小时35分	
19	鳔形成期	眼球色素增多，眼变黑；在胸鳍之后，可见囊状的鳔，胸鳍呈扇状，伸向体两侧，体节46～48对	96小时35分	
20	肠管形成期	身体色素增多，鳃盖形成，肠管直而细长；鳔膨大如气球，胸鳍活动。仔鱼有4～5对外鳃，可作长期游动，并主动摄食，不再停于水底	125小时35分	下塘

141. 鱼卵孵化期间应如何进行管理？

凡能影响鱼卵孵化的主、客观因素，都是管理工作的重点，主要包括水温、溶氧、污染与酸碱度、流速和敌害生物几方面的内容。

（1）水温 鱼卵孵化的最适水温为24～26℃，适宜水温为22～28℃，水温范围为18～30℃。在最适水温中，孵化率最高。在适宜水温范围内，随着水温升高，孵化速度加快，相反则减慢，允许波动范围为3℃之内。不同温度下，主要大宗淡水鱼类的孵化速度见表4-9。

表4-9　不同水温下的鱼卵孵化时间

时间（小时）＼水温（℃）＼鱼类	18	20	25	30	备　注
青鱼、草鱼、鲢、鳙	61	50	24	16	草鱼、鲢比青鱼、鳙稍快些
鲤、鲫	96～120	91	49	43	15～17℃，约需168小时（合7天）
鲂	72	44	35～38	24	22℃约40小时；28℃为26～28小时

在生产中，往往水温变化受当地气候影响，特别是水温剧烈变化

和在水温范围上、下限之外，会对鱼卵孵化造成不利影响，如发育停滞、出现畸形胎，甚至造成死亡。为此，必须根据气温变化对水温的影响采取相应的对策，如水温较低时，控制在上午产卵，相反则下半夜产卵，或利用泉水和地下水调节水温；在孵化早期，寒潮频繁侵袭，其周期为7～10天，即在两次寒潮之间，当前面的寒潮一过即行催产等。

(2) 溶氧 水中溶氧是鱼类生存的基本条件，鱼卵孵化对溶氧要求更高。孵化适宜的溶氧量为4～5毫克/升或更多一些。缺氧则胚胎发育迟缓，甚至死亡。在胚胎出膜前期，如果缺氧，会导致提前出膜；但溶氧过饱和（10毫克/升以上），又会造成鱼卵和幼苗得气泡病。

造成缺氧的因素很多，如水中有机质过多，水质过肥，淤泥深厚，天气突变等；氧气过饱和，往往是由于水中绿藻过多，或孵化水源供水时经过剧烈撞击后进入孵化器等原因所致。所以，孵化用水应是清新、含氧量高，又要防止过饱和。

(3) 污染与酸碱度 未被污染的清新水质，对提高孵化率有很大的作用。孵化用水应过滤，防止敌害生物及污物流入。受工业和农药污染的水，不能用作孵化用水。偏酸或过于偏碱性的水必须经过处理后才可用来孵化鱼苗。一般孵化用水的酸碱度以pH 7.5最佳，偏酸或pH超过9.5均易造成卵膜破裂。

(4) 流速 流水孵化时，流速大小决定水中氧气的多少。但是，流速是有限度的：过缓，卵会沉积，窒息死亡；过快，卵膜破裂，也会死亡。所以，在孵化过程中，水流控制是一项很重要的工作。目前生产中，都按慢—快—慢—快—慢的方式调控，即刚放卵时，只要求卵能随水逐流，不发生沉积，水流可小些。随着胚胎的发育，逐步增大流速，保证胚胎对氧气的需要，流速在出膜前，应控制在允许的最大流速。出膜时，适当减缓流速，以提高孵化酶的浓度，加快出膜，不过要及时清除卵膜，防止堵塞水流（特别是在死卵多时）。出膜后，鱼苗活动力弱，大部分时间生活在水体下层，为避免鱼苗堆积水底而窒息，流速要适当加大，以利苗的漂浮和均匀分布。待鱼苗平游后，流速又可稍缓，只要容器内无水流死角，不会闷死即可。初学调控者，可暂先排除进水的冲力影响，仅根据水的交换情况来掌握快慢，一般以每15分钟交换1次为快，每30～40分钟交换1次为慢。

（5）敌害生物　水中鱼卵、鱼苗的敌害生物具有广泛性和多样性。主要敌害有以剑水蚤和水溞为代表的浮游生物，水生昆虫和小鱼、小虾等。因此，孵化用水必须用60目的乙纶胶丝布或同目的其他网布过滤。过滤网布应具有较大面积，以保证有效的过滤和孵化用水量。

此外，水质在一定的条件下，如水太肥、不同程度污染和不同土质等，还会存在或生成有害物质，卵、鱼苗本身代谢产物和积聚（小范围循环用水），也会为害其孵化，降低孵化率，甚至大量死亡。为此，需要首选清新、良好的水源、水质，同时，掌握水质和天气变化规律，进行人工净化、改造，以提高孵化率。

142.　鱼苗提前出膜有什么危害？如何避免？

由于水质不良或卵质差，受精卵会比正常孵化提前5～6小时出膜，叫做提前出膜。鱼苗的胚胎在发育过程中有许多敏感期，处于敏感期的胚胎，对水质的要求比非敏感期更加严格。鱼苗出膜后，失去了卵膜保护屏障，同时内外器官又发育不全，正处在敏感期。而繁殖早期是春、夏之交，水温上升快，连续4～5天晴天，水温可上升到30℃左右。此时，又常受寒潮侵袭，当高温出现后，紧接寒潮南下，水温急剧下降，加上雷雨，造成水体上下强烈对流，底层缺氧水和积聚的有害物质向整个水体扩散，处在出膜后不久的鱼苗无法生存，大量死亡。

一旦出现气候突变，大量死苗，抢救已经来不及了。关键是要根据繁殖早期气候和水质变化规律，在气候突变之前和突变之中，不失时机地对孵化用水水源，提前采用机械搅水增氧。在高温出现时，不断打破池水分层现象，消除氧债，促进有害物质氧化，防止积聚。同时，生产中常采用高锰酸钾处理鱼卵。方法为：将所需量的高锰酸钾先用水溶解，在适当减少水流的情况下，把已溶化的药液放入池底，依靠低速水流，使整个孵化水达到5毫克/升浓度（卵质差，药液浓反之，则药液淡），并保持 1 小时。经浸泡处理，卵膜韧性、弹性增加，孵化率得以提高。不过，卵膜增固后，孵化酶溶解卵膜的速度变慢，出苗时间会推迟几小时。

143. 鱼苗孵化管理需注意哪些事项？

鱼苗孵化管理是一项技术性和责任心很强的工作，孵化中需注意以下事项：

（1）掌握合适的放卵密度 要根据不同的孵化工具及其性能，放入数量合适的鱼卵进行孵化。

（2）调节适当大小的水流 即开始孵化时的水流，使鱼卵能够冲起来，并缓缓翻滚，均匀分布；出膜后幼鱼失去了卵膜浮力，同时活动性弱，易于下沉堆积，应适当加大流速，但也不能过大，以防冲伤鱼体；当鱼苗能够平游，活动性增强，又要适当减少水流，避免体力消耗。

（3）定期洗刷过滤设备 保持水流畅通，使进、出水平衡。

（4）经常观察孵化动态 观察胚胎发育进程和环境条件变化，及时统计受精率，掌握出苗标准和时间。特别是胚胎出膜期，更应加强管理，以免发生事故。

144. 采取哪些措施可提高鱼卵孵化率？

提高鱼卵孵化率的措施为：①要有质量好和受精率高的鱼卵；②设计、建造先进的孵化设备和改造落后的孵化工具；③利用优良的孵化水源、水质和改造不利的水质条件，严格地过滤鱼卵、幼苗的敌害；④加强孵化期间的日常管理。

145. 如何高效地过滤鱼卵、鱼苗的敌害？

鱼卵、鱼苗的敌害细小，常常因过滤的时间推移而数量越聚越多，并富集在过滤窗布之外，阻塞水流，使过滤性能明显下降。加上布的内外滋生寄生性藻类和其他水生生物，并再附上泥粒，滤水十分困难，不能满足催产、孵化需要，并有可能压破过滤布，又不易发现，致使敌害趁机而入，为害鱼卵、幼苗，即使定期洗刷过滤窗布，也不能从根本上解决问题。

为此，除扩大过滤面积外，还需将过滤池设计、建造成两个，在孵化不停水的情况下，定期轮换清洗排污后，共同供水。不便排污者，可在清洗后用60目乙纶胶丝布做成长筒形布袋捞出敌害和杂物，始终保持滤水畅通。

146. 如何计算催产率、受精率和出苗率？

鱼类人工繁殖的目的是，提高催产率（或产卵率）、受精卵和出苗率。所有的人工繁殖的技术措施，均围绕该"三率"展开的，其统计方法为：

在亲鱼产卵后捕出时，统计产卵亲鱼数（以全产为单位，将半产雌鱼折算为全产）。考虑催产率，可了解亲鱼培育水平和催产技术水平。计算公式为：

$$催产率＝\frac{产卵雌鱼数}{催产雌鱼数}×100\%$$

当鱼卵发育到原肠中期，用小盆随机取鱼卵百余粒，放在白瓷盆中，用肉眼检查，统计受精（好卵）卵数和混浊、发白的坏卵（或空心卵），然后，按下述公式可求出受精率。

$$受精率＝\frac{受精卵数（好卵）}{总卵数（好卵＋坏卵）}×100\%$$

受精率的统计，可衡量鱼催产技术高低，并可初步估算鱼苗生产量。

当鱼苗鳔充气、能主动开口摄食，即开始由体内营养转为混合营养时，鱼苗就可以转入池塘饲养。在移出孵化器时，统计鱼苗数。计算公式为：

$$出苗率＝\frac{出苗数}{受精卵数}×100\%$$

出苗率（或称下塘率）不仅反映生产单位的孵化工作优劣，而且也表明了整个家鱼人工繁殖的技术水平。

147. 鱼苗出孵化器后应达到什么标准才能进行池塘培育？

当鱼卵经过5～7天的孵化，幼鱼苗腰点（鳔）已经显现，卵黄囊基本消失，体色正常，游动活泼，即可下池培育，其成活率高。如果未达到上述标准，则鱼苗太嫩；如果早已达到标准，未及时下塘，鱼体色变黑、消瘦，活动减弱，则太老。鱼苗太嫩、太老，都会降低成活率。

148. 我国高寒地区提早春繁有什么意义？

我国东北和西北地区，地处高寒地带，气候寒冷，冰封期很长，均在100～150天。这些地区亲鱼春季培育要到4月下旬至5月上旬才能开始，人工繁殖时间要到6月底或7月中旬才能进行。这使鱼苗、鱼种生长期缩短到仅有2～3个月，要在如此短的时间内培育10厘米以上的鱼种就相当困难，更无法培育较大规格的鱼种，从而影响到东北和西北地区淡水渔业的发展。

提早进行养殖鱼类的春季繁殖，就是通过增温的手段，促使水温回升，提前开始亲鱼的产前强化培育，使鱼类繁殖时间相应提前的技术措施。采用这项措施，能延长当年苗种的培育期，增大育成规格。对北方寒冷地区，可提高鱼种的越冬成活率，有助于解决苗种自给；对其他地区，生长期的延长，为缩短养殖周期提供了有效的途径。以鲂、鲫为例，长江流域，4月上旬虽已能满足它们的繁殖温度，但下旬的低温期却给夏花培育带来不利，为避免恶劣天气的影响，生产中常延迟人工繁殖时间。结果，人为地缩短了苗种培育期，当年的育成苗种规格小，常规养殖方式下一般要到翌年秋季才能上市，且上市规格也不理想。倘若将鲂和鲫的人工繁殖时间提早到3月底、4月初，利用4月上中旬的有利时机进行夏花培育，就能延长培育时间1～2

个月。当培育期采用稀放速长工艺时，1足龄鱼种可长到较理想的上市规格，这样，既缩短了培育时间，又可为优质食用鱼的均衡上市提供条件。

149. 提早春繁应采取哪些措施?

提早春繁，可认为是鱼类人工繁殖技术加上增温、保温措施，所以较易掌握。提早春繁的主要技术措施如下：

（1）用于养殖生产的增温方式，主要是锅炉供热和地热、余热利用。地热和余热利用，成本较低。

（2）除温室保温外，塑料大棚也可保温。大棚造价低，但通风性差，棚内、棚外的温差易造成霜和露，对池水溶氧与光照产生不良影响，使用时要注意调控。

（3）增温下的产前强化培育期，比常温下可多长15～20天。所以，从开始增温到亲鱼产卵，全期需2～2.5个月。

（4）增温的起始速度，可控制在每天升高1～1.5℃，当达到要求的温度后（草鱼、鲢、鳙为23～25℃，鲤、鲫、鲂为20℃以上），维持稳定，只要增温不间断，水温不起伏，就能如期催产。

（5）水温达6～10℃后，开始投饲。以天然饲料与精饲料并举的原则供饲。草食性鱼类，前期的青饲料用量应不少于总饲量的一半；后期必须以青饲料为主。所用精饲料，是谷、麦芽和饼粕。日投喂率与常温培育相同，并以傍晚吃完的原则进行调节。

（6）放养密度，草鱼、鲢、鳙每平方米放养0.5千克，鲤、鲫、鲂放养密度以每平方米0.25千克为宜。为多养雌鱼，可将雌、雄比例控制在1：（0.6～0.4）。

（7）为尽量缩小个体间发育的参差程度，在培育期内，可酌情注射微量LRH-A 1～2次的方法，促进同步发育。

（8）为确保提早春繁工作的顺利进行，必须狠抓产后至初冬的亲鱼培育。优质鱼中，不少种类是以Ⅳ期性腺越冬的（与青鱼、草鱼、鲢、鳙等鱼不同），因此，秋季与越冬前的喂养尤为重要。

150. 鱼苗、鱼种的习惯名称有哪些?

我国各地鱼苗、鱼种的名称很不一致,但大体上可划分为以下两种类型:

(1) 以江苏、浙江一带为代表的名称 一般刚孵出的仔鱼称鱼苗,又称水花、鱼秧、鱼花。鱼苗培育到3.3~5厘米的称夏花,又称火片、乌仔;夏花培育到秋天出塘的称秋片或秋子;到冬季出塘的称冬片或冬花;到翌年春天出塘的叫春片或春花。

(2) 以广东、广西为代表的名称 鱼苗一般称为海花,鱼体从0.83~1厘米起长到9.6厘米,分别称为3朝、4朝、5朝、6朝、7朝、8朝、9朝、10朝、11朝、12朝;10厘米以上则一律以寸表示。

两广鱼苗、鱼种规格与使用鱼筛见图4-4、图4-5,对照表见表4-10。

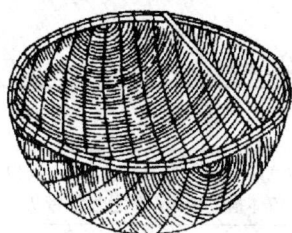

图 4-4 盆形鱼筛　　　　　　　　　图 4-5 方形鱼筛

表 4-10 鱼苗、鱼种规格与使用鱼筛对照

鱼体标准长度（厘米）	鱼筛号	筛目密度（毫米）	备　　注
0.8~1.0	3 朝	1.4	不足 1.3 厘米鱼用 3 朝
1.3	4 朝	1.8	不足 1.7 厘米鱼用 4 朝
1.7	5 朝	2.0	不足 2.0 厘米鱼用 5 朝
2.0	6 朝	2.5	不足 2.3 厘米鱼用 6 朝
2.3	7 朝	3.2	不足 2.6 厘米鱼用 7 朝
2.6~3.0	8 朝	4.2	不足 3.3 厘米鱼用 8 朝
3.3~4.3	9 朝	5.8	不足 4.6 厘米鱼用 9 朝

（续）

鱼体标准长度（厘米）	鱼筛号	筛目密度（毫米）	备　　　注
4.6～5.6	10 朝	7.0	不足 5.9 厘米鱼用 10 朝
5.9～7.6	11 朝	11.1	不足 7.9 厘米鱼用 11 朝
7.9～9.6	12 朝	12.7	不足 10.0 厘米鱼用 12 朝
10.0～11.2	3 寸筛	15.0	不足 12.5 厘米鱼用 3 寸筛
12.5～15.5	4 寸筛	18.0	不足 15.8 厘米鱼用 4 寸筛
15.8～18.8	5 寸筛	21.5	不足 19.1 厘米鱼用 5 寸筛

151. 如何鉴别苗种质量的优劣？

（1）鱼苗质量鉴别　鱼苗因受鱼卵质量和孵化过程中环境条件的影响，体质有强有弱，这对鱼苗的生长和成活带来很大影响。生产上可根据鱼苗的体色、游泳情况，以及挣扎能力来区别其优劣。鉴别方法见表 4-11。

表 4-11　家鱼鱼苗质量优劣鉴别

鉴别方法	优　质　苗	劣　质　苗
体色	群体色素相同，无白色死苗，身体清洁，略带微黄色或稍红	群体色素不一，为"花色苗"，具白色死苗；鱼体拖带污泥，体色发黑带灰
游泳情况	在容器内，将水搅动产生漩涡，鱼苗在漩涡边缘逆水游泳	鱼苗大部分被卷入漩涡
抽样检查	在白瓷盆中，口吹水面，鱼苗逆水游泳；倒掉水后，鱼苗在盆底剧烈挣扎，头尾弯曲成圆圈状	在白瓷盆中，口吹水面，鱼苗顺水游泳；倒掉水后，鱼苗在盆底挣扎力弱，头尾仅能扭动

（2）夏花鱼种质量鉴别　夏花鱼种质量优劣，可根据出塘规格大小、体色、鱼类活动情况，以及体质强弱来判别（表 4-12）。

表 4-12　夏花鱼种质量优劣鉴别

鉴别方法	优质夏花	劣质夏花
看出塘规格	同种鱼出塘规格整齐	同种鱼出塘个体大小不一

（续）

鉴别方法	优质夏花	劣质夏花
看体色	体色鲜艳，有光泽	体色暗淡无光，变黑或变白
看活动情况	行动活泼，集群游动，受惊后迅速潜入水底，不常在水面停留，抢食能力强	行动迟缓，不集群，在水面漫游，抢食能力弱
抽样检查	鱼在白瓷盆中狂跳；身体肥壮，头小、背厚；鳞鳍完整，无异常现象	鱼在白瓷盆中很少跳动；身体瘦弱，背薄，俗语称"瘪子"；鳞鳍残缺，有充血现象或异物附着

152. 怎样进行鱼苗过数？

为了统计鱼苗的生产数字，或计算鱼苗的成活率、下塘数和出售数，必须正确计算鱼苗的总数。目前，生产上有四种鱼苗过数的方法：

（1）分格法（又叫开间法、分则法）　先将鱼苗密集在捆箱的一端，用小竹竿将捆箱隔成若干格，用鱼碟舀出鱼苗，按顺序放在各格中成若干等份。从中抽1份，按上述操作，再分成若干等份，照此方法分下去，一直分到每份鱼苗已较少，便于逐尾计数为止。然后取出1小份，用小蚌壳（或其他容器）舀鱼苗计算尾数，以这一部分的计算数为基数，推算出整批鱼苗数。

（2）杯量法（又叫抽样法、点水法、大桶套小桶法、样杯法）本法是常用的方法，在具体使用时，又有以下两种形式：

①直接抽样法：鱼苗总数不多时可采用本法。将鱼苗密集捆箱一端，然后用已知容量（预先用鱼苗作过存放和计数试验）的容器（可配置各种大小尺寸）直接舀鱼，记录容器的总杯数，然后，根据预先计算出的单个容器的容存数算出总尾数。

在使用上述方法时，要注意杯中的含水量要适当、均匀，否则误差较大。其次鱼苗的大小也要注意，否则也会产生误差。不同鱼苗即使同日龄也有个体差异，在计数时都应加以注意。

广西、西江一带使用一种锡制的量杯，每一杯相当鳗鲡苗8万尾或其他家鱼苗 4 万尾。

②大碟套小碟法：在鱼苗数量较多时可采用本法，具体操作时，先用大盆（或大碟）过数，再用已知计算的小容器测量大盆的容量数，然后求总数。

(3) 容积法（又叫量筒法）　计算前先测定每毫升（或每 10 毫升或 100 毫升）盛净鱼苗数，然后量取总鱼苗有多少毫升（也以密集鱼苗为准），从而推算出鱼苗总数。本法的准确度比抽样法差，因含水量的影响较大。

(4) 鱼篓直接计数法　本法在湖南地区使用，计数前先测知一个鱼篓能容多少笆斗水量，一笆斗又能装满多少鱼碟水量，然后将已知容器的鱼篓放入鱼苗，徐徐搅拌，使鱼苗均匀分布，取若干鱼碟计数，求出一鱼碟的平均数，然后计算全鱼篓鱼苗数。

153. 如何运输鱼苗？

鱼苗大多采用塑料袋充氧运输，其运输的密度，与水温和运输时间及运输距离有关（表 4-13）。水温越高，运输时间越长或运输距离越长，装苗密度越少；相反，则密度增大。

表 4-13　塑料袋装运鱼苗的密度（25℃左右）

运输时间（小时）	运输密度（万尾/袋）	运输工具
10～15	15～18	汽车、火车、飞机
15～20	12 左右	汽车、火车、飞机
20～25	10 左右	汽车、火车、飞机
25～30	7 左右	汽车、火车、飞机

塑料袋规格为长 70～80 厘米、宽 40～45 厘米。装水量为袋容量的 1/3，充纯氧占 2/3。为了防止塑料袋破裂，要求充氧不能过量，使袋胀得过紧，特别是利用飞机运输，在空中因气压下降，应适当留有余地，防止爆裂。为了保证途中运输和上下搬运安全，除有效扎紧袋口外，一般采用双袋装苗，瓦楞纸箱包装。

此外，在塑料袋装苗、充氧、扎口过程中，地面上应垫上柔软平整的材料，如彩条塑料布、帆布等，以防杂物刺伤袋膜，造成运输途中破袋漏气。一般塑料袋只用一次，不可重复使用。

154. 鱼苗、鱼种池有哪些技术要求？

鱼苗、鱼种池要求水源充足，水质良好，进、排水方便，不漏水，阳光充足。

鱼苗池面积1～2亩，池深1.5～2米，水深1～1.5米；鱼种池中1龄鱼种池面积2～4亩，水深1.5～2米；2龄鱼种池4～5亩，水深2～2.5米。

池形要求长方形，主堤宽2～3米，支堤宽1.5～2米。坡度45°。

池底由注水端向排水端倾斜，比降为1/300～1/200。由堤脚线向池中央倾斜，逐渐变深，进水口到排水口形成深水线。池底底质最好是壤土，其次是沙壤土、黏土、盐碱土，最差是砾质土、粉土、沙土等。

155. 如何对鱼苗池进行清整？

冬季，凡能干池的鱼苗池应力争干池，通过日晒、严寒杀死致病菌、病毒、害虫和各类水生动、植物，杜绝其水下越冬，翌年为害鱼苗。

开春后，清除水线上下各类杂草、脏物，修堤，堵漏，平整池堤、池坡，为当年鱼苗生产做好基础准备。

鱼苗入池培育前10～15天，对池塘进行清塘消毒。清塘应选在晴天进行，阴雨天药性不能充分发挥，操作也不方便。

清塘药物的种类较多，一般认为生石灰和漂白粉清塘较好。但具体确定药物时，还需因地制宜加以选择。如水草多而又常发病的池塘，可先用药物除草，再用漂白粉清塘。用巴豆清塘时，可用其他药物配合使用，以消灭水生昆虫及其幼虫。如预先用1毫克/升2.5%粉剂敌百虫，全池泼洒后再清塘，能收到较好的效果。

除清塘消毒外，鱼苗放养前最好用密眼网拖2次，清除蝌蚪、蛙卵和水生昆虫等，以弥补清塘药物的不足。

有些鱼苗池（也包括鱼种池）水草丛生，影响水质变肥，也影响拉网操作。因此，需将池塘的杂草清除，可用人工拔除或用刀割的方法，也可采用除草剂，如扑草净、除草剂一号等进行除草。

156. 鱼苗下塘前如何对鱼苗、鱼种培育池进行肥水？

目前，各地普遍采用鱼苗肥水下塘，使鱼苗下塘后即有丰富的天然饵料。培育池施基肥的时间，一般在鱼苗下塘前3～7天为宜，具体时间要看天气和水温而定，不能过早也不宜过迟。一般鱼苗下塘以中等肥度为好，透明度为35～40厘米，水质太肥，鱼苗易患气泡病。鱼种池施基肥时间比鱼苗池可略早些，肥度也可大些，透明度为30～35厘米。

鱼苗池施基肥的种类和数量，随培育方法的不同而各异，但肥水的控制和要求是一致的。因为，鱼苗下塘时池水水质的优劣，不仅影响鱼苗培育前期的生长速度，而且也影响整个培育期的生长和出塘率，而如何控制最适宜的水质，特别是以哪一个生物指标为依据，是搞好鱼苗培育的关键。研究表明，鱼池中轮虫的生物量和下塘鱼苗的生长速度密切相关，轮虫生物量大于20毫克/升时，鱼苗下塘2～5天的日增长率大于10%，日增重率大于35%；轮虫生物量在2毫克/升的最低水平时，鱼苗的增重率尚能保持在20%以上；轮虫生物量小于2毫克/升，鱼苗的生长速度将立即下降。

鱼苗清塘、施肥后，浮游生物的发展规律是：浮游藻类和细菌→轮虫→小型枝角类→大型枝角类→桡足类。而鱼苗食性的变化是：轮虫→小型枝角类→大型枝角类。鱼苗适时下塘，就保证上述两种发展规律取得一致，即鱼苗应该在轮虫出现高峰时下塘，则生长最快。据试验，轮虫数量在清塘、施肥后8～10天达到高峰，以后逐渐下降，下降的原因除肉食性动物吞食外，与轮虫本身密度过大，食物不足，出现冬卵而终止繁殖有关。晶囊轮虫的大量出现，可作为这个高峰即将结束的指标。在轮虫数量达到高峰时，小型枝角类开始繁殖。轮虫的高峰多数出现在浮游植物已经大量繁殖以后，因此，单纯以池水颜色，特别是浮游生物量来判断水的肥瘦，从而确定鱼苗下塘的时间，这是不确切的。但为了方便起见，通常还是以观察水色作为参考依据，一般认为，鱼苗下塘时池水以黄绿、浅黄或灰白色为好。

若施基肥太早，池水产生过多的大型浮游动物时，对鱼苗下塘生长不利，这时可用90％晶体敌百虫全池泼洒，使水体浓度达到0.2～0.3毫克/升，可杀灭大型浮游动物，过1～2天后再放鱼苗。

157. 放苗前放"试水鱼"有什么作用？

有些地区控制鱼苗池放鱼前的水质肥度，采用放"试水鱼"的办法，放养时间是施基肥后2～3天。各地放养"试水鱼"的密度如表4-14。

表4-14　鱼苗塘"试水鱼"的放养密度

地区	规格（厘米）	数量（尾）	规格（厘米）	数量（尾）
广西	鳙9.9	450～500	鳙19.8	120～150
	鳙13.2	300～400	鳙23.1	100～120
	鳙16.5	150～200		
湖北	13.2厘米左右的鳙150～200尾，0.5千克左右草鱼50～100尾			
江西赣州	13.2～16.5厘米的鳙30尾			
广东	13.2厘米左右的鳙300～400尾			

放养"试水鱼"的主要作用为：

（1）测知池水肥度　放养鳙的鱼苗池，"试水鱼"于每天黎明前开始浮头，太阳出来后不久即下沉，表明水肥度适宜；浮头过长，表示水质过肥；不浮头或极少浮头，表示肥度不足，应继续施肥。

（2）控制大型浮游动物的生长繁殖　经过清塘和释放基肥后，大型的浮游动物逐渐繁殖，它们的个体较大，不能作为初下塘鱼苗的饵料，且消耗氧气，若繁殖过多，还会使浮游植物大大减少，水色变成黄浊，这种水质不利于鱼苗的生长。放入"试水鱼"，可以摄食过多的大型浮游动物，保持稳定的优良水质。

（3）提高池塘利用率　即利用鱼苗下塘前一段时间，进行大规格鳙鱼种的培育。

鱼苗下塘前，必须将"试水鱼"全部捕起。一般是上午捕"试水鱼"，下午放养鱼苗。两广和湖北也有用2龄草鱼作"试水鱼"，以清除水中杂草（如丝状藻等），但2龄草鱼常患九江头槽绦虫病（俗称干口病），对夏花草鱼危害极大，故已逐渐减少使用草鱼为"试水鱼"。

（4）水温和水质毒性的检查 鱼苗下池前还要检查一下水温，一般温差不能超过3℃。其次，放养苗前要特别注意清塘药物的毒性是否已消失，最简便的方法是在鱼池现场，取一盆池水，放入20～30尾鱼苗，养半天到一天，在此期间，若"试水鱼"活动正常，即可进行鱼苗放养。

158. 鱼苗下塘前应做哪些工作？

塑料袋充氧运输的鱼苗，鱼体内往往含有较多的CO_2，特别是长途运输的鱼苗，血液中CO_2浓度很高，可使鱼苗处于麻醉甚至昏迷状态（肉眼观察，可见袋内鱼苗大多沉底打团）。如将这种鱼苗直接下塘，成活率极低。因此，凡是经运输来的鱼苗，必须先放在鱼苗箱中暂养。暂养前，先将鱼苗袋放入池内，当袋内外水温一致后（一般约需15分钟），再开袋放入池内的鱼苗箱中暂养。暂养时，应经常在箱外划动池水，以增加箱内水的溶氧。一般经0.5～1小时暂养，鱼苗血液中过多的CO_2均已排出，鱼苗集群在网箱内逆水游泳。

鱼苗经暂养后，需泼洒鸭蛋黄水。待鱼苗饱食后，肉眼可见鱼体内有一条白线时，方可下塘。鸭蛋需在沸水中煮1小时以上，越老越好，以蛋白起泡者为佳。取蛋黄瓣成数块，用双层纱布包裹后，在脸盆内漂洗（不能用手捏出）出蛋黄水，淋洒于鱼苗箱内。一般1个蛋黄可供10万尾鱼苗摄食。

鱼苗下塘时，面临着适应新环境和尽快获得适口饵料两大问题。在下塘前投喂鸭蛋黄，使鱼苗饱食后放养下塘，实际上是保证了仔鱼的第一次摄食，其目的是加强鱼苗下塘后的觅食能力和提高鱼苗对不良环境的适应能力。

鱼苗下塘的安全水温不能低于 13.5℃。如夜间水温较低，鱼苗到达目的地已是傍晚，应将鱼苗放在室内容器内暂养（每 100 升水放鱼苗 8 万～10 万尾），并使水温保持 20℃。投 1 次鸭蛋黄后，由专人值班，每小时换 1 次水（水温必须相同），或充气增氧，以防鱼苗浮头。待第二天 9:00 以后水温回升时，再投 1 次鸭蛋黄，并调节池塘水温温差后下塘。

159. 鱼苗培育成夏花的放养密度是多少？

鱼苗培育成夏花的放养密度，随不同的培育方法而各异，此外，也与鱼苗的种类、塘水的肥瘦有关。如鲮鱼苗可密些，鲢、鳙鱼苗次之，青鱼、草鱼苗应稀些；早水鱼苗和中水鱼苗可密些，晚水鱼苗应稀些；老塘水肥可密些，新塘水瘦应稀些。

（1）一级培育法 采用鱼苗稀放到鱼种。根据东北地区的经验，每亩放养 1.4 万～1.5 万尾，鱼苗下池前先放入网箱暂养数小时，剔除死鱼，正确过数，然后入池。这种方法适于产苗期晚、鱼种饲养期短的地区，其混养比例通常采用下列形式：

主养草鱼：草鱼 70%，鲢或鳙 20%（或鲢 15%、鳙 5%），鲤 10%。

主养鲢：鲢 70%，草鱼 15%，鳙 5%，鲤 10%。

主养鳙：鳙 70%，草鱼 20%，鲤 10%。

主养鲤：鲤 70%，草鱼 10%，鲢或鳙 20%。

江苏地区用本法培育鱼种，每亩放鱼苗 1 万～1.3 万尾，早期稀养，快速育成，并避免和减少了拉网搬运的次数。其优点是，鱼苗早期生长特别迅速，鲢、鳙、草鱼苗只培育 15 天，体长达 3.3 厘米以上，1 个月后体长达 6.6 厘米以上。此外，由于入池鱼苗稀和肥水下塘，因此，天然饵料丰富，早期可少喂或不喂精饲料。

（2）二级培育法 即鱼苗经 15～20 天的培育，长成体长达 1.6～2.6 厘米或 3～3.6 厘米的夏花，然后由夏花再培育到鱼种。

每亩放养密度一般为 10 万～12 万尾，也有采用亩放养 10 万～15 万尾，多的可达到亩放养 15 万～20 万尾，鲮则每亩放养 30 万尾。

一般来说，超过每亩放养 10 万～12 万尾，成活率将相应下降。如每亩放养 10 万尾，成活率可达 95.4%；每亩放养 52 万尾，成活率下降到 31.2%。

（3）三级培育法　即鱼苗育成火片（乌仔），再将火片育成夏花，再由夏花育成鱼种。一般每亩放养 15 万～20 万尾，多的可放养 20 万～30 万尾。饲养 8～10 天后，鱼苗长到 1.6 厘米左右，即拉网出塘，通过鱼筛，捕大留小，分塘继续饲养。第二次培育，每亩放养 4 万～5 万尾或多达 6 万～8 万尾，再饲养 10 天，长成体长达 3.3 厘米左右的夏花。有些地区将鱼苗下池育成体长 1.6～2.6 厘米的火片称一级塘饲养，一般塘每亩放养青鱼、草鱼苗为 15 万～20 万尾；鲢、鳙鱼苗每亩放养 20 万～25 万尾。从体长 1.6～2.6 厘米的火片育成体长 4～5 厘米的夏花称二级塘，二级塘的放养密度为每亩 3 万～5 万尾。

160. 什么情况下进行鱼苗单养和混养？

青鱼、草鱼、鲤、鲫、团头鲂等主要养殖鱼类的鱼苗，在培育期间食性差别不大，特别是在培育早期食性基本相同，所以可以单养，也可混养。为了利于分塘和销售，一般进行单养。但在鱼苗池数量和面积有限或某一种、几种鱼苗数量较少的情况下，也可 2～3 种鱼苗同池培育，即混养，以充分利用水面，降低培育成本。

161. 鱼苗主要有哪些培育方法？

我国各地饲养鱼苗的方法很多。浙江、江苏的传统方法是，以豆浆泼入池中饲养鱼苗；广东、广西则用青草、牛粪等直接投入池中沤肥饲养鱼苗，并在草鱼、鲮鱼苗池中辅喂一些商品饲料，如花生饼、米糠等。另外，还有豆浆饲养法、混合堆肥法、有机肥料和豆浆混合饲养法、无机肥料饲养法、有机肥料和无机肥料混合饲养法以及综合饲养法等。

（1）豆浆饲养法　浙江、江苏一带的传统饲养方法。鱼苗下池后，即开始喂豆浆。黄豆先用水浸泡，每 1.5～1.75 千克黄豆加水 20～22.5 千克。18℃时浸泡 10～12 小时，25～30℃时浸泡 6～7 小时。将浸泡后的黄豆与水一起磨浆，磨好的浆要及时投喂，过久要发酵变质。一般每天喂 2 次，分别在 8：00～9：00 和 13：00～14：00。豆渣要先用布袋滤去，泼洒要均匀。鱼苗初下池时，每亩每天用黄豆 3～4 千克，以后随水质的肥度而适当调整。经泼洒豆浆 10 余天后，水质转肥，这时，草鱼、青鱼开始缺乏饲料，可投喂浓厚的豆糊或磨细的酒糟。

（2）混合堆肥法 堆肥的配合比例有多种：①青草 4 份，牛粪 2 份，人粪 1 份，加 1％生石灰；②青草 1 份，牛粪 1 份，加 1％的生石灰。制作堆肥的方法：在池边挖建发酵坑，要求不渗漏，将青草、牛粪层层相间放入坑内，将生石灰加水成乳状泼洒在每层草上，注水至全部肥料浸入水中为止，然后用泥密封，让其分解腐烂。堆肥发酵时间随外界温度高低而定，一般在 20～30℃时，20～30 天即可使用。肉眼观察，腐熟的堆肥呈黑褐色，放手中揉成团状不松散。放养前 3～5 天，塘边堆放 2 次基肥，每次用堆肥 150～200 千克。鱼苗下塘后，每天上、下午各施追肥 1 次，一般每亩施堆肥汁 75～100 千克，全池泼洒。

（3）有机肥料和豆浆混合饲养法 在鱼苗下塘前 3～4 天，先用牛粪、青草等作为基肥，以培育水质，每亩放青草 200～250 千克，牛粪 125～150 千克。待鱼苗下池后，每天投喂豆浆，但用量较苏浙地区豆浆饲养法为少，每天每亩施黄豆（磨成浆）1～3 千克。同时，在饲养过程中还适当投放几次牛粪和青草。

（4）无机肥料饲养法 在鱼苗入池前 20 天左右，即可施化肥做基肥，通常每亩施硫酸铵 2.5～5 千克，过磷酸钙 2.5 千克，施肥后如水质不肥或暂不放鱼苗，则每隔 2～3 天再施硫酸铵 1 千克和过磷酸钙 0.75 千克，可直接泼洒池中。一般施追肥时，每 2～3 天施硫酸铵 1.5 千克，过磷酸钙 0.25 千克；作追肥时，硫酸铵要溶解均匀，否则鱼苗易误食引起死亡。一般每亩水面培育鱼苗的总量为硫酸铵 32.5 千克，过磷酸钙 22.5 千克。

（5）有机肥料和无机肥料混合饲养法 鱼苗下塘前 2 天，每亩施混合基肥，包括堆肥 50 千克，粪肥 35 千克，硫酸铵 2.5 千克，过磷酸钙 3 千克。鱼苗入池后，每天施混合追肥 1 次，并适当投喂少量鱼粉和豆饼。

(6) 综合饲养法 其要点如下：①作为池塘清整工作，鱼苗放养前 10~15 天，用生石灰带水清塘；②青、草、鲢、鳙鱼苗分别培育；③肥水下塘，鱼苗放养前 3~5 天，用混合堆肥作基肥；④用麻布网在放养前拉去水生昆虫、蛙卵和蝌蚪等，或用 1 毫克/升敌百虫杀灭水蜈蚣；⑤改一级塘饲养为二级塘饲养，即鱼苗先育成 1.6~2.6 厘米火片（每亩放养 15 万~20 万尾），然后再分稀（每亩放养 3 万~5 万尾），育成 4~5 厘米夏花，二级塘也要先施基肥；⑥供足食料，每天用混合堆肥追肥，保持适当肥度，到后期食料不足时，辅以一些人工饲料，如豆浆饼等；⑦分期注水，随着鱼体增长，隔几天注新水 10~16.5 厘米；⑧及时防治病虫害，每隔 4~5 天检查鱼病 1 次，及时采取防治措施；⑨做好鱼体锻炼和分塘出鱼工作。

分析上述各种鱼苗的培育方法，其中，以综合饲养法和混合堆肥法的经济效果、饲养效果较好，但其他方法也各有一定的长处。因此，各地可因地制宜地加以选用。

162. 鱼苗培育过程中如何进行管理？

鱼苗初下塘时，鱼体小，池塘水深应保持在 50~60 厘米，以后每隔 3~5 天注水 1 次，每次注水 10~20 厘米。培育期间共加水 3~4 次，最后加至最高水位。注水时需在注水口用密网拦阻，以防野杂鱼和其他敌害生物流入池内。同时，应防止水流冲起池底淤泥，搅混池水。

鱼苗池的日常管理工作，必须建立严格的岗位责任制。要求每天巡池 3 次，做到"三查"和"三勤"。即早上查鱼苗是否浮头，勤捞蛙卵，消灭有害昆虫及其幼虫；午后查鱼苗活动情况，勤除杂草；傍晚查鱼苗池水质、天气、水温、投饵施肥数量、注排水和鱼的活动情况等，勤做日常管理记录，安排好第二天的投饵、施肥、加水等工作。此外，应经常检查有无鱼病，及时防治。

163. 鱼苗养成夏花如何拦网出塘?

鱼苗经过一个阶段的培育,当鱼体长成 3.3~5 厘米的夏花时,为了便于运输销售,也为了适应生长阶段性要求,同时为了预防鱼病,需要拉网出塘销售或分塘继续下阶段的鱼种培育。

夏花出塘拉网对鱼影响较大,鱼的应激反应强烈。为了使夏花能耐受应激状态,需要进行鱼体锻炼。鱼体锻炼分 2~3 次进行。

选择晴天,在 9:00 左右拉网。第一次拉网,只需将夏花鱼种围集在网中,检查鱼的体质后,随即放回池内。第一次拉网,鱼体十分嫩弱,操作须特别小心,拉网赶鱼速度宜慢不宜快,在收拢网片时,需防止鱼种贴网。隔 1 天进行第二次拉网,将鱼种围集后,与此同时,在其边上装置好谷池(为一长形网箱,用于夏花鱼种囤养锻炼、筛鱼清野和分养),将皮条网上纲与谷池上口相并,压入水中,在谷池内轻轻划水,使鱼群逆水游入池内。鱼群进入谷池后,稍停,将鱼群逐渐赶集于谷池的一端,以便清除另一端网箱底部的粪便和污物,不让黏液和污物堵塞网孔。然后放入鱼筛,筛边紧贴谷池网片,筛口朝向鱼种,并在鱼筛外轻轻划水,使鱼种穿筛而过,将蝌蚪、野杂鱼等筛出。再清除余下一端箱底污物并清洗网箱。

经这样操作后,可保持谷池内水质清新,箱内外水流通畅,溶氧较高。鱼种约经 2 小时密集后放回池内。第二次拉网应尽可能将池内鱼种捕尽。因此,拉网后应再重复拉一网,将剩余鱼种放入另一个较小的谷池内锻炼。第二次拉网后再隔 1 天,进行第三次拉网锻炼,操作同第二次拉网。如鱼种自养自用,第二次拉网锻炼后就可以分养。如需进行长途运输,第三次拉网后,将鱼种放入水质清新的池塘网箱中,经一夜"吊养"后方可装运。吊养时,夜间需有人看管,以防止发生缺氧死鱼事故。

164. 夏花鱼种如何进行出塘过数?

夏花出塘过数的方法,各地习惯不一,目前生产上常用的过数方法，多为体积法和重量法两种。

（1）体积法 该法用适当大小的鱼盘或类似鱼盘形状、大小的其他器具（塑料碗），量出夏花鱼种盘数（碗数），再数出一盘中夏花鱼种的尾数，最后计算总尾数。

操作时，先提起箱底，将鱼群赶出网箱一端或网箱一格中，然后收缩箱衣，漏出池水，快速用鱼盘量出盘数，并取出具有代表性的一盘数其尾数。

为了消除计数误差，要求先在网箱中用鱼筛进行夏花规格分类，以便计数取样均匀一致。

（2）重量法 该法是在体积法的基础上，改计体积为称其体重，并计数单位体重的尾数，然后计算总尾数。

操作时，先用鱼桶加少许清水，并称其重量（皮重），然后将网箱中夏花鱼种集中，用捞海快速捞出鱼种放入桶内，称其重量，然后减去皮重即为鱼种净重，最后通过单位重量的尾数计算总尾数。

消除计数误差的方法与体积法相同。

165. 如何运输夏花鱼种？

夏花鱼种的运输方法多种多样，传统的人挑、车拖、船运仍在不同区域或一定范围和方式中有所采用。随着社会、经济和科技的发展，目前生产上大多采用充纯氧塑料袋包装、橡皮包包装，汽车、火车、轮船和飞机运输或充氧活鱼车运输。其特点是操作简便，快捷，高效。

夏花鱼种运输，主要受溶氧、水温、距离（时间）的影响。因此，在不同的条件下，包装、运输的密度不同（表4-15）。

表4-15 主要养殖鱼类夏花塑料袋装运密度

（水温25℃左右）

运输时间（小时）	装运密度（尾/袋）		运输工具
	乌　仔	夏　花	
5～10	8 000～9 500	4 000～4 500	汽车、火车、飞机
10～15	5 000～6 000	2 500～3 000	汽车、火车、飞机

（续）

运输时间（小时）	装运密度（尾/袋）		运输工具
	乌　仔	夏　花	
15～20	3 000～4 000	1 500～2 000	汽车、火车、飞机
20～25	2 000～3 000	1 200～1 500	汽车、火车、飞机
25～30	1 000～1 500	900～1 000	汽车、火车、飞机

注：塑料袋的规格为 75 厘米×45 厘米。

如果采用活鱼车充纯氧运输，在水温 25℃，运输 10 小时左右，每立方米水体放夏花鱼种 15 万尾左右。

夏花鱼种的运输，是活体高密度小水体的特殊运输。鱼苗的状况、水质状况、水温等项目都是变数。在运输过程中，每时每刻处在变化过程中，所以运输管理尤为重要，运输前后及途中的管理工作关系到运输成败。具体注意事项为：

（1）鱼苗体质要好　鱼苗体质健壮并按锻炼的程序锻炼好鱼体，充分排空粪便和消除过多的黏液，这是提高运输成活率的基础。

（2）正确判断鱼的状态和水质状况　正常状态的鱼游动从容、集群，朝一定方向；反之则乱游、乱冲、成团。正常水质清新，反之则混浊，水面泡沫特别多。一旦出现不正常状态应采取相应对策，如换水、换气和充氧等。

（3）适当换水　途中换水一定要避免使用有不同程度污染的水和情况不明的地下水，选用可靠性大的自然水。换水量应酌情掌握，一般换出 1/3～1/2，或少量加水等；也应避免换水过多、过勤，耽误运输时间。一般塑料袋装运，不需换水、换气；万一需要换，操作比较麻烦、费时。

（4）妥善放鱼　运输抵达目的地后，应及时下塘，下塘操作仔细，防止过多、过重伤鱼，并注意水体温差不要过大（5℃以内）。如果温差过大，可加池水平衡或搅动放鱼处上、下水层等措施，以缩小温差。

166. 鱼种培育过程是如何分类的?

鱼种培育分 1 龄鱼种培育和 2 龄鱼种培育两类：

（1）**1龄鱼种培育** 即从夏花分塘后养至当年年底出塘或越冬后开春出塘。根据养殖目标不同，放养密度的不同，出塘规格也不一样。一般若长途运输到外地，则出塘规格较小，为6～10厘米，以便于高密度运输。出塘规格达到15～20厘米，可供当地2龄鱼种培育需要，或直接在成鱼池中套养。

（2）**2龄鱼种培育** 就是将1龄鱼种继续饲养1年，青鱼、草鱼长至500克左右，团头鲂长至50克左右的过程，是从鱼种转向成鱼的过渡阶段。在这个阶段，它们食性由窄到广，由细到粗，食量由小到大，绝对增重快，而病害较多（特别是2龄青鱼）。因此，2龄鱼种的饲养比较困难。2龄鱼种也可通过成鱼池套养。

在江浙一带将1龄鱼种通称为仔口鱼种；对于青鱼、草鱼的仔口鱼种应再养一年，养成2龄鱼种，然后到第三年再养成成鱼上市，这种鱼种通称为过池鱼种或老口鱼种。

167. 如何准备鱼种培育池？

尽管鱼种比鱼苗大得多，对环境的适应能力有很大的增强，但仍然有一定的敌害，并且随着培育的进程，鱼病也逐渐增多。因此，在鱼种下塘培育前，对鱼池同样需要清塘消毒，彻底杀灭鱼种的敌害和病原体。

培育1龄鱼种的鱼池条件和发花塘基本相同，但面积要稍大一些，一般以2～8亩为宜。面积过大，饲养管理、拉网操作均不方便。水深一般1.5～2米，高产塘水深可达2.5米。在夏花放养前，必须和鱼苗池一样用药物消毒清塘。清塘后适当施基肥，培肥水质。施基肥的数量和鱼苗池同，应视池塘条件和放养种类而有所增减，一般每亩施发酵后的畜（禽）粪肥150～300千克，培养红虫，以保证夏花下塘后就有充分的天然饵料。

值得注意的是，鱼种池清塘消毒、施肥和夏花鱼种锻炼分塘三者的时间都是一定的，需要依据各自的时间进程，做好计划，衔接紧密，使各项准备具有时效性和整体高效性。

168. 鱼种放养前需做哪些具体的准备工作?

(1) 修整鱼池 经过 1 年养鱼, 池塘底部沉积了大量的淤泥, 最好干塘越冬, 即池塘冬休。在此期间清除池中杂草和杂物, 挖出大部分淤泥肥田, 并将池底周围淤泥挖至堤埂边, 待稍干贴在池壁上, 拍打紧实。平整池底, 修补池边, 加固堤埂, 疏通进、排水渠道, 设置拦鱼栅。

在池塘冬休期间, 通过池底的冻结、干燥和曝晒, 不仅可杀菌和消除敌害, 而且可进一步改良池底的底质, 打破底泥的胶体状态, 使其疏松通气。底泥中的有机物质在干燥状态和阳光曝晒下, 容易分解, 提高池塘肥力。

(2) 消毒池塘 成鱼养殖池的清塘方法与苗种池一样, 常用的清塘药物为价格低廉而效果很好的生石灰, 生石灰用量为75～125 千克/亩。生石灰既可中和土质, 使池底呈弱碱性, 又能消灭野杂鱼、寄生虫和病原菌等, 从而减少养殖期间鱼类病虫害的发生, 也可减少鱼类的食物竞争。

(3) 进注新水和培育水质 清塘消毒后, 如用的药物是生石灰, 则在用药后 10 天左右加注新水。在鱼种放养前 7～10 天, 应施基肥来培育水质。特别是主养鲢、鳙的池塘, 初次灌水时, 一般 70～80 厘米即可, 这样水温容易升高, 有利于水质转肥和鱼的摄食。以后随着气温与水温的升高、鱼体的长大, 逐步分次加水, 到高温季节加到最大深度。

(4) 鱼种和工具消毒 鱼种不管是自己培育的还是从外面购进的, 尤其是后者, 在放养前都要预先进行消毒, 可采用浸洗法或整池浸泡法。浸洗法操作简便, 可以在捆箱内进行。捆箱放置在池塘的下风处, 在捆箱的外面再套以塑料薄膜, 以免药物扩散而影响药效。根据捆箱中的水体体积, 按照规定的许可用药及药物浓度称取药物, 后溶于水中, 然后均匀地向箱中泼洒, 浸洗消毒一定时间后, 放开箱体或将鱼移出。全池浸泡法, 即将药物按消毒浓度称量后, 溶于水中直接泼洒池中, 此法用药量大。所有的人、水和接触鱼体的工具, 在使用前都要进行消毒，最好做到专池专用。

169. 如何合理搭配夏花放养种类的比例？

夏花一般在6～7月放养。几种搭配混养的夏花不能同时下塘，应先放主养鱼，后放配养鱼。尤其是以青鱼、草鱼和团头鲂为主的塘，以保证主养鱼优先生长，防止被鲢、鳙挤掉，同时通过投喂饲料、排泄粪便来培肥水质，过20天左右再放鲢、鳙等配养鱼。这样，既可使青鱼、草鱼、鳊逐步适应肥水环境，提高争食能力，也为鲢、鳙准备天然饵料。

夏花阶段各种鱼类的食性分化已基本完成，对外界条件的要求也有所不同，既不同于鱼苗培育阶段，也不同于成鱼饲养阶段。因此，必须按养鱼种的特定条件，根据各种鱼类的食性和栖息习性进行搭配混养，才能充分挖掘水体生产潜力和提高饲料利用率。应选择彼此争食较少、相互有利的种类搭配混养。一般应注意以下几点：

(1) 鳙为主养鱼鱼池一般不宜混养鲢，它们的食性虽有所差别，但也有一定矛盾。鲢性情急躁，动作敏捷，争食能力强；鳙行动缓慢，食量大，但争食能力差，常因得不到足够的饲料，生长受到抑制。所以，一般鲢、鳙不宜同池混养。但考虑到充分利用池中的浮游动物，可以在主养鲢鱼池中混养10%～15%的鳙。江苏省的一些地方，为了提高鳙鱼池的产量，待鳙鱼种长大后到9月初再搭配放养鲢，获得了增产的效果。

(2) 草鱼同青鱼在自然条件下的食性完全不同，没有争食的矛盾。但在人工饲养的条件下，均饲喂人工饲料，因此会产生争食的矛盾。草鱼争食力强，而青鱼摄食能力差，所以一般青鱼池不混养草鱼，只能在草鱼池中少量搭养青鱼。

(3) 鲤是杂食性鱼类，喜在池底挖泥觅食，容易使水混浊。但因其贪食，在草鱼池可以少量搭配鲤，但一般不超过5%～8%，以控制小青鱼暴食和清扫食场。也可以实行主养，搭配少量鳙。

(4) 青鱼同鳙性情相似，饲料矛盾不大。鳙吃浮游生物，可以使水清新，有利于小青鱼生长，可以搭配混养。

（5）草鱼同鲢争食能力相似，鲢吃浮游植物，能促使水体转清，有利于小草鱼生长，因此，它们比较适宜混养。

在生产实践中，多采用草鱼、青鱼、鳊、鲤等中下层鱼类分别与鲢、鳙等上层鱼类进行混养，其中，以一种鱼类为主养鱼，搭配1～2种其他鱼类。

170. 鱼种培育中夏花的放养密度是多少？

在生活环境和饲养条件相同的情况下，放养密度取决于出塘规格，出塘规格又取决于成鱼池放养的需要，一般每亩放养1万尾左右。具体放养密度，根据下列几方面因素来决定：

（1）池塘面积大、水较深、排灌水条件好，或有增氧机、水质肥沃、饲料充足，放养密度可以大些。

（2）夏花分塘时间早（在7月初之前），放养密度可以大些。

（3）要求鱼种出塘规格大，放养密度应稀些。

（4）以青鱼和草鱼为主的塘，放养密度应稀些；以鲢、鳙为主的塘，放养密度可适当密些。

根据出塘规格要求，可参考表4-16决定放养密度。

表4-16　1龄鱼池每亩放养量

主养鱼	放养量（尾）	出塘规格（厘米）	配养鱼	放养量（尾）	出塘规格（厘米）	放养总数（尾）
草鱼	2 000	50～100克	鲢	1 000	100～125克	4 000
			鲤	1 000	13～15	
	5 000	10～12	鲢	2 000	50克	8 000
			鲤	1 000	12～13	
	8 000	8～10	鲢	3 000	13～15	11 000
	10 000	8～10	鲢	5 000	12～13	15 000
青鱼	3 000	50～100克	鳙	2 500	13～15	5 500
	6 000	13	鳙	800	125～150克	6 800
	10 000	10～12	鳙	4 000	12～13	14 000

（续）

主养鱼	放养量（尾）	出塘规格（厘米）	配养鱼	放养量（尾）	出塘规格（厘米）	放养总数（尾）
鲢	5 000	13～15	草鱼	1 500	50～100 克	7 000
			鳙	500	15～17	
	10 000	12～13	团头鲂	2 000	10～12	12 000
	15 000	10～12	草鱼	5 000	12～13	20 000
鳙	4 000	13～15	草鱼	2 000	50～100 克	6 000
	8 000	12～13	草鱼	2 000	13～15	10 000
	12 000	10～12	草鱼	2 000	12～13	14 000
鲤	5 000	10～12	鳙	4 000	12～13	10 000
			草鱼	1 000	12～13	
团头鲂	5 000	10～12	鳙	4 000	12～13	9 000
	9 000	10	鳙	1 000	13～15	10 000
	25 000	6～7	鳙	100	500 克	25 100

注：表中所列密度和规格的关系，是指一般情况而言。在生产中可根据需要的数量、规格、种类和可能采取的措施进行调整。如果能采取成鱼养殖的高产措施，每亩放 20 000 尾夏花鱼种，也能达到 13 厘米以上的出塘规格。

171. 鱼种培育中以天然饵料为主、精饲料为辅的饲养方法是什么？

天然饵料除了浮游动物外，投喂草鱼的饵料主要有芜萍、小浮萍、紫背浮萍、苦草、轮叶黑藻等水生植物及幼嫩的禾本科植物；投喂青鱼的饵料主要有粉碎的螺蛳、蚬子以及蚕蛹等动物性饲料。精饲料主要有饼粕、米糠、豆渣、酒糟、麦类和玉米等。现以草鱼为代表介绍其饲养方法。

根据 1 龄草鱼的生长发育规律以及季节和饲养特点，采用分阶段强化投饵的方法，务求鱼种吃足、吃好、吃匀。生产上可将培育过程分成四个阶段，即单养阶段、高温阶段、鱼病阶段和育肥阶段。

（1）单养阶段 此阶段鱼类密度小，水质清新，水温适宜，天然饵料充足、适口、质量好。必须充分利用这一有利条件，不失时机地加速草鱼生长，注意池内始终保持丰富的天然饵料，使草鱼能日夜摄食。另一方面要继续做好乙池天然饵料的培育工作，及时将乙池饵料转入甲池。在后期如天然饵料不足，可投紫背浮萍或轮叶黑藻，也可投切碎的嫩陆草或切碎的菜叶。

（2）**高温阶段**　该阶段水温高，夜间池水易缺氧，应注意天气。适当控制吃食量，夜间不吃食，加强水质管理。并设置食台，将干菜饼粉加水调成糊状，做到随吃随调，少放勤放，勤观察。投饵时必须先投草类，让草鱼吃饱，再投精饲料，供其他鱼种摄食。

（3）**鱼病阶段**　此阶段应保持饵料新鲜、适口，当天投饵，当天务必吃清，并加强鱼病防治和水质管理。

（4）**育肥阶段**　此阶段水温下降，鱼病季节已过，要投足饵料，日夜吃食，并施适量粪肥，以促进滤食性鱼类生长。

172. 鱼种培育中以颗粒饲料为主的饲养方法是什么？

以夏花鲤为主体鱼，专池培养大规格鱼种的主要技术关键如下：

（1）**投以高质量的鲤鱼配合饲料**　饲料的粗蛋白质含量要达到35%～39%，并添加蛋氨酸、赖氨酸、无机盐和维生素合剂等，加工成颗粒饵料。除夏花下塘前施一些有机肥料作基肥外，一般不再施肥，不投粉状、糊状饲料。

（2）**训练鲤鱼上浮集中吃食**　此为颗粒饲料饲养鲤的技术关键，其方法是在池边上风向阳处，向池内搭一跳板，作为固定的投饵点，夏花鲤下塘第二天开始投喂。每次投喂前人在跳板上先敲铁桶，然后每隔10分钟撒一小把饵料。无论吃食与否，如此坚持数天，每天投喂4次，一般在7天内能使鲤集中上浮吃食。为了节约颗粒饲料，驯化时也可以用米糠、次面粉等漂浮饵料投喂。通过驯化，使鲤形成上浮争食的条件反射，不仅能最大限度减少颗粒饲料的散失，而且促使鲤鱼种白天基本上在池边的上层活动，由于上层水温高，溶氧充足，能刺激鱼的食欲，提高饵料消化吸收能力，促进生长。

(3) **增加每天投饵次数，延长每次投饵时间** 夏花放养后，每天投喂2～4次，7月中旬后每天增加到4～5次，投饵时间集中在9:00～16:00。此时，水温和溶氧均较高，鱼类摄食旺盛。每次投饵时间必须达20～30分钟，因此投饵都采用小把撒开，投饵频率缓慢。一般投到绝大部分鲤吃饱游走为止。9月下旬后投喂次数可减少，10月每天投喂1～2次。

(4) **根据鱼类生长、配备适口的颗粒饲料** 目前，生产的硬颗粒饲料直径都比较大，为此，需要将硬颗粒饲料用破碎机破碎，用手筛筛出粒径为0.5毫米、0.8毫米和1.5毫米的颗粒，而直径为2.5毫米和3.0毫米的硬颗粒，可直接用硬颗粒饲料机生产。在驯化阶段，用直径0.5毫米粒料，1周后用0.8毫米粒料，7月用1.5毫米粒料，8月用2.5毫米粒料，9月用3毫米粒料。

(5) **根据水温和鱼体重量，及时调整投饵量** 每隔10天检查一次生长。可在喂食时，用网捞出数10尾鱼种，计数称重，求出平均尾重，然后计算出全池鱼种总重量。参照日投饵率，就可以算出该池当天的投饵数量（表4-17）。

表4-17 鲤鱼种的日投饵率（%）

水温（℃）	体重（克）				
	1～5	6～10	11～30	31～50	51～100
15～20	4～7	3～6	2～4	2～3	1.5～2.5
21～25	6～8	5～7	4～6	3～5	2.5～4
26～30	8～10	7～9	6～8	5～7	4～5

综上所述，上述投饵方法是将"四定"投饵原则更加科学化，以提高投饵效果，降低饵料系数，其中：

①定时：投饵必须定时进行，以养成鱼类按时吃食的习惯，提高饵料利用率；同时，选择水温较适宜、溶氧较高的时间投饵，可以提高鱼的摄食量，有利于鱼类生长。鲤是无胃鱼，因此，少量多次投饵是符合它的摄食习性的。但投饵次数过多，生产上也较难做到。因此，通常天然饵料每天投1次，精饲料每天上、下午各1次，颗粒饲料应适当增加投饵次数。

②定位：投饵必须有固定的位置，使鱼类集中在一定的地点吃

食。这样不但可减少饲料浪费，而且也便于检查鱼的摄食情况，便于清除残饵和进行食场消毒，保证鱼类吃食卫生。在发病季节还便于进行药物消毒，防治鱼病。投喂草类可用竹竿搭成三角形或方形框架，将草投在框内。投喂商品饲料可在水面以下 35 厘米处，用芦席或带有边框的木盘搭成面积 1～2 米² 的食台，将饲料投在食台上让鱼类摄食。通常每 3 000～4 000 尾鱼设食台 1 个。喂养鲤时，不能将颗粒饲料投在边坡上，因鲤善于挖掘，觅食时容易损坏而造成池坡崩塌。

③定质：饲料必须新鲜，不腐败变质。草类需鲜嫩、无根、无泥、鱼喜食。有条件的单位可考虑配制配合饲料，以提高饲料的营养价值；或制成颗粒饲料等形式，以减少饲料营养成分在水中的损失。饲料的大小应比鱼的口裂小，以加强饲料的适口性。

④定量：投饵应掌握适当的数量，不可过多或忽多忽少，使鱼类吃食均匀，以提高鱼类对饵料的消化吸收率，减少疾病，有利于生长。每天的投饵量，应根据水温、天气、水质和鱼的吃食情况灵活掌握。水温在 25～32℃，饵料可多投；水温过高或过低，应减少投饵，甚至暂停投喂。水质较瘦，水中有机物耗氧量少，可多投饵；水质肥，有机物耗氧量大，应控制投饵量。每天 16：00～17：00 检查吃食情况，如当天投喂的饲料全部吃完，第二天可适当增加或保持原投饵量；如当天没吃完，第二天应减少投饵量。一般以投喂的精料 2～3 小时吃完、青料 4～5 小时吃完为适度。到 10 月大多数鱼种一般已长到 12～13 厘米，这时天气转冷，水温降低，是保膘期，投饵量可逐渐减少。

全年投饵量可根据一般饲料系数和预计产量来计算。

全年投饵量＝饲料系数×预计产量（千克）

求出全年投饵量后，再根据一般分月投饵百分比，并参照当时情况，决定当天投饵量（表 4-18）。

表 4-18　各月投饵比例

月份	6	7	8	9	10	11	12	翌年 1～3	合计
投饵（%）	2	10	22	26	20	10	6	4	100

173. 鱼种培育中以施肥为主的饲养方法是什么？

该法以施肥为主，适当辅以精饲料，通常适用于以饲养鲢、鳙为主的池塘。施肥方法和数量，应掌握少量勤施的原则。因夏花放养后正值天气转热的季节，施肥时应特别注意水质的变化，不可施肥过多，以免遇天气变化而发生鱼池严重缺氧，造成死鱼事故。施粪肥可每天或每2～3天全池泼洒1次，数量根据天气、水质等情况灵活掌握。通常，每次每亩施粪肥100～200千克。养成1龄鱼种，每亩共需粪肥1 500～1 750千克。每万尾鱼种需用精饲料75千克左右。

174. 鱼种培育中如何进行日常管理？

夏花入池后，日常管理随即开始。通过早、晚巡塘，观察水质的变化和鱼的动态，并且采取相应的管理措施。

(1) 定期注水，改善环境 在鱼种培育过程中，水质、水位处在不断变化过程中。这是由于随着培育的进程，肥料、饲料不断投入，鱼体不断生长，气候不断改变，往往水环境易于恶化。在管理中，每月定期注入新水1～2次，其中包括部分换水，使水位保持1.5米左右。这对于改善池塘环境，防治鱼病，促进生长十分必要。

(2) 掌握动态，调节投饵 根据鱼的活动状况、吃食状态、生长速度和气候变化，定期调节投饵量和次数，是满足鱼种正常生长的基础。这种调节分为两种情况，其一，每月检测鱼体平均体重，适时调整投饵量和次数；其二，根据天气变化、鱼的活动和吃食状态，具体调节投饵量和次数。通过人工调节，达到鱼饱食度的70%～80%。

(3) 观察水色，调节水质 好的水色呈绿褐色、茶褐色，透明度为30～35厘米，应当长期保持。但对于蓝绿色、砖红色、暗黑色和乳白水色，需要人工调节。其调节方法除定期注水、换水外，还可通过巧施化肥补磷，加施微生物菌肥，改善池底生态和适当的药杀控制蓝藻和浮游动物优势等，以确保鱼种正常生长。

(4) 防治病害，防止泛塘 随着鱼体日渐长大，鱼病也逐渐增多，敌害依然存在。在鱼种培育期间，常见鱼病有细菌性白皮病、白头白嘴病和暴发病等；有小型寄生虫引起的车轮虫病、鳃隐鞭虫病和斜管虫病等。常见的敌害为水蜈蚣、水绵、水网藻和湖靛等。当水质恶化、天气突变时，鱼种也会泛塘。因此，在管理中要及时发现，及早防治。

175. 如何清除池塘水草？

一般使用多年的池塘易滋生各类水草，特别是鱼类苗、种池。冬季和早春渔闲期间，水浅、水清极易自然生长菹草、轮叶黑藻、金鱼藻、聚草、苦草和茨藻等各类水生草类，严重时，鱼类苗、种入池后还会生长和蔓延。尽管水草是草食性鱼类的天然饵料，但鱼类苗、种无法利用。如果让其发展或清除不彻底，往往不可能养好鱼类苗、种。

为了健康养殖，比较好的办法是在冬、春渔闲时期排干池水，通过日晒、冰冻，防止各类敌害和水草越冬生长。然而，往往鱼池大多低凹，不易排干池水，有水必长草，这是我国南方普遍存在的现象。

为此，还要因势利导，可采取投放一定数量的大规格草鱼和团头鲂（250～500 克），控制水草生长，待培育鱼类苗、种之前将其捕出进行清塘。

尽管如此，池塘滋生水草仍难以避免。为了提高鱼产量，历来大多采取人工方法下池割除或下水用竹竿夹绞。下水操作不但劳动量大，而且效率低，消除也不彻底。为了减轻劳动强度，提高效率，采取 17～18 号铁丝，不用下水，沿池堤不同走向拉割，可提高效率4～5 倍。

具体操作方法是：取长度为鱼池宽度 1.5～2 倍的铁丝，两端固定在直径4～5 厘米、长 70 厘米左右的竹竿或木杆的中间，即成拉具。拉割时，两人操作，根据水草分布，每次拉割 2 米左右，即沿鱼池长边或宽边放下铁丝，一人将一端的拉杆插在靠近水面池边泥土中，另一人沿池堤回折铁丝反向后退，间断突然用力，一下一下拉割。一次拉割完 2 米后，再从不同方向同样操作拉第二次、第三次……经过多次分段拉割后，一塘水草可全部被拉割完。割断的水草浮在水面，被风吹集到下风头，即可捞起。

值得注意的是，放铁丝时切勿使铁丝回绞打弯，否则易于拉断，即使重接，形成接头影响拉割效果。为此，每次拉割完之后，必须一圈圈集中收好铁丝，使用时重新一圈圈放开铁丝，以便于控制铁丝不打弯，顺利进行下一次拉割。

一塘水草拉完捞出之后，配合适当施肥，降低透明度，使水底草根缺乏光照不易再生长发展。即使部分再长，也十分有限，如果及时再行拉割也比较容易、简单。这样池塘水草就可以控制。

利用铁丝网拉割，以菹草、轮叶黑藻和聚草等较脆嫩茎叶的水草效果最佳。

176. 如何清除和控制水绵、水网藻和湖靛等敌害生物？

池塘在水体较浅、较清的情况下，极其容易滋生水绵和水网藻；在富含有机质和含氮量高、pH 高、水温高的水体中则易滋生湖靛。清除水绵、水网藻等丝网藻类的方法较多，但要及早发现，及时清除和杀灭才有良好的效果。

当池边可以看到少量丝网藻类时，可采用局部高浓度硫酸铜（大于 0.7 克/米^3）杀灭比较有效；当可以看到一定数量丝状藻类时，也可局部用高浓度硫酸铜杀灭或用草木灰撒在其上，同样有好的效果；当丝状藻类布满大部分水面时，药杀效果不佳，可通过人工捞取或拉网捞出，并结合局部药杀可收到较好的效果。

控制水绵和水网藻等丝网状藻类的关键是，要改变水质过于清瘦状态，即对池塘施用适量肥料，改变水的颜色，降低透明度，减弱光照强度，以抑制丝状藻类的生长。

至于湖靛，一般在高温季节，碱性水体和有机质过多的条件下，蓝藻形成绝对优势，附在泥层表面，在强光下产生有害物质，影响鱼类生长，甚至造成死亡。

这种水质非常顽固，长期不变，危害比较大。一般通过大量换水、机械增氧，搅动水体和补充磷，或加施生物菌肥和其他微生物制剂等多种途径，使水质的发生根本性改变，才能抑制其生长。此外，试验表明罗非鱼可以利用湖靛，所以，可通过饲养罗非鱼来控制湖靛生长。

177. 鱼种如何进行并塘越冬？

经过近一年的培育，各类不同的鱼种达到了既定的培育目标。在年底越冬前，有一部分可提供当地或外地食用鱼池放养的需要，有部分甚至大部分鱼种需要并塘越冬。秋末、冬初，水温降至 10℃ 以下，鱼的摄食量大大减少。为了便于翌年放养和出售，这时便可将鱼种捕捞出塘，按种类、规格分别集中蓄养在池水较深的池塘内越冬（可用鱼筛分开不同规格）。

在长江流域一带，鱼种并塘越冬的方法是，在并塘前 1 周左右停止投饵，选天气晴朗的日子拉网出塘。因冬季水温较低，鱼不太活动，所以不要像夏花出塘时那样进行拉网锻炼。出塘后经过鱼筛分类、分规格和计数后即行并塘蓄养，群众习惯叫"囤塘"。并塘时拉网操作要细致，以免碰伤鱼体和在越冬期间发生水霉病。蓄养塘面积为 2～3 亩，水深 2 米以上，向阳背风，少淤泥。鱼种规格为 10～13 厘米，每亩可放养 5 万～6 万尾。并塘池在冬季仍必须加强管理，适当施放一些肥料，晴天中午较暖和，可少量投饵。越冬池应加强饲养管理，严防水鸟为害。并塘越多，不仅有保膘增强鱼种体质及提高成活率的作用，而且还能略有增产。

为了减少操作麻烦和利于成鱼和 2 龄鱼池提早放养，减少损失，提早开食，延长生长期，有些渔场取消了并塘越冬阶段，采取 1 龄鱼种出塘后随即有计划地放入成鱼池或 2 龄鱼种池。

178. 如何鉴别鱼种的质量？

优质鱼种必须具备以下条件：①同池同种鱼种规格均匀；②体质健壮，背部肌肉肥厚，尾柄肉质肥满；③体表光滑，无病无伤，鳞片、鳍条完整无损；④体色鲜艳有光泽；⑤游泳活泼，溯水性强，在密集时，头向下、尾向上不断扇动；⑥用鱼种体长与体重之比，来判断质量好坏。具体做法是：抽样检查，称取规格相似的鱼种500克计算尾数，然后，对照优质鱼种规格鉴别表（表4-19），每千克鱼种所称尾数等于或少于标准尾数为优质鱼种；反之，则为劣质鱼种。

表4-19 优质鱼种规格鉴别

鲢		鳙		草鱼		青鱼		鳊	
规格（厘米）	尾/千克	规格（厘米）	尾/千克	规格（厘米）	尾/千克	规格（厘米）	尾/千克	规格（厘米）	尾/千克
16.67	22	16.67	20	19.67	11.6	14.00	32	13.33	40
16.33	24	16.33	22	19.33	12.2	13.67	40	13.00	42
16.00	26	16.00	24	19.00	12.6	13.33	50	12.67	46
15.67	28	15.67	26	17.67	16	13.00	58	12.33	58
15.33	30	15.33	28	17.33	18	12.00	64	12.00	70
15.00	32	15.00	30	16.33	22	11.67	66	11.67	76
14.67	34	14.67	32	15.00	30	10.67	92	11.33	82
14.33	36	14.33	34	14.67	32	10.33	96	11.00	88
14.00	38	14.00	36	14.33	34	10.00	104	10.67	96
13.67	40	13.67	36	14.00	36	9.67	112	10.33	106
13.33	44	13.33	42	13.67	40	9.67	120	10.00	120
13.00	48	13.00	44	13.33	48	9.00	130	9.67	130
12.67	54	12.67	46	13.00	52	8.67	142	9.33	142
12.33	60	12.33	52	12.67	58	8.33	150	9.00	168
12.00	64	12.00	58	12.33	60	8.00	156	8.67	228
11.67	70	11.67	64	12.00	66	7.67	170	8.33	238
11.33	74	11.33	70	11.67	70	7.33	188	8.00	244
11.00	82	11.00	76	11.33	80	7.00	200	7.67	256
10.67	88	10.67	82	11.00	84	6.67	210	7.33	288
10.33	96	10.33	92	10.67	92			7.00	320
10.00	104	10.00	98	10.33	100			6.67	350
9.67	110	9.67	104	10.00	108				
9.33	116	9.33	110	9.67	112				
9.00	124	9.00	118	9.33	124				
8.67	136	8.67	130	9.00	134				
8.33	150	8.33	144	8.67	144				
8.00	160	8.00	154	8.33	152				
7.67	172	7.67	166	8.00	160				
7.33	190	7.33	184	7.67	170				
7.00	204	7.00	200	7.33	190				
6.67	240	6.67	230	7.00	200				

179. 鱼种如何进行过数？

鱼种出塘过数的方法基本上与夏花相同，由于鱼种规格较大，一般多采取重量法过数。

180. 2龄青鱼培育中如何确定合适的放养模式？

鱼种放养，要根据鱼池条件、鱼种规格、出塘要求、饲料来源和饲养管理水平等多方面加以考虑。放养方式很多，现将较先进的放养方式介绍如下（表4-20）。

表4-20　2龄青鱼培育放养模式

放养鱼类	放养		收获		
	规格（厘米）	尾/亩	成活率（％）	规格（千克/尾）	产量（千克/亩）
1龄青鱼	10～13	700	70	0.3	147
草鱼	7～10	150	70	0.3～0.5	31.5～52.5
团头鲂	8～10	220	90	0.2～0.25	39.6～49.5
鲢	13	250	90	0.55	124
鳙	13	40	90	0.75	27
鲤	3	500	60	0.5	150
合计					519.1～550

181. 2龄青鱼培育中如何进行饲养管理？

鱼种放养前对池塘进行彻底清塘，选好鱼种，提前放养，提早开食，除做好鱼病防治工作外，特别应根据其食性、习性和生长情况，做到投饲数量由少到多，种类由素到荤，质地由软到硬，使鱼吃足、吃匀；同时，适时注水、施肥，保持水质肥、活、嫩、爽。

（1）投饲要均匀　在正常情况下，螺蛳以9：00～10：00投喂较为合适，如果15：00～16：00吃完，翌日可适当增加1～2成；16：00～

139

17:00 还未吃完，翌日应酌量减少 1～2 成；如到翌日投饲时仍未吃完，则应停止给食，待饲料吃完后再投喂。精饲料一般上午投，以 1 小时吃完为适度。在每天 6:00～7:00 和 16:00～17:00 应各检查 1 次食场。水质不好或过浓、天气不好、有浮头等情况，也应考虑适当减少投饲量，甚至完全停食。按季节来说，春季可以满足鱼种的需要，夏季则要控制投饲量，白露以后可以尽量喂。每天的饲料投喂量，则应"看天、看水、看鱼"来加以调节。天好、水好、鱼好，可以多投饲；反之，则应少投饲。

投饲数量也可以根据预计产量、饲料系数和一般分月投饲百分比来计算。以每亩净产青鱼种 200 千克为例，一般经验投饲量和分月百分比是：糖糟 125 千克，3 月占 65%，4 月占 35%；蚬秧 1 500～2 000 千克，4 月占 10%，5 月占 90%；螺蛳 6 000 千克，5 月占 1.5%，6 月占 8%，7 月占 12.5%，8 月占 18%，9 月占 22%，10 月占 29%，11 月占 9%。

(2) 饲料要适口 即通常所说的要过好转食关。饲料由细到粗、由软到硬、由少到多，逐级交替投喂。冬季在晴天、水温较高的中午投喂些糖糟，一般每亩投 2～3 千克。以后，根据放养鱼种的大小来决定投喂饲料的种类，如规格大的鱼种，在清明前后可投喂蚬秧，没有蚬秧时，也可继续投喂糖糟或豆饼和菜籽饼；如放养规格小（13 厘米以下），则应将蚬秧敲碎后再投喂，或者仍投喂糖糟、菜籽饼或豆饼，一直到 6 月初前后再改投蚬秧。如果蚬秧缺少，可投螺蛳。6 月由于鱼种还小，螺蛳必须轧碎后投喂。7 月开始，即可投喂用铅丝筛筛过的小螺蛳。随着鱼种的生长，逐渐调换筛目。7 月用 1 厘米的筛子，8 月用 1.3 厘米的筛子，9 月以后用 1.65 厘米的筛子。1、2 龄混养鱼种池各期筛目可换大一些，中秋后可以不过筛。由轧螺蛳改为过筛螺蛳和每次改换筛目时必须注意，在开始几天适当减少投饲量。

182. 2 龄草鱼培育中如何确定合适的放养模式？

2 龄草鱼的放养量、混养搭配与 2 龄青鱼相似，放养方式较多，现介绍常见草鱼与青鱼、鲤、鳊、鲢、鳙等多种鱼类混养方式，供参考。这种方式产量比较高。鲢、鳙一般放养 100～250 克的鱼种，到 7 月中旬即可达 500 克，扦捕上市。于 6 月底、7 月初套养夏花鲢。有肥料条件的应施足基肥，促使鲢、鳙在 6 月底起捕，以避免拉网对夏花造成损失（表 4-21）。

表 4-21　2 龄草鱼放养模式

放养鱼类	放　养			收　获			
	规格（厘米）	尾/亩	千克/亩	成活率（％）	规格（克）	尾/亩	千克/亩
草鱼	50 克	800	40	80	300	640	192
青鱼	165 克	10	1.65	100	750	10	7.5
团头鲂	12	200	2.65	95	165	190	31.35
鲤	3	300	0.15	60	175	180	31.5
鲢	250 克	120	30	100	500	120	60
鳙	125 克	30	3.75	100	500	30	15
夏花鲢	3	800	0.4	95	100	760	76
鲫	3	600	0.4	60	125	360	45
合　计		2 860	79			2 290	458.35

183. 2 龄草鱼培育中日常管理方法是什么？

（1）合理投饲　早春，一般在水温升至 6℃以上，可投喂豆饼、麦粉和菜籽饼等精料，每亩每次投饲 2～5 千克，数天投饲 1 次。4 月投喂浮萍、宿根黑麦草和轮叶黑藻等，5 月可投喂苦草、嫩旱草和莴苣叶等。投饲量应根据天气和鱼种吃食情况而定。天气正常时一般以上午投喂，16：00 吃完为适度。在"大麦黄"（6 月上旬）和"白露汛"（9 月上旬）两个鱼病高发季节，应特别注意投饲量和吃食卫生。白露后天气转凉，投饲量可以尽量满足鱼种所需。早期投喂精饲料，饲料应投在向阳干净的池滩上，水、旱草投在用毛竹搭成的三角形或四方形的食场内。残渣剩草要随时捞出，以免沉入池底腐败后影响鱼池水质。如水温低，多投的水草可以不捞出，但第二天早晨应将水草上下翻洗一次，以防鱼病。

（2）做好鱼病防治工作 要针对草鱼不喜肥水和易患细菌性疾病的特性进行预防。除做好一般的水质管理外，在"大麦黄"和"白露汛"两个鱼病高发季节到来之前，用20～25毫克/升浓度生石灰水全池泼洒，翌日适量注水。每次间隔时间，具体看天气、池鱼活动和水质等情况灵活掌握，一般短到10天，长则20天泼一次，全期5次左右；同时，再结合投喂药饵、浸泡食盐溶液等综合措施，基本上可以控制鱼病的大量发生，提高成活率和产量。

184. 如何进行2龄团头鲂和鳊的培育？

培育2龄团头鲂和鳊，一般只利用上半年鱼种池的空闲期（夏花分塘前），把不符合要求的团头鲂或鳊培育成小规格鱼种，再放入成鱼池。现将专池培育2龄团头鲂的方法简单介绍如下（表4-22）。

表4-22　以团头鲂为主的多种鱼种混养搭配放养

放养鱼类	放　养			收　获			
	规格（厘米）	尾/亩	千克/亩	成活率（%）	规格（克）	尾/亩	千克/亩
团头鲂	7～8	5 000	19.65	90	30	4 500	135
草鱼	10	100	0.95	70	250	70	17.5
青鱼	12～13	100	1.7	70	100～250	70	12.5
鲢	12～13	500	8.95	95	150～200	475	80
鳙	12～13	100	1.35	95	150～200	95	17.5
夏花鲢	3	1 000	0.5	90	125	900	112.5
鲫鱼苗	1.5	3 000	0.85	90	5～7厘米	2 700	15
合　计		9 800	33.95			8 810	390

培育2龄团头鲂，也可在2龄青鱼池或2龄草鱼池里搭配放养7～8厘米的团头鲂鱼种400～600尾，年终鱼种出池规格可达50克，

成活率为80%。

2龄团头鲂的饲养管理与2龄草鱼池的饲养管理相似，一般来说，比2龄青鱼、草鱼容易饲养，产量也比青鱼、草鱼高。但是，由于放养密度较高，而团头鲂和鳊耐缺氧能力低，所以要注意浮头，做到及时注水增氧，以防2龄团头鲂窒息死亡。

185. 成鱼池套养鱼种有哪些优点？

所谓套养，就是同一种鱼类不同规格的鱼种同池混养。将同一种类不同规格（大、中、小三档或大、小两档）鱼种按比例混养在成鱼池中，经一段时间的饲养后，将达到食用规格的鱼捕出上市，并在年中补放小规格鱼种（如夏花），随着鱼类生长，各档规格鱼种逐年提升，供翌年成鱼池放养用，故这种饲养方式又称"接力式"饲养。成鱼池套养鱼种有以下优点：

（1）挖掘了成鱼的生产潜力，培养出一大批大规格鱼种。通常，成鱼池产量中约有80%的鱼上市，还余20%左右为翌年成鱼池放养的大规格鱼种。这些鱼种占成鱼池总放养量的80%左右。

（2）淘汰2龄鱼种池，扩大了成鱼池面积。使成鱼池和鱼种池的比例由套养前30%：70%调整为（10%～15%）：（85%～90%），故总面积平均上市量明显增加。

（3）提高了2龄青鱼和2龄草鱼鱼种的成活率。由于成鱼池饵料充足，适口饵料来源广泛，大规格鱼种抢食比2龄鱼种凶，2龄鱼种在成鱼池中不易过饥过饱，因此，套养在成鱼池中的2龄青鱼、草鱼鱼种其成活率反而比2龄鱼种池的鱼种高。

（4）节约了大量鱼种池，节省了劳力和资金。因此，无论在生产上和经济上看，成鱼池套养鱼种是合算的。

186. 成鱼池套养鱼种的方式有哪些？

在成鱼池中放养夏花或小规格鱼种，养成大规格鱼种的养殖方式称为套养。通过在成鱼池套养一定数量的鱼种，在生产商品鱼的同时，可为翌年的成鱼养殖提供大规格鱼种。在成鱼池套养鱼种，虽然成鱼产量和上市率会受些影响，但包括鱼种产量在内的总产量是增加的，其主要意义是实现2龄鱼种自给，相应扩大了成鱼池比例，减少了鱼种池面积，是保证成鱼增产、提高养鱼场总体产量和经济效益的有效措施。此外，在成鱼池中套养鱼种，能有效提高饲料和天然饵料的利用率。

成鱼池套养鱼种常见的有成鱼池套养鲢、鳙夏花鱼种，套养2龄青鱼、草鱼种，鲂二级套养，鲤套养夏花等几种方法。

成鱼池套养鱼种，可以做到大规格鱼种原塘自给。但要保证套养取得理想的效果，必须掌握合理的套养时间和密度，同时要加强饲养管理。在夏秋轮捕过程中，操作要轻快，避免损伤套养的鱼种。

187. 成鱼池如何套养2龄青鱼？

根据养殖周期，成鱼池可套养2龄鱼种，也可以混养1、2龄鱼种。这样，比例适当就可以实行逐年升级，即2龄鱼种养成鱼，1龄鱼种养成2龄鱼种。以青鱼为主的搭配放养方法见表4-23。

表4-23　以青鱼为主的搭配放养方法

放养鱼类	放养			成活率（%）	收获			
	规格（克/尾）	尾/亩	千克/亩		规格（克/尾）	尾/亩	千克/亩	增重倍数
青鱼	1 000	50	50	98	3 500～4 500	49	200	4
	250	60	15	90	750～1 250	54	54	3
	25	200	5	30	150～300	60	15	3
鲤	80	128	10.24	98	750～1 250	125	122	11.4
	0.5	1 000	0.5	50	85	500	46.65	83.3
团头鲂	36	154	5.5	95	250～350	146	40	7.3
	0.5	1 000	0.5	20	36	200	7.1	14.2
鲢	33	240	8	95	600～750	228	153.9	19.2
鳙	38	60	2.28	95	600～750	57	38.45	17.9
合计		2 897	97.0			1 419	672.1	6.9

如果养殖周期短，青鱼可放养规格为 500 克/尾左右的 2 龄鱼种 50 千克，放养规格为 25 克/尾的 1 龄鱼种 10 千克左右，其增重倍数可分别达到 4 和 5。

188. 成鱼池套养草鱼和团头鲂为主的搭配放养方式是什么？

以草鱼和团头鲂为主的搭配放养方式见表 4-24。

表 4-24　以草鱼和团头鲂为主的搭配放养方式

放养鱼类	放　　养			收　　获				
	规格（克）	尾/亩	千克/亩	成活率（%）	规格（克）	尾/亩	千克/亩	增重倍数
草鱼	750～1 250	50	50	98	3 000～3 500	49	150	3
	200～500	65	22.5	90	750～1 250	58	60	2.6
	25	200	5	70	250～500	140	52.5	10.5
团头鲂	62	160	10	95	250～750	152	45.6	4.56
	3.7	200	0.75	80	62	160	10	13.3
	0.5	1 000	0.5	30	8.3	300	2.5	5
鲢	4.5	240	8	95	650～800	228	171	21.4
鳙	8.6	60	2.15	95	750～900	57	48.45	22.5
合　计		2 975	98.9			1 144	540.05	5.46

如养殖周期短，可放养规格为 500 克/尾的 2 龄草鱼种 60 千克，放养规格为 25 克/尾的 1 龄草鱼种 10 千克，其增重倍数可分别达到 3 和 6。

成鱼池套养 2 龄鱼种以青鱼、草鱼、团头鲂等"吃食鱼"为主，着重投喂螺蛳和草类，以养好"吃食鱼"带来鲢、鳙等"肥水鱼"。不同规格的"吃食鱼"要一次放足，采用捕大留小的方法，为翌年培育大规格鱼种创造条件，达到鱼种自给。

189. 成鱼池套养夏花鲢、鳙鱼种的方式是什么？

年初成鱼池放养大、中、小或大、小两种规格的鲢、鳙鱼种，均在夏、秋季轮捕上市，7月再套养夏花。这种放养方式的优点是，放养量低，增肉倍数高，既养了成鱼，又为翌年培育了鲢、鳙鱼种。套养数量视要求出塘鱼种和成鱼规格而定，可达数百至数千尾。

190. 团头鲂二级套养的方式是什么？

团头鲂采取二级或三级放养，即2龄、1龄鱼种在同塘套养时，2龄团头鲂能长成150克以上起水上市，大多数1龄团头鲂也达到150克/尾上市，少数上升为2龄团头鲂供第二年放养。套养时，由于团头鲂鱼种鱼体娇嫩，夏季轮捕时动作要轻快，扦捕次数不能太多。

191. 鱼种运输前需做好哪些准备工作？

做好运输前的准备，是提高苗种运输成活率的基本保证。主要工作有以下几方面：

(1) 制订运鱼计划　在苗种运输前，事先要制订详尽的运输计划，包括运输路线、运输容器、交通工具、人员组织以及中途换水等事项，并根据不同的鱼种采用相应的运输方法。运输时要做到快装、快运、快卸，缩短运输时间。

(2) 准备好运输工具　主要是交通工具、装运工具和操作工具。在运输前要检查是否完整齐全，如有损坏或不足，要修补或增添。

(3) 确定沿途换水地点　调查了解运输途中各站的水源和水质情况，联系并确定好沿途的换水地点。

(4) 缩短运输时间　根据路途远近和运输量大小，组织和安排具有一定管理技术的运输管理人员，以利做好起运和装卸的衔接工作，以及途中的管理工作，做到"人等鱼到"，尽量缩短运输时间。

(5) 做好运输前的苗种处理　鱼苗从孵化工具中取出后，应先放到网箱中暂养，使其能适应静水和波动，并在暂养期间换箱1～2次，使鱼苗得到锻炼。同时，借换箱的机会除去死苗、污物，对提高途中运输成活有较好的作用。鱼种起运前，要拉网锻炼2～3次。

192. 苗种运输过程中需要哪些操作工具?

苗种运输中常用的装运工具和操作工具见图 4-6～图 4-10 和表 4-25。

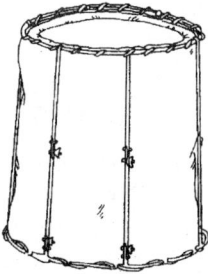

图 4-6 帆布桶

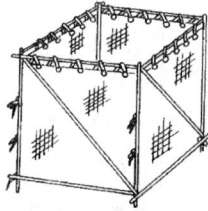

图 4-7 出 水

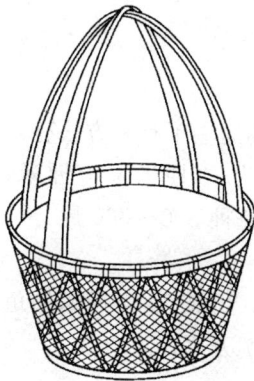

图 4-8 担篓

图 4-9 笸斗

图 4-10 吸 筒

表 4-25 运输鱼苗、鱼种工具

工具名称		最低需要量	用 途	备 注
装运工具	活鱼船	1	苗种运输工具	几种装运工具,可根据交通情况、苗种数量来确定一种和需要数量
	鱼篓	1		

（续）

工具名称		最低需要量	用　途	备　注
装运工具	帆布桶	1		几种装运工具，可根据交通情况、苗种数量来确定一种和需要数量
	尼龙袋	1		
	塑料桶	1		
操作工具	水桶（或担篓）	2 副	挑鱼用	
	网箱	1 个	暂养苗种	
	吸筒	1 个	吸脚用	
	出水	1 个	换水用	
	笆斗	1 个	换水用	如运输苗种数量大，应相应增加数量
	捞子	2 把	抄鱼用	
	脚盆	2 个	拣鱼种过数用	
	小凉帘	根据水门多少	活水船进出水口用	
	小水车	1 个	活水船停船用	

193. 鱼种运输有哪些方法？

根据交通条件选择适宜的运输方法。具体的运输工具和方法有：

(1) 塑料袋充氧运输　塑料鱼苗种袋规格为 70 厘米×40 厘米，装水 10～12.5 千克，每袋可装运 7～8 厘米的鱼种 300～500 尾，可保证在 24 小时内成活率达 90% 左右。

(2) 帆布桶运输　一般 0.4～0.5 米³ 的水，可装 5～7 厘米的鱼种 1 万～1.2 万尾，6～10 厘米鱼种 0.3 万～0.7 万尾。

194. 苗种运输具体的运输过程如何操作？

苗种运输讲求十六字原则：快而有效，轻而平稳，妥善计划，尽量稀运。在运输的各个环节中，应把握以下技术：

(1) 合理装鱼　用塑料袋装苗种要求动作轻快，讲究方法，尽量减少对苗种的伤害。通常要注意以下几个环节：①选袋。选取 70 厘米×40厘米或90厘米×50厘米的塑料袋，检查是否漏气。将袋口敞开，由上往下一甩，并迅速捏紧袋口，使空气留在袋中呈鼓胀状态，然后用另一只手压袋，看有无漏气处。也可充气后将袋浸没水中，看有无气泡冒出。②注水。注水要适中，每袋注水1/4~1/3，以塑料袋躺放时，苗种能自由游动为好。注水时，可在装水塑料袋外再套一只塑料袋，以防万一。③放鱼。按计算好的装鱼量，将苗种轻快地装入袋中，苗种宜带水一批批地装。④充氧。把塑料袋压瘪，排尽其中的空气，然后缓慢充氧，至塑料袋鼓起略有弹性为宜。⑤扎口。扎口要紧，防止水与氧外流，先扎内袋口，再扎外袋口。⑥装箱，扎紧袋口后，把塑料袋装入纸质箱或泡沫箱中，也可将塑料袋装入编织袋中，置于阴凉处，防止曝晒和雨淋。

(2) 防治病害 做好防疫检疫工作，有疫病的苗种不能外运，以避免疫病传播。苗种在运输过程中，难免受伤，尤其是苗种体表的黏液，它是苗种体表的保护层，一旦受损脱落，常会使苗种感染病菌，在运输后不久就会发病死亡。一般情况下，可在每只运鱼袋中放入食盐2~3克，有较好的防病效果。

(3) 酌情换水 运输途中要经常观察鱼的动态，调整充气量，每5~8小时换水1次，操作细致，先排老水约1/3后加新水，一旦发现鱼缺氧要及时充氧。若运输中塑料袋内鱼类排泄物过多，需要换水充氧。换水时注意所换水水温与原袋中水温基本一致。换水时切忌将新水猛冲加入，以免冲击鱼体造成受伤，换水量为1/3~1/2。若换水困难，则可采取击水、淋水或气泵送气等方式补充溶氧，还可施用增氧灵等增氧药物。

五、养殖管理

195. 怎样合理安排食用鱼养殖池？

成鱼也称食用鱼，是指作为食品供应消费市场的鱼类。

成鱼池面积应比鱼苗池大，一般 10 亩左右，水深 2～2.5 米。要求水源丰富，排灌水方便，池形整齐，池埂较高、较宽，便于管理和捕鱼操作；要留出一定土地，用于种植饲料作物。不具备这些条件的池塘也可以进行成鱼生产，但很难获得稳定的高产。

为了做到有计划地满足放养所需的鱼种，成鱼生产单位必须进行一定规模的鱼种生产。为了培育出足够数量的鱼种而又不减少成鱼池的面积，有必要合理安排鱼种池和成鱼池的面积比例。如果推行多级轮养制度，鱼种饲养的级数多，培育出的鱼种规格大，这样鱼种池所占比例也相对多些，一般达到总水面的35％～40％，成鱼池占60％～65％。若以草鱼和青鱼做主养鱼，则鱼种池占总水面的 25％～30％，成鱼池占 70％～75％。

196. 食用鱼养殖池有什么要求？怎样进行池塘改造？

良好的池塘条件是获得养鱼稳产、高产的关键之一，目前，我国对稳产、高产鱼池的要求如下：面积适中，以 5～10 亩为好；池水较深，一般在 2.5 米左右；有良好水源和水质，注、排水方便；池形整齐，堤埂较高、较宽，池底平整不渗水，洪水不淹，便于操作，并有一定的面积种植饲料作物。

对达不到上述要求的鱼池，就应按上述要求进行以下四个方面的改造：

（1）小改大　将原来的小塘，通过拆埂并塘，扩大成 2～6 亩的鱼池，大的可达 7.5～10 亩。

（2）浅改深　将原来浅的池塘挖深，达到水深 2.5 米左右（池深 3～4 米）。

（3）死水改活水　将不与河道相通的死水塘，改造成有一条埂与河道相通的活水塘。

（4）低埂改高埂　池埂加高、加宽，做到大水不淹，防止逃鱼，且有利于操作和交通。

有些旧鱼池有渗水和漏水现象，这主要是由于底质不良引起的。常用的改造方法是，在池底铺黏土或壤土 40～50 厘米，如池埂边也严重渗漏，还应加 30～40 厘米的黏土或壤土贴边，铺底和贴边都要打夯压实。有些地区结合施肥，向已灌水的池塘泼洒塘泥，这也是改造渗漏水池塘的好方法。有些靠外河的漏水池塘，可采用池堤中间筑挡水墙的方法来解决漏水问题。

197. 怎样进行池塘的清整？

池塘经一年的养鱼后，底部沉积了大量淤泥（一般每年沉积 10 厘米左右）。故应在干池捕鱼后，将池底周围的淤泥挖起放在堤埂和堤埂的斜坡上，待稍干时应贴在堤埂斜坡上，拍打紧实，然后立即移栽黑麦草或青草等，作为鱼类的青饲料。这样既能改善池塘条件，增大蓄水量，又能为青饲料的种植提供优质肥料，也由于草根的固泥护坡作用，减轻了池坡和堤埂的崩坍可能。

在放养鱼种前，可用生石灰、漂白粉或茶籽饼等药物消毒。其中，生石灰清塘消毒效果最好，不仅能增加池塘中钙质，且有直接施肥作用。消毒宜在晴天进行，干法消毒，每亩用生石灰 50～75 千克，塘中需留 6～10 厘米深的水；带水清塘，每亩水深 1 米用生石灰 125～150 千克，要求将生石灰撒布均匀，并充分搅动，以增强消毒效果。

清整好的池塘，注入新水时应采用密网过滤，防止野杂鱼进入池内，待药效消失后，方可放入鱼种。

198. 如何确定鱼种的放养规格？

鱼种既是食用鱼饲养的物质基础，也是获得食用鱼高产的前提条件之一。优良的鱼种在饲养中成长快，成活率高。饲养上对鱼种的要求是：数量充足，规格合适，种类齐全，体质健壮，无病无伤。

鱼种规格大小，是根据食用鱼池放养的要求所确定的。通常仔口鱼种的规格应大，而老口鱼种的规格应偏小，这是高产的措施之一。但由于各种鱼的生长性能、各地的气候条件和饲养方法不同，鱼类生长速度也不一样，加上市场要求的食用鱼上市规格不同，因此，各地对鱼种的放养规格也不同。如青鱼市场要求达 2.5 千克以上才能上市，其鱼种的放养规格需 500～1 000 克的 2 龄或 3 龄鱼种；又如，鲢、鳙市场要求的上市规格为 750～1 000 克，则需放养 100～150 克的 1 龄大规格鱼种。为使鲢、鳙做到均衡上市，上半年就有 750 克以上的成鱼上市，可将 1 龄、2 龄鲢、鳙密养，使其翌年达到特大规格（250～450 克）鱼种，供鲢、鳙第三年放养用。广东地区鱼类生长期长，可采用稀养方法，使鲢、鳙当年长到 150～500 克，供翌年放养用。

199. 池塘成鱼养殖鱼种何时放养？

池塘饲养食用鱼的鱼种放养有两个时间和季节。第一个时间、季节是每年的 11 月底至 12 月上中旬，即秋末、冬初。这个时间、季节水温在 6～15℃波动，适合鱼种拉网、运输和放养。因此，此时是鱼种投放的主要季节，需要不失时机地销售食用鱼，清整池塘，注入池水，投放鱼种，准备越冬，以便翌年开春后，早开食，早生长。

在生产中，往往由于食用鱼滞销或其他种种原因，如鱼种配套不完善，在主要放养季节贻误了鱼种投放或投放不完全，只有往后推迟到冬末、春初，即每年的 2 月中下旬至 3 月初。冬季，水温在 0℃左右，不适合鱼种投放，这是应该避开的季节。

我国南北纬度跨越大，所以，南方和北方鱼种投放的时间、季节相应分别延后和提前。在适宜的水温条件下，尽早计划和放养，以便鱼体有一个恢复、适应和越冬过程。

200. 如何确定合理的放养密度？

影响成鱼养殖产量和效益的因素是多方面的，选择合理的放养模式固然是很重要的一个方面，在此基础上，控制合理的放养密度也是非常重要的。鱼种放养密度既影响养殖的群体产量，也影响个体的生长速度乃至养殖的效益。如放养密度过稀，则不能充分发挥池塘生产潜力，产量低下，经济效益差；如放养密度过大，不仅个体生长缓慢，饲料转化效率差，养殖成本高，而且养成的鱼个体小，影响商品率，甚至可能造成池塘缺氧死鱼，降低产量，经济上不合算。

在养殖生产中，应根据池塘条件、饲料和肥料来源、放养鱼类的种类、规格以及生产管理水平等情况，来确定合理的放养密度。

(1) 池塘条件 有良好的水源和排灌设备或有增氧机的池塘，鱼种可适当多放，这样能经常注换新水，改善池塘水质，保证较高密度下鱼类的正常生长。即使发生缺氧浮头，也可及时开动增氧机或注水解救。水源条件差或缺少排灌设备的鱼池就应该稀放，防止因水质条件差影响鱼类生长，甚至缺氧造成死鱼。每亩产鱼 500 千克以上的池塘，水深必须在 2 米以上，并有较好的注、排水条件或增氧设备。

(2) 饲料、肥料供应情况 如能常年保证放养鱼类对饲料、肥料的数量和质量需求，可以适当提高放养的密度，否则应稀放，以免因饵、肥不足，影响鱼类的正常生长、养殖产量和养殖效益。

(3) 鱼的种类和规格 不同种类的鱼，其放养规格、生长速度和养成食用鱼的大小也不同，因此，放养密度也不同。规格较大的青鱼、草鱼比规格较小的鳊、鲫、鲮放养尾数少，放养重量要多。同种不同规格的鱼也是如此，底层鱼为主可以密些，上层鱼为主应稀些。

(4) 管理水平 养鱼技术水平高，设备条件好，管理精细，放养量可大些，否则放养量应稀些。

(5) 历年养鱼情况 如上年鱼类生长良好，饵、肥系数不高，浮头不严重，说明放养密度比较适宜或可适当增加；如鱼类生长差，说明放养密度偏大，翌年应适当降低放养密度。

放养密度大小是相对的，在一定条件下可以转化。如原来认为放养过密的池塘，经过改善池塘条件，增加投饲、施肥，原来的放养量就显得不大了。所以，生产中应创造条件，调整放养，做到合理混养、密放，达到提高产量和养殖效益的目的。

201. 养鱼生产中常用的有机肥料有哪些？

有机肥料主要包括绿肥、粪肥及混合堆肥等。

(1) 绿肥 凡采用天然生长的各种野生植物或各种人工栽培的植物，经过简单加工或不经过加工，作为肥料的均称为绿肥。一般茎叶鲜嫩、在水中容易腐烂分解的绿肥，均是养鱼优质绿肥。常用的绿肥有菊科、豆科植物及少数禾本科植物，以及各种无毒陆生杂草等。绿肥既可以做基肥，也可以做追肥。

(2) 粪肥 人粪尿、家畜粪尿、家禽粪和蚕粪等，都是生产上常用的粪肥。粪肥的营养成分丰富，尚含有一定的钙、硫和铁等元素。粪肥在施用前应经过腐熟、发酵，在人粪尿中可能带有寄生虫和致病菌，所以发酵前应加 1‰～2‰ 的生石灰，杀死寄生虫和细菌，防止疫病的传播。施用粪肥多用堆放和泼洒的方法。

(3) 混合堆肥 利用绿肥、粪肥混合堆制发酵而成，其肥效因堆制物的种类和比例而不同。混合堆肥的制作方法为：在土坑或砖坑内，将各种原料分层堆放，一层青草，上撒石灰，一层粪肥，按次装入，装好后加水至肥料完全浸入水中为止，上面用泥土密封，让其发酵腐熟后即可应用。堆肥发酵时间随气温而不同，20～30℃时，10～20 天即可取用。在使用时要掌握开坑时间不能太久，以免氮肥挥发，影响肥效。施用时，取出堆肥加水冲洗，除去肥渣，只取堆肥液汁，均匀泼入水中。或者在取肥时，将发酵坑一角的堆肥翻到其他角上，使液汁在翻开的角上露出，只取坑中液汁，不必冲淡，按规定分量，泼入池中。混合堆肥虽具有一定优点，但是操作较复杂，花费劳动力较多。因此，在生产中应用还不很普遍。

有机肥料所含营养元素全面，故肥料的效果较好，施用后分解慢，肥效持久，又称迟效肥料。因有机肥料在发挥肥效的过程中，要经过发酵、分解，需消耗大量的氧气，各种有机肥料的成分变化大，肥效不一致，施用时难以掌握确切的用量，一旦施用不当会造成严重缺氧。因此，施用有机肥料必须注意这个问题。

202. 养鱼生产中常用的无机肥料有哪些？

养鱼生产中常用的无机肥料有氮肥、磷肥、钾肥和钙肥等。

（1）氮肥 氮是蛋白质的主要成分，也是叶绿素、维生素、生物碱以及核酸和酶的重要成分。氮是植物主要的营养元素之一，所以，是鱼池施肥的主要原料之一。鱼池中施放氮肥后，浮游植物很快繁殖起来，使水色呈现绿色。

（2）磷肥 一般来说，鱼池中磷的含量均能满足鱼类生长的需要，但是在夏、秋季节，浮游植物大量繁殖生长、鱼类生长旺盛，鱼池中磷大量消耗，往往使磷含量极低。如在这段时间中合理地向鱼池施用磷肥，提高水质的肥度，对提高鱼产量有重要意义。当前，在生产上常用的无机磷肥主要有：①过磷酸钙，为灰白色粉末，一般含磷量为 16％～20％，主要是水溶性磷酸钙，肥效迅速、良好；②重过磷酸钙，含磷量为 40％左右。但上述两种磷肥施入鱼池后，仅在最初几天发生作用，因磷酸根很快被土壤吸收固定，降低了浮游植物对磷的利用率，这是磷肥施用上值得注意的问题。磷肥最好与有机肥一起沤制后再施用。为了使磷肥长时间保留在水表层，以利于浮游生物吸收，避免沉到池底固定，可以采用挂袋法施磷肥。

（3）钾肥 一般说来，鱼池对钾需要量较少，不会产生缺钾现象。常用的钾肥有硫酸钾，含钾量为 48％～50％；氯化钾，含钾量为 50％左右及草木灰等。

（4）钙肥 施用钙肥对改良鱼池环境和土壤的理化状况，促进有机物质矿化分解，预防鱼病的发生起着重要的作用。生产上常用的钙肥是生石灰。

无机肥料养分含量高，肥效快，但养分比较单纯，不含有机物，肥效持续时间较短。所以，一般都是几种无机肥料和有机肥料配合使用，以便更好地发挥培育鱼类天然饵料的作用。无机氮肥中有液态氮肥和固态氮肥。液态氮肥是碱性氮肥。施用液态氮肥要注意它的毒性，水温越高，碱性越强，其毒性越大。液态氮应在池水 pH 小于 7 时施用，并注意少量多次，选晴天在午前施入。固态氮肥中，硫酸铵、氯化铵是酸性肥料，在池水中 pH 较高时施用，碳酸氢铵、硝酸铵和尿素是中性肥料，使用后水中无残留。使用尿素肥料可先将它溶于水，然后全池泼洒，或盛在若干只塑料袋内，在塑料袋上穿些小孔，挂在池塘中，让其慢慢释放到水中，效果更好。施用碳酸氢铵、硝酸铵、磷肥，不能和生石灰、草木灰等碱性物质一起施用。施化肥应在晴天进行，一般施肥后第 2 天水色便开始转肥。池水混浊、胶粒多时，不要施氮肥和磷肥，以免肥料被胶粒吸附而丧失肥效。

203. 怎样在鱼池中使用肥料？

（1）**粪肥的施用方法**　常用的粪肥，是以猪、牛粪为主的畜、禽粪和人粪。用粪肥做基肥，每公顷施肥量为 6 000～7 500 千克，秋、冬季和早春施用。以小堆肥的方式分开堆在水下，让其缓慢分解，一旦水温上升到 15℃以上，应及时推散开。

（2）**绿肥的施用方法**　常用的绿肥，是以各种野生蒿草和人工种植的豆科植物为主的植物茎叶。用绿肥做基肥，每公顷 3 000～4 000 千克。施用时，以一定的厚度、条状堆放池边水下，并插小杆固定，让其腐化分解。转化利用周期，在水温 25℃左右时为 7～10 天，中期翻动 1 次，最后捞出残渣。

（3）**化肥的施用方法**　常用的氮肥是尿素和碳酸氢铵，磷肥是过磷酸钙和钙镁磷肥。化肥一般多用于追肥，并根据水质状况灵活掌握，一般每公顷一次施肥量 30～50 千克或碳酸氢铵加倍，再配合施过磷酸钙或钙镁磷肥 60～100 千克。转化周期，在水温 25℃左右为 5～7 天。氮、磷肥应分开化水全池遍洒。

204. 怎样在鱼池中施基肥和施追肥？

池塘养鱼施肥的主要作用是繁殖浮游生物，增加天然饵料，调节水质。在施肥方面，应遵循"以施有机肥料为主、无机肥料为辅"的原则。

（1）施基肥 瘦水池塘或新建池塘，由于池底淤泥很少或没有淤泥，水质较难变肥，可利用基肥进行肥塘。方法是冬季池塘排水清整后，将肥料遍施池底或积水区的边缘，经日光曝晒数天，适当分解矿化后，翻动肥料，再晒数天，即可注水。基肥的数量应视池塘肥瘦、肥料种类与浓度而定，一次施足。施用的肥料有粪肥、绿肥和有机肥等。有时在池塘注水后施基肥，主要是肥水而非肥底泥。肥水池塘和养鱼多年的池塘，池底淤泥较多，一般不需要施基肥。

（2）施追肥 为了不断补充池塘水中营养物质，养鱼过程中需要施追肥。施肥的数量、次数，应随水温、天气和养殖鱼的种类等不同而异。水温较高时，施肥量酌减，施肥次数增加；水温较低时，则相反。天气晴朗可正常施肥，雨天或欲下雷雨时少施或不施肥。以鲢、鳙或鲅为主体鱼的池塘，要求水质较肥，施肥量应大些；以草鱼或青鱼为主体鱼的池塘，施肥量则需小些。施肥量以施肥后池水仍保持"肥、活、嫩、爽"，透明度在25～40厘米为宜。

205. 养鱼池塘施肥应注意什么？

池塘施肥，特别是施用有机肥，会不同程度地污染水体，消耗水中溶氧，尤其是在夜间，常会造成池水缺氧，导致鱼类浮头。因此，要尽量做到合理施用，才能充分发挥施肥的效果。

（1）有机肥料必须腐熟 施用的有机肥料，要经过发酵腐熟后再施放下塘，这样可减少污染，也可较快地发挥肥效，同时也有利于卫生，避免传播疾病。不经发酵或未经处理的粪肥，最好不要直接施入池塘中。塘边建有养猪场的，猪粪尿应冲洗至发酵池内，经过发酵方可流入池塘。

（2）根据天气、水温和鱼种放养情况追肥 施肥时间应选择晴天中午，采用泼洒的方法，充分利用上层的过饱和氧气，既可加速有机肥料的氧化分解，又降低水中的氧值，这样夜间就不易因耗氧过多而引起浮头。雨天或闷热天气，不能施肥。水温较高时，施肥应次多量少，水温低时则相反。以鲢、鳙、鲮为主的池塘，要求水质较肥，施肥量应大些；以草鱼为主的池塘，施肥量则小些。

(3) 合理搭配，有效混合 施基肥以有机肥为主，施追肥则有机肥与无机肥混合使用，水色淡时追施有机肥，水色浓时追施化肥。一般鱼塘水中含磷量较低，限制了浮游植物的生长，施化肥应以磷肥为主。施用有机肥为主的鱼塘，应增施氨水或碳酸氢铵等化肥作追肥。

(4) 冲水增氧，保持水质良好 施肥地点要避开食场。经常施肥的池塘，必须定期注换新水，避免水质过肥。还要注意采取其他增氧措施，防止池塘缺氧，导致鱼类浮头。

206. 饲料投喂方法主要有哪些？

饲料投喂方法主要有手撒、饲料台和投饵机三种。

(1) 手撒 方法简便、灵活、节能，缺点是耗费人工较多。对鱼类进行驯化投喂，可减少饲料浪费，提高利用率。在投饵前5分钟，用同一频率的音响（如敲击饲料桶的声音）对鱼类进行驯化，使鱼类形成条件反射。每敲击一次，投喂一些饵料。每天驯化2～3次，每次不少于30分钟，驯化5～7天就可正常上浮摄食。驯化时，不可随意改变投喂点，并须确保驯化时间。在正常化后，每次投喂时间上要控制，不宜过长，投喂过程中，注意掌握好"慢—快—慢"的节奏和"少—多—少"的投喂量。开始时，前来吃食的鱼较少，撒饵料要少而慢；随着吃食鱼的数量增加，不断增量，且随着鱼群扩大，就要加快速度并扩大撒饵范围；当多数鱼类吃完游走，此时撒饵应慢而少，剩余少量鱼抢食速度缓慢时，即可停止投喂。

(2) 饲料台 利用饲料台进行投喂的方法，可在安静向阳离池埂1～2米处的塘埂边搭设饲料台，饲料台以木杆和网布、竹片等搭建成，沉入水面下30厘米左右，并套以绳索，以便拉出水面检查。青饲料需要利用木质或竹质框架固定在水面上，防止四处漂散。一般面积0.5公顷的池塘搭建1～2个，以便定点投喂。通过设置食台，可以及时、准确判断鱼类的吃食情况，还有利于清除残饵、食场消毒和疾病防治。

(3) 投饵机 可自动投放颗粒饲料，适用于各类养殖池塘，一般0.5～1公顷池塘配备一台投饵机。自动投饵机是代替人工投饵的理想设备，它具有结构合理、投饵距离远、投饵面积大、投饵均匀等优点，大大提高饵料利用率，降低养殖成本，提高养殖经济效益，是实现机械化养殖的必备设备。

207. 什么是"四定"投饵方法？

池塘养鱼投饵实行"四定"法，即定质、定位、定时、定量的投喂方法。

(1) 定质 要求投喂的饵料要新鲜、适口，营养价值高。

(2) 定位 投喂饵料要有固定的食场，如配合饵料应在平台或塘埂坡度较缓的硬滩脚上投喂；青草则要投喂在固定的饵料浮框内。

(3) 定时 池塘投喂饵料的时间一般随水温而定。如4月，每天投饵2次，9：00、15：00；5～6月，每天投饵3次，8：00、11：30、15：00；7～9月，每天投饵4次，8：00、11：00、13：00和15：00；10月投饵次数及时间同5～6月；11月只投1次。

(4) 定量 每天的实际投饵量，可根据鱼的吃食情况、天气和水质等灵活掌握。如投饵后鱼很快吃完，应适当增加投饵量，较长时间吃不完，则应减少投饵量；天气晴朗可多投，阴雨天少投，天气闷热欲下雷雨时应停止投饵；水色好、肥、爽，可正常投饵，水色淡应增加投饵量，水色过浓则减少投饵。

208. 怎样准确确定饲料投喂量？

准确确定投饵量，掌握最适投饵量，是投饵技术的关键和核心。过量投饵造成浪费，并且会污染水质，引起疾病；而投饵量不足，又不能满足鱼类能量和营养需要，使鱼类不能维持体重而减产，同样造成饵料浪费。准确掌握饲料投喂量是养鱼成功的保证，它既能使鱼吃饱吃好，又不至于造成饲料浪费。

(1) 年投喂量 根据鱼净增重倍数和饲料系数来进行推算，即鱼种放养量×净增重倍数×饲料系数。鱼净增重倍数一般为4～5。全价配合饲料的饲料系数一般为2～2.5，混合性饲料则为3～3.5。如果是几种饲料交替使用，则分别以各自的饲料系数计算出使用量，然后相加即为年投喂量。

(2) 月投喂量 即年投喂量×当月饲料分配百分比。一般3月投喂年投喂量的1％，4月投喂年投喂量的4％，5月投喂年投喂量的8％，6月投喂年投喂量的15％，7月、8月、9月均投喂年投喂量的20％，10月投喂年投喂量的9％，11月投喂年投喂量的3％。

(3) 日投喂量 根据月投喂量，分上、中、下三旬安排。3～8月，上旬日投喂当月投喂量日平均数的80％，中旬为日平均数，下旬为日平均数的120％；从9月起，上旬为当月投喂量日平均数的120％，中旬为日平均数，下旬为日平均数的80％。

209. 怎样调整日投饵量？

日投饵量应根据季节、天气、水色和鱼摄食情况灵活调整。

(1) 根据池鱼摄食情况调整 每次投饵量一般以鱼吃到七八成饱为准（大部分鱼吃饱游走，仅有少量鱼在表层索饵），这样有利于保持鱼旺盛的食欲，提高饲料利用率。

(2) 随天气情况调整 天气晴朗，水中溶氧量高，鱼群摄食旺盛，应适量多投；反之，天气闷热，连续阴雨，水中溶氧量低，鱼群食欲不振，而且残饵腐败快，容易使水质变坏，应少投或不投。

(3) 根据池塘水质情况调整 水质清爽，鱼群摄食旺盛，应多投；水质不好，过肥、过浓，鱼群食欲不振，而且残饵容易使池水变坏，应少投；水质很坏、鱼已浮头时，应禁止投喂。

(4) 根据池塘水温情况调整 鱼类摄食量显著受水温变动的影响。在适温范围内，水温升高，对养殖鱼摄食强度有显著的促进作用；水温降低，鱼代谢水平随之下降，导致食欲减退，生长受阻。当气温升至15℃以上时，投饵量可逐渐增加，每天投喂量占鱼类总体重的1％左右。夏初水温升至20℃左右时，每天投喂量占鱼体总重的1％～2％，但这时也是多病季节，因此要注意适量投喂，并保证饲料适口、均匀。盛夏水温上升至 30℃ 以上时，鱼类食欲旺盛，生长迅速，要加大投喂，日投喂量占鱼类总体重的 3%～4%，但需注意饲料质量并防止剩料，且需调节水质，防止污染。秋季天气转凉，水温渐低，但水质尚稳定，鱼类继续生长，仍可加大投喂，日投喂量约占鱼类总体重的 2%～3%。冬季水温持续下降，鱼类食量日渐减少，但在晴好天气时，仍可少量投喂，以保持鱼体肥满度。

210. 不同季节投饵有什么要求？

冬春季节，水温低，鱼类的代谢缓慢，摄食量不大，但在冬春季节的晴好天气温度稍有回升时，也需要投给少量精饲料，使鱼不致落膘。此时，投喂一些糟麸类饵料较好，这些饵料易被鱼类消化，有利于刚开始摄食的鱼类吃食。初春，气候开始稳定升温后，要避免给刚开食的鱼类大量投饵，防止空腹鱼暴食而亡。特别是草鱼，易患肠炎，尤其要控制投饵。4 月中旬至 5 月上旬，是各种鱼病的高发期，必须控制投饵量，并保证饵料新鲜、适口、均匀。水温升至 25～30℃ 时，鱼类食欲大增，鱼病的危险期已过，要提高投喂量，力求使大部分草鱼在 6～9 月达到食用规格，轮捕上市。9 月上旬之后，水温 27～30℃，此时由于上半年大量投饵，使水质变浓，不利于草鱼等的生长，但这个季节螺蚬等数量多，是青鱼生长的良机，应抓住时机，尽量满足青鱼的吃食。9 月下旬之后，气候正常，鱼病减少，对各种鱼类都应加大投饲量，日夜摄食均无妨，以促进所有的养殖鱼类增重，这对提高产量非常有利。10 月下旬之后，水温逐渐回落，要控制投饵量，以求池鱼不落膘。一年中投饵的量，可用"早开食，晚停食，抓中间，带两头"来概括。

211. 池塘饲养食用鱼如何进行饲料投喂？

根据食用鱼的放养方式，投喂的饵料分为传统饲料和专用优质配合饲料两类，并且都以"四定"投饵法为基础。

（1）传统饲料的投饲方法 所谓传统饲料，是指各类农产品的饼

（粕）类、麸糠类、大麦等副产品或原粮和天然的螺、蚬类、野生禾本科陆草和水生草类或人工种植的青饲料（苏丹草、黑麦草、象草等）。

传统饲料适用于传统养鱼方式。定量，即是根据放养摄食性鱼类（草鱼、团头鲂、青鱼、鲤、鲫等）当时的放养或阶段性生长的体重，在生长旺季每天投喂传统精料占体重的8%左右，青饲料占草食性鱼类（草鱼、团头鲂）体重的30%～40%。因此，每半个月都要根据鱼体重增长参数调整饲料量。定质，即是新鲜，不发酵，不霉变，不腐烂。定时，即是每天9:00～10:00和15:00～16:00各喂鱼1次。定点，即是固定投在鱼池1～2处较为适中、安静水区。对于精饲料，需经泡软后投在水下斜坡上或浅水区，并且要求饲料相对集中成条状（包括螺、蚬类）；对于青饲料，则需投在用竹竿或木杆扎成的方框中。

利用传统饲料喂鱼，为了提高饲料的营养水平，降低饵料系数，应采用多种饲料原料交叉喂养或混合喂养，避免单一饲料喂鱼。

（2）专用优质配合饲料投喂方法　专用优质配合饲料，是指按某种鱼生长对各类营养素的需要量和各类饲料原料营养物质的含量进行科学搭配、组合、加工的配合饲料。

利用专用优质配合饲料喂鱼，多采用驯食法进行投喂，而且多采用投饵机进行投饲。在缺乏投饵机的地方，以人工投饵喂鱼。

212.　池塘水色是怎样形成的？

水色与所施肥料、浮游生物种群及其数量多少有关，养鱼的水大都要施肥，尤其主养花、白鲢的鱼塘。施化肥的池塘，其水色由开始时的黄褐色逐渐转为黄绿色，再转为嫩绿色，最后呈现蓝绿色。这是因为出现黄绿色时，浮游植物中的硅藻和绿藻比较多，之后，当鞭毛藻占优势时，水色出现嫩绿，最后蓝绿藻占优势，水色蓝绿。

施粪肥的，水色由黑褐色转为黄褐色，再变为茶褐色，最后呈现红褐色。同样道理，这是因为金黄藻及硅藻占优势，才出现黄褐色的缘故；当金黄藻衰退，隐藻、硅藻、甲藻占优势时，呈茶褐色；之后，裸藻及原生动物出现，而硅藻锐减时，水色便变为红褐色。

同样道理，施牛粪的鱼塘，水色为淡褐色；施猪粪的呈酱红色；施人粪的为深绿色；施鸡粪的为黄绿色。

213. 什么样的水色对养殖有利？

对养鱼有利的水色有两类：一类是绿色，包括黄绿、褐绿、油绿三种；另一类是褐色，包括黄褐、红褐、绿褐三种。这是因为这两类水体中的浮游生物数量多，鱼类容易吸收消化的也多。如果水色呈浅绿、暗绿或灰蓝色，只能反映浮游植物数量多，而不能说明其质量好，这种水一般列为瘦水，是养不好鱼的。如果水色呈乌黑、棕黑或铜绿色，甚至带有腥臭味，这是变坏的预兆，是老水或恶水，将会造成死鱼。

如果出现"水华"，则具有双重性。这种水反映水色肥，对鱼类可以提供容易消化吸收的浮游生物种类也多，这是有利的一面。但这种水质难以长期维持，经验不足的养鱼户很难掌握其规律。当天气变化时，藻类因缺氧而发生大量死亡时，水质便会迅速恶化变黑，甚至发臭，出现泛塘死鱼。

214. 什么是"肥、活、爽"的水质？

（1）肥　表示水中浮游生物量多，有机物与营养盐类丰富。

（2）活　表示水色经常在变化。水色有月变化和日变化（上、下午和上、下风处的变化）。表明浮游植物优势种交替出现，特别是鱼类容易消化的浮游植物数量多，质量好，出现频率高。

（3）爽　表示池水透明度适中（25～40厘米），水中溶氧条件好，水面洁净，无油膜、浮沫和泛泡等。

池塘养鱼的水质要求达到肥、活、爽，才是最优水质，其中，肥是关键。但肥而不活，肥而不爽，却不是优质水。因为浮游生物测定指数显示，水体中多数是鱼类不易消化的藻类种群，是老水。肉眼观察，这种水色一天内无变化。而肥中带活、肥中有爽的水，具有变化规律：一是上、下午有变化，表现为上午淡、下午浓，这符合藻类具趋光性活动的特点，即上午浮游植物少、下午多；二是上、下风处有变化，即上风处水色淡，下风处浓，这种水易生成水华，是优质水的标志，反之是瘦水或老水。

此外，还需用心观察 10 天至半个月的水色有否变化。如果进行着由浓转淡再转浓，或由淡转浓再转淡的变化，说明藻类在世代交替繁殖，是水质优良的标志，也是浮游植物世代交替中出现的必然结果。作为一名养鱼户，要善于培养好水质，利用好水质。只有管好一池水，才能养好一池鱼。

215. 为什么有增氧机的池塘还须加注新水？

经常及时地加水，是培育和控制优良水质必不可少的措施。对精养鱼池而言，加水有四个作用：

(1) 增加水深　增加了鱼类的活动空间，相对降低了鱼类的密度。池塘蓄水量增大，也稳定了水质。

(2) 增加了池水的透明度　加水后，使池塘水色变淡，透明度增大，使光透入水的深度增加，浮游植物光合作用水层（造氧水层）增大，整个池水溶氧增加。

(3) 降低藻类（特别是蓝藻、绿藻类）**分泌的抗生素**　这种抗生素可抑制其他藻类生长，将这种抗生素的浓度加水稀释，有利于容易消化的藻类生长繁殖。在生产上，老水型的水质往往在下大雷阵雨以后，水质转为肥水，就是这个道理。

(4) 直接增加水中溶解氧　使池水垂直、水平流转，解救或减轻鱼类浮头并增进食欲。

由此可见，加水有增氧机所不能取代的作用。在配置增氧机的鱼池中，仍应经常、及时地加注新水，以保持水质稳定。此外，在夏、秋高温季节，加水时间应选择晴天，在 14:00 以前进行。傍晚禁止加水，以免造成上、下水层提前对流，而引起鱼类浮头。

216. 鱼类浮头的原因是什么？

(1) 因上、下水层水温差产生急剧对流而引起的浮头 炎夏晴天，精养鱼池水质浓，白天上、下层溶氧差很大，至午后，上层水产生大量氧盈，下层水产生很多氧债，由于水的热阻力，上、下水层不易对流。傍晚以后，如下雷阵雨，或刮大风，致使表层水温急剧下降，产生密度流，使上、下水层急剧对流，上层溶氧较高的水迅速对流至下层，很快被下层水中的有机物所耗净，偿还氧债，致使整个池塘的溶氧迅速下降，造成缺氧浮头。

(2) 因光合作用弱而引起的浮头 夏季如遇连绵阴雨或大雾，光照条件差，浮游植物光合作用强度弱，水中溶氧的补给少，而池中各种生物呼吸和有机物质分解都不断地消耗氧气，以致水中溶氧供不应求，引起鱼类浮头。

(3) 因水质过浓或水质败坏而引起的浮头 夏季久晴未雨，池水温度高，加以大量投饵，水质肥，耗氧大。由于水的透明度小，增氧水层浅，耗氧水层高，水中溶氧供不应求，就容易引起鱼类浮头。这种水质，如不及时加注新水，水色将会转为黑色。此时，极易造成水中浮游生物因缺氧而全部死亡，水色转清并伴有恶臭（俗称臭清水），则往往造成泛池死鱼事故。

(4) 因浮游动物大量繁殖而引起的浮头 春季轮虫或水溞大量繁殖形成水华（轮虫为乳白色，水溞为橘红色），它们大量滤食浮游植物，当水中浮游植物滤食完后，池水清晰见底（渔民称"倒水"），池水溶氧的补给只能依靠空气溶解，而浮游动物的耗氧大大增加，溶氧远远不能满足水生动物耗氧的需要，引起鱼类浮头。

217. 怎样预测浮头？

鱼类浮头必有原因，也必然会产生某些现象，根据这些预兆，可事先做好预测预报工作。鱼类发生浮头前，可根据四个方面的现象来预测。

(1) 根据天气预报或当天天气情况进行预测 如夏季晴天傍晚下

雷阵雨，使池塘表层水温急剧下降，引起池塘上、下水层急速对流，上层溶氧高的水对流至下层，很快被下层水中的有机物所耗净，而引起严重浮头。

夏、秋季节晴天白天吹南风，夜间吹北风，造成夜间气温下降速度快，俗称"南撞北"，引起上、下水层迅速对流，容易引起浮头。或夜间风力较大，气温下降速度快，上、下水层对流加快，也易引起浮头。连绵阴雨，光照条件差，风力小、气压低，浮游植物光合作用减弱，以致水中溶氧供不应求，容易引起浮头。此外，久晴未雨，池水温度高，加上大量投饵，水质肥，一旦天气转阴，就容易引起浮头。

(2) 根据季节和水温的变化进行预测　如江浙地区 4～5 月水温逐渐升高，水质转浓，池水耗氧增大，鱼类对缺氧环境尚未完全适应。因此，天气稍有变化，清晨鱼类就会集中在水上层游动，可看到水面有阵阵水花，俗称暗浮头。这是池鱼第一次浮头，由于其体质娇嫩，对低氧环境的忍耐力弱，此时必须采取增氧措施，否则容易死鱼。在梅雨季节，由于光照强度弱，而水温较高，浮游植物造氧少，加以气压低、风力小，往往引起鱼类严重浮头。又如，从夏天到秋天的季节转换时期，气温变化剧烈，多雷阵雨天气，鱼类容易浮头。

(3) 观察水色进行预测　池塘水色浓，透明度小，或产生"水华"现象。如遇天气变化，容易造成池水浮游植物大量死亡，水中耗氧大增，引起鱼类浮头泛池。

(4) 检查鱼类吃食情况进行预测　经常检查食场，当发现饲料在规定时间内没有吃完，而又没有发现鱼病，那就说明池塘溶氧条件差，第二天清晨鱼要浮头。

218. 怎样防止浮头？

发现鱼类有浮头预兆，可采取以下方法预防：

（1）在夏季，如果气象预报傍晚有雷阵雨，则可在晴天中午开增氧机。将溶氧高的上层水送至下层，事先降低下层水的耗氧量，及时偿还氧债。这样，到傍晚下雷阵雨引起上、下水层急剧对流时，因下层水的氧债小，溶氧就不致急剧下降。

（2）如果天气连绵阴雨，则应根据浮头预测技术，在鱼类浮头之前开动增氧机，改善溶氧条件，防止鱼类浮头。

（3）如发现水质过浓，应及时加注新水，以增大透明度，改善水质，增加溶氧。

（4）估计鱼类可能浮头时，根据具体情况，控制吃食量。鱼类在饱食情况下，其基础代谢高，耗氧大，更容易浮头（曾发现草鱼在吃饱草的情况下，比其他鱼先浮头，此时池水溶氧为 1.55 毫克/升）。如预测是轻浮头，饵料应在傍晚前吃净，不吃夜食。如天气不正常，预测会发生严重浮头，应立即停止投饵，已经投下去的草必须捞出，并及时注水。

219. 发生浮头时应如何解救？

发生浮头时，应及时采取增氧措施。如增氧机或水泵不足，可根据各池鱼类浮头情况区分轻重缓急，先用于重浮头的池塘（但暗浮头时，必须及时开动增氧机或加注新水）。从开始浮头到严重浮头这段时间与当时的水温有关，水温低，则这段时间长一些，反之则短些。一般水温在 22～26℃ 时开始浮头后，可拖延几小时增氧还不会发生危险。水温在 26～30℃ 开始浮头，1 小时内应立即采取增氧措施；否则，青鱼、草鱼已分散到池边，此时再行冲水或开增氧机，鱼不易集中在水流处，就容易引起死鱼。

浮头后开机、开泵，只能使局部范围内的池水有较高的溶氧，此时，开动增氧机或水泵加水，主要起集鱼、救鱼的作用。因此，水泵加水时，应使水流成股与水面平行冲出，使水流冲得越远越好，以便尽快把浮头鱼引集到这一路溶氧较高的新水中，以避免死鱼。在抢救浮头时，切勿中途停机、停泵，否则反而会加速浮头死鱼。一般开增氧机或水泵冲水，需待日出后方能停机、停泵。

发生严重浮头或泛池时，也可用化学增氧方法，其增氧救鱼效果迅速。具体药物可采用复方增氧剂，其主要成分为过碳酸钠和沸石粉，含有效氧为 12%～13%。使用方法以局部水面为好，将该药粉直接撒在鱼类浮头最严重的水面，浓度为 30～40 毫克/升，每次用量每亩为 46 千克，一般 30 分钟后就可以平息浮头，有效时间可保持 6 小时。但该药物需注意保存，防止潮解失效。

220. 如何观察浮头和衡量鱼类浮头轻重？

观察鱼类浮头，通常在夜间巡塘时进行。其办法是：①在池塘上风处用手电光照射水面，观察鱼是否受惊。在夜间池塘上风处的溶氧比下风高，因此，鱼类开始浮头（俗称起口）总是在上风处。用手电光照射水面，如上风处鱼受惊，则表示鱼已开始浮头；如只发现下风处鱼受惊，则说明鱼正在下风处吃食，不会浮头。②用手电光照射池边，观察是否有螺蛳、小杂鱼或虾类浮到池边。由于它们对氧环境较敏感，如发现它们浮在池边水面，螺蛳有一半露出水面，标志着池水已缺氧，鱼类已开始浮头。③对着月光或手电光观察水面是否有浮头水花，或静听是否有"吧咕、吧咕"的浮头声音。

鱼类发生了浮头，还要判断浮头的轻重缓急，以便采取措施加以解救。判断浮头轻重，可根据鱼类浮头起口的时间、地点、浮头面积大小、浮头鱼的种类和鱼类浮头动态等情况来判别。鱼类浮头轻重判断方法见表 5-1。

表 5-1　鱼类浮头轻重判断

时　间	池内位置	鱼类动态	浮头程度
早上	中央/上风	鱼在水上层游动，可见阵阵水花	暗浮头
黎明	中央/上风	罗非鱼、团头鲂、野杂鱼池边浮头	轻
黎明前后	中央/上风	罗非鱼、团头鲂、鲢、鳙浮头，稍受惊动即下沉	一般
2:00～3:00	中央/上风	罗非鱼、团头鲂、鲢、鳙、草鱼、青鱼浮头，稍受惊动即下沉	较重
午夜	由中央扩大到岸边	罗非鱼、团头鲂、鲢、鳙、草鱼、青鱼、鲫浮头，受惊不下沉；草鱼、青鱼体色未变	重
午夜至前半夜		全池浮头，呼吸急促，游动无力，青鱼体色发白，草鱼体色发黄，开始死亡	泛池

221. 发生鱼类泛池时应如何处置？

（1）当发生泛池时，属于圆筒体形的青鱼、草鱼、鲤，大多搁在池边浅滩处；属于侧扁体形的鲢、鳙、团头鲂，浮头已十分乏力，鱼体与水面的角度由浮头开始时 15°～20° 变为 45°～60°，此时切勿使鱼受惊，否则受惊后一经挣扎，浮头鱼即冲向池中而死于池底。因此，池边严禁喧哗，人不要走近池边，也不必去捞取死鱼，以防浮头鱼受惊死亡。只有待开机、开泵后，才能捞取个别即将死亡的鱼，可将它们放在溶氧较高的清水中抢救。

（2）通常池鱼窒息死亡后，浮在水面的时间不长，即沉于池底。如池鱼窒息时挣扎死亡，往往未经浮于水面，而直接沉于池底。此时，沉在池底的鱼尚未变质，仍可食用。隔了一段时间（水温低时约一昼夜后，水温高时 10～12 小时）后，死鱼再度上浮，此时鱼已腐烂变质，无法食用。根据渔民经验，泛池后一般捞到的死鱼数仅为整个死鱼数的一半左右，即还有一半死鱼已沉于池底。为此，应待浮头停止后，及时拉网捞取死鱼或人下水摸取死鱼。

（3）渔场发生泛池时，应立即组织两支队伍：一部分人专门负责增氧、救鱼和捞取死鱼等工作；另一部分人负责鱼货销售，准备好交通工具等，及时将鱼货处理好，以挽回一部分损失。

222. 增氧机主要有哪些类型？

增氧机产品类型比较多，其特性和工作原理也各不相同，增氧效果差别较大，适用范围也不尽相同。

（1）叶轮式增氧机 具有增氧、搅水、曝气等综合作用，是目前采用最多的增氧机。其增氧能力、动力效率均优于其他机型，但是运转噪声较大，一般用于水深 1 米以上的大面积的池塘养殖。

（2）水车式增氧机 具有良好的增氧及促进水体流动的效果，适用于淤泥较深、面积的池塘使用。

（3）射流式增氧机 其增氧动力效率超过水车式、充气式、喷水式等形式的增氧机，其结构简单，能形成水流，搅拌水体。射流式增氧机能使水体平缓地增氧，不损伤鱼体，适合鱼苗池增氧使用。

(4) 喷水式增氧机 具有良好的增氧功能，可在短时间内迅速提高表层水体的溶氧量，同时还有艺术观赏效果，适用于园林或旅游区养鱼池使用。

(5) 充气式增氧机 水越深效果越好，适合于深水水体中使用。

(6) 吸入式增氧机 通过负压吸气把空气送入水中，并与水形成涡流混合把水向前推进，因而混合力强。它对下层水的增氧能力比叶轮式增氧机强，对上层水的增氧能力稍逊于叶轮式增氧机。

(7) 涡流式增氧机 主要用于北方冰下水体增氧，增氧效率高。

(8) 增氧泵 因其轻便、易操作及单一的增氧功能，故一般适合水深在0.7米以下、面积较小的鱼苗培育池或温室养殖池中使用。

223. 怎样合理使用增氧机?

增氧机一定要在安全的情况下运行，并结合池塘中鱼的放养密度、生长季节、池塘的水质条件、天气变化情况、增氧机负荷等因素来确定运行时间，做到起作用而不浪费。正确掌握开机的时间，需做到"六开三不开"。

"六开"：晴天时午后开机；阴天时翌日清晨开机；阴雨连绵时半夜开机；下暴雨时上半夜开机；温差大时及时开机；特殊情况下随时开机。

"三不开"：早上日出后不开机；傍晚不开机；阴雨天白天不开机。

增氧机的运转时间，一般半夜开机的时间长，要持续到日出之后才能停机；中午开机时间短；施肥、天气炎热、水面大或增氧机负荷的水面大则开机时间要长，反之则开机时间短。

合理使用增氧机后，在生产上有以下作用：充分利用水体；预防浮头；解救浮头，防止泛池；可加速池塘物质循环；稳定水质；可增加鱼种放养密度和增加投饵施肥量，从而提高产量；有利于防治鱼病等。据试验，在相似的条件下，使用增氧机的池塘比未使用增氧机的对照池，净产增长 14% 左右。

224. 池塘日常管理工作有哪些？

（1）经常巡视池塘，观察鱼类动态：每天早、中、晚巡塘三次。黎明是一天中溶氧最低的时候，要检查鱼类有无浮头现象。如发现浮头，须及时采取相应措施。14:00～15:00 是一天中水温最高的时候，应观察鱼的活动和吃食情况。傍晚巡塘主要是检查全天吃食情况和有无残剩饵料，有无浮头预兆。酷暑季节，天气突变时，鱼类易发生严重浮头，还应在半夜前后巡塘，以便及时采取措施制止严重浮头，防止泛池事故。

（2）做好鱼池清洁卫生工作：池内残草、污物应随时捞去，清除池边杂草，保持良好的池塘环境。如发现死鱼，应检查死亡原因，并及时捞出。死鱼不能乱丢，以免病原扩散。

（3）根据天气、水温、季节、水质、鱼类生长和吃食情况确定投饵、施肥的种类和数量，及时做好鱼病防治工作。

（4）掌握好池水的注排，保持适当的水位，做好防旱、防涝和防逃工作。

225. 怎样做好池塘管理记录？

每口鱼池都有养鱼日记，以便统计分析，及时调整养殖措施，并为以后制订生产计划、改进养殖方法打下扎实的基础。养殖生产过程应有完善的生产记录，以便追溯和总结，一般应包括以下内容：每个池塘面积、水深、水质；放养品种的规格、数量、生长、转池和捕捞；投饵、施肥、用药、病害、日常管理等。生产记录表：表式统一制订，生产记录员应及时、准确记录，定期汇总归档，并接受监督检查。

226. 怎样进行鱼类池塘越冬？

每年秋末、冬初水温在 6～15℃ 时，是鱼种并塘越冬时期，越冬前需要做好相关各项准备。首先，要选择水源好、保水性强、水较深（2米左右）的池塘作为越冬池，并加以清整，水质具有一定肥度；其次，对需要越冬的鱼类进行拉网、锻炼鱼体，同时掌握鱼种品种、规格和数量，做好越冬安排。

越冬放鱼密度每亩为400～500千克。为了便于出塘销售和放养，将同种鱼、同种规格范围的鱼并在一起。

为了安全越冬，仍需要一定的饲养与管理。在我国南方，冬季不十分寒冷，不结冰或仅局部薄冰。当晴天暖和时，在背风、向阳的深水区，不定期投放少量精料或少量猪粪，以供越冬鱼种随时摄食，保持体质，并于局部放些树枝，盖上杂草，以避风浪和敌害（鸥鸟）；在我国北方，冬季严寒，结冰期长，冰雪较厚，需要打一定数量冰眼，以便观察鱼的动态和水质状况，并要局部扫雪，提高冰下透光度。一旦发现鱼池渗漏，水位下降，或鱼浮头，应及时补水。如果水质太瘦、缺氧，需在冰眼处挂施（袋）适量化肥（氮肥和磷肥），培植冰下浮游植物，增加水体溶氧；如果冰下浮游动物太多，则每立方米水体需用0.5克晶体敌百虫或其他杀虫剂杀虫。

越冬管理不可缺少。在正常情况下，不必大动水体干扰鱼种越冬，但必须掌握情况，发现问题及时采取对策，并注意防鸟害。

227. 冬季如何预防鱼类缺氧?

冬季，池塘的鱼类虽然摄食活动量减少，但仍需要一定的溶氧来维持缓慢呼吸。池塘中的溶解氧，主要来源于浮游植物光合作用和空气中的氧气直接溶解到水中。然而，在寒冷的冬季，池塘水面一旦结冰，空气中的氧气就不能溶于鱼塘中。当遇到大雪覆盖于冰面，阳光就不能直接照射入池塘水中，水中的绿色植物便不能进行光合作用而产生氧。而且，鱼在冬季大多数都集聚在水底，若在水质差、鱼体弱、管理不善等情况下，便易引起鱼类缺氧而窒息死亡。

(1) 扫除积雪 在冬季的冰封期间，若遇上下雪天气，要及时扫除鱼塘水面上的积雪，使阳光照射到鱼塘水中，保证鱼塘水中绿色植物光合作用正常进行，及时释放出氧气。

（2）**破冰充氧** 水面被冰封后，要在每天的早上和晚上砸开冰面，一般每亩鱼塘要砸开 $5\sim6$ 米^2 的冰眼，同时，要把砸碎的冰块捞出，以免再次迅速结冰。

（3）**加换新水** 鱼在越冬期间除保持最高水位增氧保暖外，还应定期注入新水，改善鱼类生活环境，增加溶氧，一般每 20 天注水 1 次。若池塘水质差，出现老化现象，应把池中的老水和有害物质及时排出，每次换水量为原池水的 1/3，然后再及时注入新水。

（4）**适当施肥** 当鱼塘中水质清瘦时，可在晴天的中午施入一定的无机肥，既可促进水中浮游植物的生长和保暖，又可通过光合作用来增加水中溶氧。

228. 怎样减少越冬鱼类的死亡？

越冬期间鱼类死亡的主要原因有：一是越冬鱼池和越冬鱼体没有严格清塘消毒，使大量的病原体带入越冬水体；二是越冬鱼类肥满度过低，体质虚弱，抗病力差；三是鱼体损伤严重；四是越冬鱼密度过大。针对这些原因，可采取以下措施：

（1）对准备越冬鱼一定要加强秋季培育，饲料结构中应多加些能量饲料的比例，提高鱼的肥满度。放养时，密度最好不超过每立方米水体 2 千克。

（2）越冬池放鱼前，每亩用生石灰 100 千克进行干法清塘，杀灭病原体及野杂鱼类。

（3）越冬鱼在越冬前要进行拉网锻炼，捕捞时操作要细心，不伤鱼体。越冬鱼在进越冬池前，要进行鱼体消毒。

（4）发现鱼病及时治疗。施药时如在冰封期可多打些冰眼挂袋，没冰时可全池泼洒。

229. 鱼类越冬末期怎样管理？

越冬池开化后由于温度的回升，鱼类活动增加，升温加剧，越冬池水因鱼的密度大，水中有机质含量多而极易变坏。所以，早春开化后尽快分池，把越冬鱼放养到环境好、密度适宜的养殖池中进行正常喂养，是减少春天死鱼的最根本措施。

防止春季气泡病：越冬末期尤以立春后最为明显，池水浮游植物量往往达到高峰，池水透明度降低到 10～20 厘米，溶氧经常达到过饱和（20 毫克/升），很容易使鱼得气泡病。采取下列措施预防：①加注清水；②搅水曝气，在自然解冻前夕，增加增氧机使用时间，可使冰提前融化 7～10 天；③鱼患气泡病时每亩使用食盐 5～10 千克泼洒治疗。

开化后必须做好以下管理工作：①及时清除漂于水面的死鱼和杂物；②每亩用 35 千克生石灰全池泼洒调节水质，沉淀有机物，降低混浊度；③几天后用漂白粉使池水呈 1.0 毫克/升浓度，全池泼洒，杀灭病原体；④适当投喂蛋白质含量较高的饲料；⑤尽快清整好鱼池，及时分池。

$230.$ 高温季节捕鱼应注意什么？

在天气炎热的夏、秋季捕鱼，水温高，鱼的活动能力强，捕捞较困难，加上鱼类耗氧量增大，不能忍耐较长时间密集，而捕在网内的鱼大部分要回池，如在网内停留时间过长，很容易受到伤害或缺氧死亡。因此，夏、秋季水温高时，捕鱼需操作细致、熟练、轻快。捕捞前数天，要根据天气适当控制投饵和施肥量，以确保捕捞时水质良好。捕捞时间要求在水温较低、池水溶氧较高时进行，一般多在半夜、黎明或早晨捕捞。如果鱼池有浮头征兆或正在浮头，严禁拉网捕鱼。傍晚不能拉网，以免引起上下水层提早对流，加速池水溶氧消耗，造成鱼池浮头。捕捞后，鱼体分泌大量黏液，同时池水混浊，耗氧增加，需立即加注新水或开增氧机，使鱼有一段顶水时间，以冲洗鱼体过多黏液，增加水体溶解氧，防止浮头。在白天水温高时捕鱼，一般需加水或开增氧机 2 小时左右；在夜间捕鱼，加水或开增氧机一般到日出后才能停止。

六、养殖方式

231. 混养的优点有哪些?

混养是根据鱼类的生物学特点（栖息习性、食性、生活习性等），充分运用它们相互有利的一面，尽可能地限制和缩小它们有矛盾的一面，让不同种类和同种异龄鱼类在同一空间和时间内一起生活和生长，从而发挥池塘的生产潜力。混养的优点如下：

(1) 可以充分合理地利用养殖水体与饵料资源 我国目前养殖的食用鱼，其栖息生活的水层有所不同。鲢、鳙生活在水体的上层，草鱼、团头鲂生活在水体的中下层，而青鱼、鲤、鲫则生活在水体的底层。将这些鱼类按照一定比例组合在一起，同池养殖，就能充分利用养殖水体空间，充分发挥池塘养鱼的生产潜力。我国池塘养鱼使用的饵料，既有浮游生物、底栖生物和各种水旱草，还有人工投喂的谷物饲料和各种动物性饵料。这些饵料投下池后，主要被青鱼、草鱼、鲤所摄食，而碎屑及颗粒较小的饵料又可被团头鲂、鲫以及多种幼鱼所摄食，而鱼类粪便又可培养大量浮游生物，供鲢、鳙摄食。因此，混养池饵料的利用率较高。

(2) 可以充分发挥养殖鱼类共生互利的优势 我国的常规养殖鱼类多数都具有共生互利的作用。如青鱼、草鱼、鲂、鲤等吃剩的残饵和排泄的粪便，可以培养大量浮游生物，使水质变肥。而鲢、鳙则以浮游生物为食，控制水体中浮游生物的数量，又改善了水质条件，可促进青鱼、草鱼、鲂、鲤鱼生长。而鲤、鲫、罗非鱼等，不仅可充分利用池中的饵料，而且通过它们的觅食活动，翻动底泥和搅动水层，可起到增加溶氧的作用，促进池底有机物的分解和营养盐类的循环作用。

232. 怎样确定主养鱼类和配养鱼类?

确定主养鱼和配养鱼,应考虑以下因素:一是市场要求。根据当地市场对各种养殖鱼类的需求量、价格和供应时间,为市场提供适销对路的鱼货。二是饵肥料来源。如草类资源丰富的地区,可考虑以草食性鱼类为主养鱼;螺、蚬类资源较多的地区,可考虑以青鱼为主养鱼;精饲料充足的地区,则可根据当地消费习惯,以鲤或鲫或青鱼为主养鱼;肥料容易解决的,可考虑以滤食性鱼类(如鲢、鳙)或食腐屑性鱼类(如罗非鱼、鲮等)为主养鱼。三是池塘条件。池塘面积较大、水质肥沃、天然饵料丰富的池塘,可采用以鲢、鳙为主养鱼;新建的池塘,水质清瘦,可采用以草鱼、团头鲂为主养鱼;池水较深的塘,可以青鱼、鲤为主养鱼。四是鱼种来源。只有鱼种供应充足,而且价格适宜,才能作为养殖对象。此外,沿海如鳗鲡、鲻、梭鱼鱼苗资源丰富,可考虑将它们作为主养鱼或配养鱼。如罗非鱼苗种供应充足,也可将罗非鱼作为主养鱼或配养鱼。

233. 大宗淡水鱼常见的混养模式有哪些?

根据大宗淡水鱼生物学与池塘生态学的原理,鱼种放养是以1～2个品种为主养的多品种、多规格的混养方式。同时,根据不同条件控制放养密度。因此,放养方式多种多样。

(1)以鲢、鳙为主养的混养模式　在这种混养模式中,通过施肥培养浮游生物,主养鲢、鳙,投喂青饲料养殖草鱼,少量搭配鲤、鲫,以充分利用池塘中的各种饵料。该混养方式滤食性鱼类的放养量和预计产量均占60%～70%,增肉倍数为5左右。这种方式适用于肥料来源丰富和水质易肥的水体。其中,鲢、鳙比例在江、浙地区为4∶1,湖南为3∶1。广东则以鳙为主,鲢为辅(表6-1)。

表 6-1　以鲢、鳙为主的鱼池亩放养与收获情况

种类	第一批放养量			轮放总量（5～8 月）			收获量（千克）	
	规格 （千克）	尾数	重量 （千克）	规格 （千克）	尾数	重量 （千克）	毛产量	净产量
鲢	0.20	301	61.15	0.07	197（162）*	14.75	310.5	234.6
鳙	0.24	96	22.70	0.04	91（47）*	3.90	92.3	65.7
草鱼	0.12	87	10.15	—	—	—	55.4	45.25
鲤	0.09	49	4.20	—	—	—	21.3	17.1
银鲴	—		8.00	—	—	—	68.5	60.5
鲫	—		0.45	—	—	—	10.7	10.25
总计	—	533	106.65	—	—	—	558.7	433.4

　*　括号内数字为最后轮放（套养）的当年鱼种，培养成供翌年放养的大规格鱼种。

　（2）以青鱼、草鱼为主的混养模式　在该模式中，主养鱼青鱼、草鱼的放养量相近，占总放养量的 45%，鲢、鳙放养量也较大，占 40%。青鱼、草鱼放养 1～3 龄的鱼种，分别养成食用鱼和大规格鱼种，同时，轮放套养的 1 龄鲢、鳙、鲤夏花，为翌年成鱼放养提供鱼种（表 6-2）。

表 6-2　以青鱼、草鱼为主的鱼池亩放养和收获情况

种类	放养量			收获量（千克）	
	规格	尾数	重量（千克）	毛产量	净产量
草鱼	0.73 千克	41	30	117.2	72.2
	0.2 千克	69	14		
	13 厘米以上	43	1		
青鱼	1.45 千克	22	32	112.5	71.0
	0.19 千克	34	6.5		
	13 厘米以上	131	3		
鲢	0.3 千克	120	36	283.4	222.9
	0.13 千克	178	23.1		
	0.09 千克	150*	1.4		
鳙	0.18 千克	76	13.7		
	3 厘米	100*	—		

（续）

种类	放养量			收获量（千克）	
	规格	尾数	重量（千克）	毛产量	净产量
团头鲂	12厘米以上	455	13.8	73.8	60.0
鲤	13厘米以上	100	6.3	52.6	46.3
	3厘米	100*	—		
鲫	7厘米	—	5.5	29.8	24.3
罗非鱼	2厘米	1 000~15 000		79.5	79.5
野杂鱼	—			15.5	15.5
总　计	—	1 619**（此应为一概数）	186.3	764.3	591.7

　　＊　鲢150尾7月底轮放，鳙夏花100尾7月底套养，鲤夏花100尾6月底套养；
　　＊＊　放养总尾数1 619尾，不包括鲫和罗非鱼在内。

（3）以草食性鱼为主的混养模式　本模式通过投喂青饲料，主养草鱼和鳊、鲂，以草食性鱼的粪便带动鲢、鳙和鲤、鲫鱼的产量。年初一次放养两种不同规格的鲢、鳙鱼种供轮捕，不再轮放鱼种，仅套养少量夏花，为翌年培养大规格鱼种。鲤、鲫二年养成商品鱼，放养模式见表6-3。

表6-3　以草食性鱼为主的鱼池亩放养和收获情况

种类	放养量			收获量	
	规格	尾数	重量（千克）	规格（千克）	产量（千克）
草鱼	0.5千克左右	80	40	1.5	100
	0.2~0.25千克	40	9		
鲢	13~15厘米	160	9	0.5~0.6	100
	0.2~0.25千克	20	4.5		
鳙	13~15厘米	60	3.5	0.5~0.6	30
团头鲂	8~10厘米	300	2.5	0.15	45
鲤	17厘米	50	3	0.7	35
鲫	3厘米	300	1	0.05以上	15
鲢（鳙）	6厘米	50	0.2	0.1	5
总　计		1 060	72.7	—	330（净产257.3）

（4）**以青鱼为主的混养模式**　以青鱼为主养鱼的混养模式，仅适用于螺、蚬资源丰富的地区。在螺、蚬供应不足时，则应减少青鱼的放养量，增加草鱼的放养量。同时，应搭配放养鲢、鲫和鲤、鲫，以较低的放养密度，使鲢、鳙、鲤、鲫当年达到上市规格。放养模式见表6-4。

表6-4　以青鱼为主的食用鱼池亩放养和收获情况

种类	放养量			收获量（千克）	
	规格	尾数	重量（千克）	毛产量	净产量
青鱼	1.4千克	17	23.8	183.2	159.4
	0.25千克	61	15.2		
鲢	0.05~0.1千克	389	27.4	178.3	150.9
鳙	0.07千克	74	5.3		
草鱼	0.53千克	58	30.7	72.5	41.8
团头鲂	12厘米	273	3.9	62.6	58.7
鲤	13厘米	183	4.6	49.2	44.6
鲫	15厘米	69	0.6	4.6	4.0
野杂鱼			111.5	18.3	18.3
总　计		1 124		568.7	477.7

（5）**以鲤为主的混养模式**　我国不少地区群众喜食鲤，而且鲤苗种容易解决，以鲤为主的混养模式，在一些地区相当普遍。在鲤为主的混养模式中，通过施肥和投喂精饲料，可以获得较高的产量。在放养中常适当增加鲢、鳙放养量，以充分利用池中浮游生物，取得较高的产量和较好的效益。放养情况见表6-5。

表6-5　以鲤为主的食用鱼池亩放养和收获情况

种类	放养量			收获量（千克）		
	规格（克）	尾数	重量（千克）	食用鱼	大鱼种	净产量
鲤	1龄，20	166	3.32	203.2	56.5	243.7
	2龄，52	244	12.69			
草鱼	1龄，10	50	0.50	40.8	23.1	58
	2龄，200	27	5.4			

（续）

种类	放养量			收获量（千克）		
	规格（克）	尾数	重量（千克）	食用鱼	大鱼种	净产量
鲢、鳙	10	17	0.17	7.5	—	7.3
鲫	50	50	2.50	22.5	—	20
总计		554	24.58	274	79.6	329

在实际生产中，必须根据各种养殖鱼类的食性、生长特点、饵料、饲料来源、池塘条件、生产单位的经济实力和当地的水产品消费习惯等，来确定合理的混养模式，主养鱼、配养鱼的品种及其比例。在经济水平较落后的地区，应考虑尽可能利用当地的资源，如肥料来源充足，则应考虑以鲢、鳙、罗非鱼等为主养鱼；在水草和青饲料资源丰富的地区，应考虑以草鱼（或草鱼与鲢）及团头鲂为主养鱼；在螺、蚬资源丰富的地区，则应考虑以青鱼或青鱼和鲤为主养鱼。在经济条件较好、商品饲料充裕的地区，则应主要考虑当地的消费习惯和养殖的经济效益，多以青鱼或草鱼、团头鲂或鲤为主养鱼。

（6）以鲫为主养鱼的集约化放养模式　该放养模式中，鲫的放养量占60%～70%，搭配混养鲢、鳙。一般每亩放养尾重50～100克鲫1 500～2 000尾，搭养50～100克鲢300尾，鳙100尾。预计鱼产量达500～600千克。

（7）以团头鲂为主养鱼的集约化放养模式　该放养模式中，团头鲂放养量占60%～70%，搭养鲢、鳙。一般每亩放养尾重50～100克团头鲂1 500尾左右，搭养50～100克鲢30尾，鳙100尾。预计鱼产量可达700～800千克。

234. 如何在成鱼池中混养鳜？

在传统的成鱼养殖中，鳜被视为敌害鱼类，需从鱼池中清除。随着人民生活水平的提高和池塘养殖的发展，池塘混养鳜已成为提高成鱼养殖效益的重要措施。目前，生产中成鱼池混养鳜主要有两种类型：

（1）**以吃食性鱼类为主的成鱼池混养鳜** 池塘面积/亩以上，适宜面积为 5～20 亩，以 10～20 亩为最适，水深 2～3 米，有完善的进、排水设备。

一般 5 月底或 6 月初投放夏花鳜鱼种，放养密度视池中野杂鱼的数量、规格而定，一般 50～80 尾/亩。经 5～6 个月的生长，年终体重可达 350 克/尾，成活率约 40%，商品鳜产量可达 7～12 千克/米^2。

也可以在 6 月中旬至 7 月上旬放养当年大规格鳜鱼种，鱼种长 10～13 厘米、体重 30～50 克，一般每亩放养 15～25 尾。经 4～5 个月生长，年终可达 550 克/尾，成活率 60%～80%，商品鳜产量 6～11 千克/亩。还可以随家鱼种的冬、春放养，投放 1 龄鳜鱼种，同时，混养一部分鲤、鲫鱼种，不仅可供鳜鱼种摄食，而且还可在池内繁殖仔鱼。3、4 月，再补放一定数量的罗非鱼越冬小个体作鳜鱼种的补充饵料源。1 龄鳜鱼种放养密度可大些，一般 100～150 尾/亩，因混养的 1 龄鳜鱼种密度大，应定期检查鳜的摄食和生长情况。经过约一年的饲养，100～150 克的鳜鱼种可达 700 克左右，成活率达 90%，商品鳜高达 60～90 千克/亩。

（2）**以滤食性鱼类为主的成鱼塘混养鳜** 池塘面积 5 亩以上，最好在 10～15 亩，水深 2.5～3 米，要求配备增氧机。这种混养方式的关键在于防止鳜缺氧浮头，要经常加注新水和定时开启增氧机。

投放夏花鳜鱼种养成商品鳜，与吃食性鱼类为主的池塘相比，放养密度小些，一般 40～60 尾/亩，5 月底、6 月初放养，年底可长至 300 克左右，成活率约 40%，每亩产商品鳜 4～7 千克。

投放大规格鳜鱼种养成商品鳜，放养密度 10～20 尾/亩，在不缺氧浮头的状况下，经 4～5 个月生长，年终可达 500 克/尾，成活率 50%～70%，每亩产商品鳜 3～7 千克。

放养 100～150 克/尾的 1 龄鳜鱼种时，放养时间与家鱼种同步，冬投或春放，其管理同吃食性鱼类为主的混养塘，但放养密度小些，一般 50～100 尾/亩。如果管理得当，每亩可收获商品鳜 25～55 千克。

235. 如何对多品种混养鱼池进行施肥？

食用鱼池施肥方法无论以哪种鱼主养，因是多品种、多规格混养，所以，各食用鱼池在越冬或开春后施基肥（有机肥）应是一样的，即通过施基肥培肥水质，有大量浮游生物，以供滤食性鱼类和小规格其他鱼类摄取天然饵料。同时，水体中具有一定的浮游植物含量，其光合作用为水体增氧也是不可缺少的。

对于以滤食性鱼类（鲢、鳙）为主养，则需要观察水质变化，定期追肥，保持丰富的天然浮游生物，以提供正常生长必需的饵料生物。

根据池塘营养盐类、浮游生物周年变化规律，各种肥料的特性和预防病害要求，科学地对池塘施用肥料尤为重要。

为此，池塘施基肥和春、秋两季施肥，适合以粪肥和绿肥等有机肥为主；春夏之交，夏季和夏秋之交，适合以施氮、磷等无机肥为主，实行两类肥料的交替施用。

236. 什么是多级轮养？

多级轮养，就是采取多个鱼池联合养殖、不断分池减低密度的方法，调整水体载鱼量，使鱼群密度始终保持在正常生长范围内，达到充分利用水体、提高养殖产量和效益的目的。根据鱼种规格的大小及食用鱼的不同饲育阶段，按不同规格和密度分池养殖，进行分阶段混养或单养。将鱼池人为地分成鱼苗池、鱼种池和食用鱼池等几级，每一池塘为一级，专养一定规格的鱼，饲养一段时期后，达到一定规格后分疏到另外的池塘；当食用鱼池的鱼一次性出池后，其他各级池里的鱼依次筛出大规格转塘升级。采用定期拉网分池、逐步稀疏的方法，不断调整载鱼量，这样做不至由于高贮量抑制池鱼的生长，也不像轮捕时易伤鱼，操作简便，这一形式非常适合城镇近郊养鱼采用。及时分池、控制密度，这是多级轮养、增产增收的技术核心。

237. 多级轮养应注意什么？

多级轮养的劳动强度大，经常分疏所需的劳动力较多。一般所有池塘每隔 30~40 天，都被拉网分疏一次。

池塘要配套，总体养殖面积较大。合理安排池塘养殖不同规格的鱼种，选择面积小的池塘作为鱼苗、鱼种培育池，选择面积大的池塘作为成鱼养殖池。如池塘分五级轮养的面积大概分配比例为：鱼苗池 2%，鱼种池 4%，大鱼种池 10%，半大鱼池 22%，成鱼池 62%。如果面积小的池塘不够，可以用网片围住塘角培育鱼苗。

多级轮养的养殖品种要易拉网捕捞，如鳊、草鱼、罗非鱼、加州鲈；不宜选择难捕的底层鱼类（鲫、鲮、鳜等），这类鱼一般作为一次放足，而在干池清塘前捕捉。

要注意防病治病。经常拉网捕鱼搅拌池底，容易引起鱼病的发生，特别是暴发性鱼病。因此，捕鱼后要注意进行药物消毒。以草鱼为主五级轮养的放养情况见表 6-6。

表 6-6　以草鱼为主五级轮养的放养情况

鱼池	放养规格	放养密度（尾/亩）	饲养天数	收获规格
一级（鱼苗池）	水花鱼苗	15 万	25	3 厘米
二级（鱼种池）	3 厘米	0.8 万~1 万	40	7 厘米
三级（大鱼种池）	7 厘米	1 000~1 500	40	15 厘米
四级（半大鱼塘）	15 厘米	250~350	100	250~500 克
五级（食用鱼塘）	250~500 克	100~150	130~150	0.75~1.5 千克

238. 轮捕轮放的优点有哪些？

轮捕轮放就是分期捕鱼和适当补放鱼种。即在密养的水体中，根据鱼类生长情况，到一定时间捕出一部分达到商品规格的成鱼，再适当补放鱼种，以提高池塘经济效益和单位面积鱼产量。概括地说，轮捕轮放就是"一次放足，分期捕捞，捕大留小，去大补小"。轮捕轮放的优点有：

(1) 有利于活鱼均衡上市 轮捕、轮放可改变以往市场淡水鱼"春缺、夏少、秋挤"的局面，做到四季有鱼，不仅满足社会需要，而且也提高了经济效益。

(2) 有利于加速资金周转，减少流动资金的数量 一般轮捕上市鱼的经济收入，可占养鱼总收入的 40%~50%，这就加速了资金的周转，降低了成本，为扩大再生产创造了条件。

(3) 有利于鱼类生长 在饲养前期，因鱼体小，活动空间大，为充分利用水体，年初可多放一些鱼种。随着鱼体生长，采用轮捕、轮放方法及时稀疏密度，使池塘鱼类容纳量始终保持在最大限度的容纳量以下（图 6-1）。这就延长和扩大了池塘的饲养时间和空间，缓和或解决了密度过大对群体增长的限制，使鱼类在主要生长季节始终保

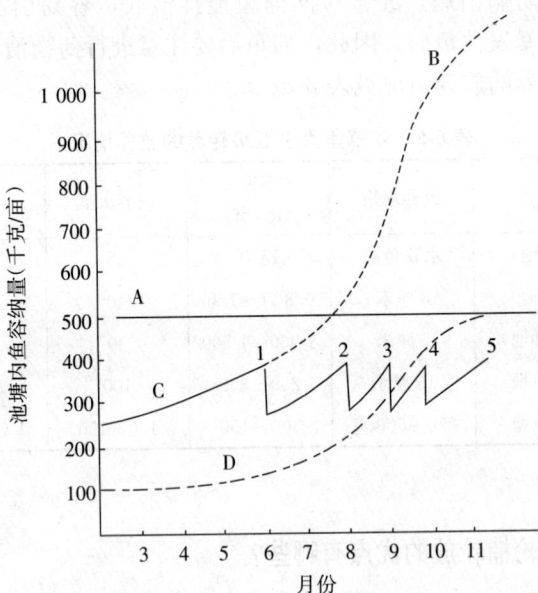

图 6-1　轮捕轮放增产示意图
A. 假设该池鱼最大容纳量　B. 采用轮捕轮放措施的全年累计产量
C. 各次轮捕的产量　D. 不采用轮捕、轮放措施的年终产量

持合适的密度，促进鱼类快速生长。

239. 如何开展"轮捕轮放"？

成鱼养殖中的轮捕轮放，是指在一次放足鱼种的基础上，随着鱼体长大，一年中分数批将达到食用规格的鱼捕出，同时补放一部分鱼种。

轮捕、轮放要根据水质、鱼种、饵肥、管理等条件，有计划地采取不同品种、不同规格鱼种"一次放足，分期抽捕，捕大留小，捕大补小"。因此，具体做法随着条件的不同，放养水平高低有所变化，一般不外乎两种基本方法。

(1) 一次放足，捕大留小 在冬季或早春一次性放足鱼种，翌年饲养一段时间后，分期捕出达到食用规格的鱼上市，让较小的鱼留池继续饲养，不再补放鱼种。

(2) 多次放种，捕大补小 在分批捕出食用鱼的同时补放鱼种，捕出多少相应补充多少。补放的鱼种，根据规格大小进行培育。

一般产量高，放养密，轮捕次数和数量多。江苏无锡地区每亩产鱼 500 千克以上的池塘，一年中轮捕 4～5 次，轮放 1～2 次，其捕放的时间和次序如下：

第一次捕鱼在 6 月上中旬，将 0.5 千克以上的鲢、鳙起捕上市，6 月下旬补放鳙夏花，每亩 100 尾左右，为翌年培养大规格鱼种；还可补放罗非鱼苗，每亩 1 000～1 800 尾。

第二次在 7 月中下旬，捕出 0.5 千克以上的鲢、鳙及 1.5 千克以上的草鱼，100 克以上的罗非鱼上市，补放 0.1～0.2 千克的鲢，每亩 100～200 尾，养成供翌年放养的大规格鱼种。补放 13 厘米左右的鳊或鲂，每亩 200 尾。少数池塘轮捕后，套养夏花鲢或鳙 4 000～5 000 尾/亩，至年底养成 12～13 厘米的冬花鱼种。

第三次捕鱼在 8 月底、9 月初，将达到上述规格的鲢、鳙、草鱼、罗非鱼及 150 克以上的鳊、鲂起捕上市。

第四次在 10 月中下旬，将池中的罗非鱼全部捕出，避免水温过低造成死亡。同时，将达到上市规格的其他鱼类起捕上市。

第五次捕捞在年底进行，干池、捕净池中的全部鱼类。

投放的鲢、鳙鱼种主要由2龄鱼种池塘养殖，也可利用1龄鱼种池上半年的空隙培养。年初第一次放养的大规格鲢、鳙鱼种，主要在成鱼池套养解决，少部分由2龄鱼种池培养。

湖南衡阳地区以鲢、鳙为主的混养池塘，轮捕、轮放次数较多。一般每年7～8次。4月底、5月初开始捕鱼，根据水质肥瘦和鱼的生长情况，以后每隔20～30天轮捕1次，轮捕后随即补放鲢、鳙鱼种，补放的尾数大致等于轮捕的尾数。补放鱼种的来源，前期是上年培养的，后期是当年培养的10厘米以上的鱼种，养到年底为翌年首批放养的大规格鱼种。

需要注意的是，随着人民生活水平的提高和消费习惯的改变，消费者对不同鱼类的上市规格也发生了变化，其中，对鲢、鳙、鳊、鲂和罗非鱼的上市规格要求普遍有所提高。因此，生产中要随时调整轮捕的规格，以保证较高的上市价格和较好的效益。

240. 综合养鱼的概念和意义是什么？

综合养鱼又称综合水产养殖，是以水产养殖业为主，与种植业、畜牧业和农副产品加工业综合经营及综合利用的一种可持续生态农业。其基本结构如图6-2。

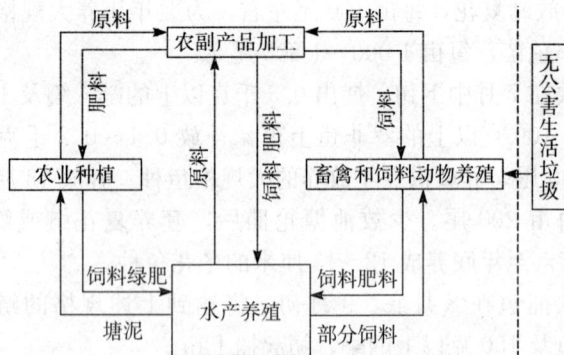

图6-2 综合养鱼基本结构示意图
（虚线框内为渔场内活动）

综合养鱼与单纯养鱼比，有很多优点：

（1）合理利用资源，增加水产养殖的饲料、肥料 综合养鱼可以比较合理地利用太阳能、水、土地资源以及各专业的副产品和废弃物，为水产养殖增加饲料、肥料来源，从而为人类生产更多的水产蛋白质食品。

（2）降低成本，增加收入，增加经营安全性 综合养鱼利用了本场廉价的饲料肥料，达到饲料和肥料自给或半自给，从而减少乃至避免因外购饲料、肥料所消耗的大量人力、物力和财力，降低生产成本，获得更大利润。

（3）增加就业，使更多农民富裕 综合养鱼业就养鱼业本身而言，劳力密集，在江苏南方每亩产鱼 500 千克的鱼池（混养），平均每亩鱼池需 100～130 个工作日，比每亩水稻和小麦共需的工作日（约 65 个工作日/亩）多 50%～100%。如综合其他专业，那将增加更多劳力就业。

（4）减少废弃物污染，保护并美化环境 随着农业、畜牧业生产集约化程度提高，专业化程度加强，生产规模扩大，生产中形成的废弃物也不断增加。

综合渔场连片的鱼池，与其匹配的农作物组成了良好的生态环境，自动地调节当地的小气候。综合养鱼业的意义还表现在，有益于农业生产结构的合理化和城市布局的合理化。综合渔场的发展，不仅在渔场内部实施了渔农牧的有机协调发展，也在区域范围内促进了渔农牧的全面发展，改变了当地农业的单一经营。不少综合渔场成了当地城镇的多种副食品基地，活跃了市场经济。

241. 综合养鱼的分类如何？

中国综合养鱼的形式多样，内容丰富。按照投入物物质的流向，可分为下列六种综合系统：鱼—农综合系统；鱼—畜/禽综合系统；鱼—畜—农综合系统；基塘体系；多层次综合利用系统；鱼—工—商综合系统。下面主要介绍鱼—农综合系统和鱼—畜—农系统这两种常见的模式。

（1）**鱼—农综合系统** 在饲料地、池埂及其斜坡和路边、房前屋后零星土地，以及河、湖、沟、洼等水面养陆、水生饲料，绿肥等作物，为水产养殖服务，或综合经营。这是我国综合养鱼最古老、最普遍的系统，也是我国综合养鱼最基本的系统。

（2）**鱼—畜—农系统** 鱼—农和鱼—畜两个基本系统的结合和发展。

①畜—草/菜—鱼：即用猪、牛、羊等畜粪肥种高产牧草或绿叶蔬菜，用草或菜主养草食性鱼类，以草食性鱼类的粪便和鳃及体表的排泄物肥水，带养滤、杂食性鱼类，整个养鱼过程中不用畜粪肥直接肥水，养鱼形成的塘泥又用作牧草或菜的肥料。其中猪—草—鱼模式最普遍，最有代表性。

②菜/草—畜—鱼：此模式是种植高产蔬菜、牧草用作家畜饲料，用畜粪肥直接下鱼池肥水，主养滤、杂食性鱼，塘泥用作菜、草的肥料。

③畜—菜—螺—鱼：即用畜粪肥种绿叶蔬菜，用菜养福寿螺，用螺养鳖、蟹、虾、黄鳝和青鱼、鲤等。养鱼塘泥作蔬菜的肥料。

④畜—菜—虫—鱼：即用畜粪肥种绿叶蔬菜和南瓜等，用菜和瓜等养黄粉虫，用后者养牛蛙、鳖和多种吞食性鱼类。

为了给养鱼业提供更多的饲料和肥料，并增加产品品种，提高经济效益，目前很多渔场综合上述基本系统，同时饲养多种畜禽，种植多种水陆生饲料作物，而且各专业之间的物质能量相互交流，已形成鱼—畜—农网络结构。

242. 鱼—农综合系统包括哪些模式？

鱼、农综合按作物种类和耕作制度不同，分为养鱼与陆生作物种植综合、鱼草轮作、养鱼与水生植物养殖综合和稻田养鱼四种模式。

（1）**养鱼与陆生作物综合** 该模式即在饲料地、鱼池堤埂及其斜坡，以及零星土地种植陆生作物，全部或大部分用作鱼类饲料和鱼池绿肥。

（2）**养鱼与水生植物养殖综合** 我国南方，尤其江苏、浙江、两湖、两广的水网地带，渔场附近一般都有湖泊、河流、洼地，以及进、排水沟渠。这些水体中都具有比较丰富的营养盐，尤其是邻近城镇的水体和渔场的排水渠。前者有大量的生活污水，后者有池塘排出的肥水。为了充分利用这些水资源，为养鱼提供饲料和绿肥，南方渔场普遍利用这些水体种植水生植物。

（3）鱼草轮作 因为养鱼业的季节性强，大多数鱼种池和部分食用鱼池都有一定的空闲期，尤其是 1 龄鱼种池空闲期最长。长江流域，1 龄鱼种池每年从 11 月鱼种并塘后，直至翌年 6 月中下旬，有半年多空闲期。有些湖荡河沟涨水期养鱼，而枯水期近岸滩涂则空闲着。鱼草轮作，就是充分利用这些鱼池和滩涂的空闲期种植青饲料、绿肥或水生蔬菜，与养鱼业轮流进行。这样既可以充分利用塘泥和滩涂的泥肥养分，又可以为此时的养鱼水面提供青饲料和绿肥，为市场提供蔬菜，从而提高鱼池和滩涂的生产能力，增加收入。

（4）稻田养鱼 这是以稻为主、鱼为辅的一种农—鱼综合经营类型，稻田是一个典型的人工复合生态系统，其中，水稻是人为控制下形成的优势种群，人类从中获取的主要产品，甚至唯一产品。然而，稻田还有很多初级生产者和多级消费者，它们在与水稻竞争中存在并发展，但绝大多数不能被人利用，而是携带着大量物质和能量，或是流失，或是羽化，甚至成为水稻的敌害。稻田养鱼不但截留了这些物质能量，转化成鱼产量，而且促进了水稻生长，更多地固定太阳能，提高稻田生产力。

243. 我国综合养鱼种植的陆生作物有哪些品种？如何种植和利用？

与养鱼配合的青饲料作物，应选择鱼类适口的营养丰富的高产作物，每亩产草要在 5 000 千克以上为好；要求作物的旺长期与鱼类摄食量高峰期一致；要求抗病力强，易管理；为了能保护鱼池堤埂，要求作物的根系比较发达，根幅水平分布范围在 40 厘米以上；如作为绿肥，还要求碳、氮比例较小，易分解。

我国综合渔场种植的作物有 20 多种，如黑麦草、苏丹草、象草、杂交狼尾草、紫花苜蓿、白车轴草、红车轴草、苦荬菜和聚合草等，比较上述作物，目前最普遍、效益最佳的是黑麦草与苏丹草、或杂交狼尾草轮作，其效益较佳。不但是因为它们产量高、质量好和管理方便等，而且是因为它们刈割产量的变化趋势与鱼类摄食量变化趋势一致，故主要介绍黑麦草和苏丹草。

(1) 黑麦草 长江流域播种期9～10月。有两种播种方式：直接播种，每亩用种2～2.5千克；育种移栽（或间苗移栽），每亩用种7～8千克，每亩秧地可分栽8亩左右。每兜秧15～20株，间距15～20厘米产量最高。播种和移栽后都要淋水。黑麦草再生力很强，耐刈割。草高40～50厘米刈割为佳，此时草质柔软，蛋白质含量较高，粗纤维较少，可全部被草鱼和团头鲂摄食。刈割时离地面约3厘米。翌年3月初至5月底生长迅速，水、肥适当，15天左右可割1次。4、5月为生长高峰期，据试验，4月平均每天每亩产量达75千克，5月达82千克，高者超过90千克。6月上旬产量迅速下降，35℃以上生长停滞，并逐渐枯萎。作为留种的植株一般不刈割，也可刈割1～2次，但种子产量低。6月中旬收种，每亩可收种约100千克，可为40～50亩大田提供用种。

(2) 苏丹草 苏丹草产量很高，可达到10～15吨/亩。播种期长江流域为5月。直接撒播，每亩用种3～4千克，播后淋水。苏丹草再生能力更强，更耐割。第一次刈割宜早，草高50～60厘米就可割，这样可促进分蘖，以后草高80厘米左右刈割为佳，利用率也达100%，刈割时离地面5厘米左右。6月上旬至10月上旬生长迅速，水肥适当，10～15天可割1次，平均每亩日产量超过100千克，留种植株必须有100天以上的生长期，早期可割1～2次，但影响种子产量。11月上旬收种，每亩收种300千克左右。

244. 养鱼和饲料种植如何合理配置？

在饲料自给系统中，根据耕作制度不同，鱼池和饲料地比例面积可分别按非轮作型种植和轮作型种植计算。

(1) 非轮作型种植 计算例1：在我国南方某渔场计划生产吃食

性鱼 10 000 千克，其中，草鱼 7 500 千克，团头鲂 1 500 千克，鲤 1 000千克。饲料靠种植象草和两茬连作玉米。并知象草全年平均每亩产量为 22 500 千克，养草鱼、团头鲂饲料系数都为 30；玉米每茬每亩产量为 400 千克，养鲤的饲料系数为 4。需种象草和玉米面积：

$$\begin{matrix}\text{种象草}\\\text{面积}\end{matrix}=(7\ 500\ \text{千克}+1\ 500\ \text{千克})\times30\div22\ 500\ \text{千克/亩}=12\ \text{亩}$$

$$\text{种玉米面积}=1\ 000\ \text{千克}\times4\div400\ \text{千克/亩}=5\ \text{亩}$$

所以，共需种植面积 17 亩。

（2）**轮作型种植**　计算例 2：长江流域某渔场有 100 亩鱼池，计划每亩净产 400 千克，其中，草食性鱼 300 千克，其余为滤杂食性鱼。计划饲料来源为黑麦草与苏丹草轮作。已知，黑麦草和苏丹草平均每亩产量分别是 6 000 千克和 10 000 千克，饲料系数分别为 20 和 30，两轮作期鱼类摄食量分别为 40% 和 60%。黑麦草和苏丹草种植面积：

$$\text{黑麦草面积}=\frac{300\ \text{千克}\times40\%\times20\times100\ \text{亩}}{6\ 000\ \text{千克/亩}}=40\ \text{亩}$$

$$\text{苏丹草面积}\frac{300\ \text{千克}\times（1-40\%）\times30\times100\ \text{亩}}{10\ 000\ \text{千克/亩}}=54\ \text{亩}$$

综合试验结果和调查资料，在长江流域，每年 10 月至翌年 5 月底，每亩鱼池配备黑麦草面积 0.3 亩（包括池埂及其斜坡，下同），5～10 月配备苏丹草或杂交狼尾草 0.5～0.6 亩。

245. 轮作型饲料如何合理接茬？

因 6 月初黑麦草生长转慢，并渐枯萎。为保证 6 月鱼类摄食高峰期仍然能均衡地供应充足的青饲料，笔者采取黑麦草地免耕套播苏丹草颇为有效。5 月下旬预计割最后一次黑麦草前 10 天左右，用锄头尖在黑麦草行列间仅挖 3～5 厘米的浅沟，在沟中播入苏丹草种，然后将土耙松盖上，再浇上一层薄泥浆或腐熟的畜粪水。约 7～10 天苏丹草普遍出苗，此时将黑麦草全部收割，并除去草根。以免黑麦草再生遮行，影响苏丹草长苗和阴雨天烂苗。或两草同长，营养不良。挖除黑麦草根时，切忌伤及苏丹草幼苗。采用此法，只要播种得法，并做到上述两点，并不影响苏丹草产量。经试验，即使在黑麦草株行距为 15 厘米×20 厘米密植条件下播种苏丹草种，最后一次收割黑麦草到第一次割苏丹草仅隔 18～20 天，与割黑麦草间隔时间一样。第一次收割产量和累计产量，与不套种的对照地块相似。这样，既确保黑麦草产量高峰期，又保证苏丹草及时接茬。

246. 以青饲料养鱼的鱼类放养模式是什么?

种植水陆生青饲料养鱼，应主养草鱼和团头鲂，带养滤、杂食性鱼。总放养量为 100～120 千克/亩，放养重量比例如下：大、中规格草鱼（2～4 尾/千克）占总放养重量的 65%～70%；水深 1～2.5 米的鱼池，每亩放养 60～80 千克（此幅度随水深增加）。团头鲂占 10%～15%，规格 30～40 尾/千克。鲢、鳙占 15%左右，规格 15～20 尾/千克。鲤、鲫占 5%～7%，规格鲤 20～40 尾/千克、鲫 30～50 尾/千克。按此比例，草鱼和团头鲂的粪便和排泄物肥水，足以带养鲢、鳙、鲤、鲫，不需施肥和其他饲料。如增投其他饲料和肥料，放养比例相应调整。实例见表 6-7、表 6-8 和表 6-9。

表 6-7 以草鱼为主的放养模式

（轮捕轮放，计划产量每亩 500 千克）

种类	放养时间	规格（千克/尾）	数量（尾/亩）	重量（千克/亩）
草鱼	春节前	0.4～0.5	175（165）	70（65）
草鱼	6～7 月	夏花	250（235）	0.125
团头鲂	春节前	20～30（尾/千克）	300（450）	10（15）
鲢	春节前	0.15～0.25	20	4
鲢	春节前	0.05～0.1	110	8
鲢	6～7 月	夏花	190	0.095
鳙	春节前	0.15～0.25	5	1
鳙	春节前	0.05～0.1	30	2
鳙	6～7 月	夏花	50	0.025

（续）

种类	放养时间	规格（千克/尾）	数量（尾/亩）	重量（千克/亩）
鲤	春节前后	40（尾/千克）	120	3
鲤	5～6月	夏花	170	0.085
鲫	春节前后	40～50（尾/千克）	150	3
鲫	5～6月	夏花	210	0.105
合计			1 780（1905）	100

注：①引自杨华祝等；②鱼池水深2米；③如要增加团头鲂放养量，可按括弧内数值，如不放养鲤（鲫），可适当增加鲫（鲤）；④6月底至9月底每月轮捕1次；⑤以青饲料为主，辅以粮食饲料；⑥使用增氧机效果更好；⑦对套养的草鱼夏花应特殊照顾，即围小食场，只允许此鱼进入，投喂芜萍、浮萍。

表6-8 以团头鲂/鳊为主的放养模式

（套养，不轮捕，计划产量每亩500千克）

种类	放养时间	规格（千克/尾）	数量（尾/亩）	重量（千克/亩）
团头鲂/鳊	春节前	0.05～0.1	1 200	60
团头鲂/鳊	6～7月	大规格夏花	1 800	2
鲢	春节前	0.05～0.1	180	9
鲢	6～7月	夏花	250	0.125
鳙	春节前	0.05～0.1	40	2
鳙	6～7月	大规格夏花	28	
鲫	春节前后	40～50（尾/千克）	200	4
合计			3 698	77

注：①引自杨华祝等；②鱼池水深2米左右；③以青饲料为主，辅以粮食饲料；④对套养的团头鲂夏花应特殊照顾，围小食场，只允许该鱼进入，投喂芜萍、浮萍和精料。

表6-9 以草鱼为主的放养模式

（套养，不轮捕，计划产量每亩400千克）

种类	放养时间	规格（千克/尾）	数量（尾/亩）	重量（千克/亩）
草鱼	春节前	0.4～0.5	138	55
草鱼	6～7月	夏花	170	0.085
团头鲂	春节前	20～30（尾/千克）	300	10

（续）

种类	放养时间	规格（千克/尾）	数量（尾/亩）	重量（千克/亩）
鲢	春节前	0.05～0.1	200	10
鲢	6～7 月	夏花	300	0.15
鳙	春节前	0.05～0.1	60	3
鳙	6～7 月	夏花	100	0.05
鲤	春节前后	40（尾/千克）	80	2
鲤	5～6 月	夏花	120	0.06
鲫	春节前后	40～50（尾/千克）	100	2
鲫	5～6 月	夏花	150	0.075
合计			1 718	82

注：①引自杨华祝等；②鱼池水深2米；③鲤和鲫的比例可按需要适当调整；④以青饲料为主，辅以粮食饲料；⑤套养的草鱼夏花应特殊照顾，即围小食场，只允许该鱼进入，投喂芜萍和浮萍。

247. 如何使用塘泥？

（1）冬季用塘泥　冬季鱼池干塘后，人工挖取塘泥，铺于饲料地表面作为冬季作物的基肥，待稍干后耙均匀，即可播种。冬季还可以采取沤制草塘泥，作翌年使用。冬季塘泥有余，夏季不足，因此，冬季干塘时，在计划使用塘泥的饲料地或贮存地点，挖面积 5 米² 左右、深度 1 米的坑，将塘泥和草一层隔一层地沤入坑中，用塘泥封顶，绿肥和畜厩垫草与塘泥共沤更佳。使用前一个月再搅拌 1 次，使塘泥和草充分发酵分解。沤制后塘泥肥效更佳。塘泥可作为夏茬作物的基肥，也可兑水成浆（泥水比例约 1∶5），作为追肥使用。

（2）夏秋用塘泥　此时池水较深，传统方法是采取罱泥法，近几年开始采用水质改良机。此机一机多用，平时可以用作喷淋式增氧机，还可以在带水情况下吸取塘泥，将塘泥喷到空气中曝气氧化，这样既避免塘泥有机质夜间的爆发性耗氧，又可回到鱼池作为肥料。此外，也可以通过该机软管直接引到饲料地作肥料。此法效率高，适用于各种规模的渔场。水质改良机吸喷塘泥方法，应在晴天中午前后鱼池溶氧较高时进行，使塘泥在空中和池水上层高溶氧层氧化，不致使鱼池因塘泥急剧耗氧而使鱼类缺氧，而且，吸泥面积控制在鱼池面积的 1/3 较安全。

248. 如何进行鱼草单池轮作？

在同一个鱼池中进行鱼草轮作。这种形式多用于 1 龄鱼种池。种植时间长江流域安排在 11 月鱼种并塘后，直至翌年 6 月中下旬夏花放养前。

(1) 播种 鱼池干塘后，适当晒池，挖取塘泥用于修整池埂，平整池底，挖排水沟，顺池底的倾斜面做成畦。然后，播种或移栽黑麦草，播种量和移栽密度与饲料地相同。如种稗草和水稻，则推迟到翌年 4 月整地作畦。畦只能做在池底，不能做在坡上。播种时间，长江中下游地区在 4 月底、5 月初。可以直播，每亩用种 5～6 千克。也可移栽，株行距 10 厘米×15 厘米左右。为延长生长期，增加青草产量，可以提前在 4 月上旬，将种子采取室内催芽后播种，或温室育旱秧后移栽，或在塑料棚中培育旱秧后带土移栽、抛秧。这三种方法不但可提前播种、延长生长期，而且可提高萌发率，避免鸟害，促进生长，便于管理。

(2) 管理 播种后应驱赶鸟害，萌发以后根据作物品种不同采取不同管理，黑麦草只要保持土壤湿润。池底种植一般都能达到此要求，但是切忌积水。种在池坡的黑麦草，如遇久旱则需灌溉。稗草和水稻出苗后采取浅水勤灌，水深 3 厘米左右。以后随着禾苗生长，水深加至 5～6 厘米，生长期不需"晒田"。池底种植的作物，因有较厚的塘泥，所以都不需要施肥。池坡种植的作物，由于塘泥较少，虽不施基肥，但是每刈割 1～2 次后需追肥 1 次，施腐熟的人、畜粪肥、塘泥浆或化肥均可。黑麦草和稗草病虫害很少，水稻病虫害较多，防治方法与大田栽培一样。

①刈割：鱼池里轮作的作物和大田一样可以刈割。在 1 龄鱼种池里种植的黑麦草，可经历整个生长期，而且有肥沃的塘泥，因此生长快，可刈割 4～5 次，每亩产量可达 5 000 千克左右。播种较早的稗

草和水稻，当中也可以刈割 1 次，每亩收草 2 000 千克左右。

②淹青肥水：这是单池轮作的又一重要措施。就是将最后一次的再生青苗作为绿肥，在鱼种放养前注水淹没，发酵后肥水。淹青肥水，必须注意适时、适量和密切观察。

③适时：一次灌水淹青，一般在鱼种放养前 11～15 天，石灰清塘，灌水淹青。11～15 天以后，青草发酵而引起的耗氧高峰已过，并已繁殖了大量饵料生物，鱼种下塘后既安全又有了较丰富的饵料。

在放养前两天，如水色过浓，早晨溶氧又在 2 毫克/升以下，应适当加水或部分换水，待水色和溶氧正常以后才能放鱼。为了确保安全，还可以采取试放方法，在池中放一小网箱，在网箱中放养 20～30 尾鱼种，观察 24 小时，如无明显的因水质而死亡的鱼就可以正式放养。

④适量：待淹没的青草量必须适当。一次灌水 2 米深，每平方米青草量为 4～5 千克。如灌水较少，分次灌水，青草量则相应减少。凡超过的青草量都必须割去，这样可避免鱼池水质过肥，缺氧泛塘。

⑤密切观察：淹青与一般施肥有所不同，大量的青草在水中发酵，水质较难控制，因此，必须密切观察水质变化。除采取试放的方法外，在鱼种培育过程中，同样要密切注意水质变化，加强早晚巡塘，及时注水。通常在淹青后 1 个月，水质开始逐渐变淡、变瘦，此时可选一晴天中午，用网在池底来回拉一次，促进青草彻底分解，促进池底有机质进一步氧化，释放无机盐，并促使分解的有机碎屑和菌胶团扩散，便于鱼类摄食。此时，也可以补充施肥。中、后期除补充施肥外，根据放养品种不同，适当增加投喂精饲料。

249. 如何进行鱼草多池轮作？

将一组食用鱼池组合起来，分期、分批地实行种草、种绿肥与养鱼轮作。由于食用鱼池既有空闲时间，但空闲时间又较短，长江流域通常在 11 月中旬开始干塘，1 月中、下旬至 3 月初放养。对于综合渔场，尤其是规模较大的渔场，从开始干塘到最后放养，间隔 3 个多月时间。北方放养晚，间隔时间更长。因此，为了利用鱼池空闲期，充分利用塘泥肥效，增加青饲料和绿肥来源，提高鱼池生产能力，可以将几口鱼池配合成一组，依次每组选一个鱼池先干塘、种草，最后放养。以后，每年轮换其他鱼池。

种植对象以黑麦草为佳。黑麦草可以先在池埂上或饲料地里育秧，等干塘后移栽到池底和池坡，这样相对延长了黑麦草的1个多月生长期。而豆科绿肥，既不能移栽，生长速度又比黑麦草慢得多，不如黑麦草优越。按照此法，尽管这阶段气温较低，但是冬季多晴朗天气，鱼池中又可避寒风，所以黑麦草仍可获得一定产量，一般每亩可产草1 000～1 500千克（每平方米2千克左右），种得好的中间还可刈割1次，产量可更高些。

如果放养的鱼以鲢、鳙为主，可在注水前一天将草割了（如采用影响黑麦草生长的药物清塘，则提前在清塘前割），将割下的草分堆在鱼池四周池坡上。堆放的水平位置是第一次注水要达到的水位线，灌水后使黑麦草处于半淹状态，让其发酵分解作为鱼池基肥。隔2～3天翻动1次。

250. 如何进行湖荡、滩涂的鱼草轮作？

湖荡、滩涂的鱼草轮作技术，是近几年借鉴鱼池的鱼草轮作技术而发展起来的。这样作为鱼草轮作的滩涂，应该具有枯水期较长，土壤肥沃，芦苇和茭草较少，便于管理的特点。种植的品种根据枯水期长短和作物的用途决定，基本上类似单池轮作的作物品种，种植和管理的方法亦类似。对于面积较大的滩涂则比鱼池种植优越，可以使用水田拖拉机等农机进行翻土、整理和播种等工作。种植的作物一部分用于鱼池和其他养鱼区的饲料和绿肥，一部分则留作湖荡本身淹青肥水，做到以湖养湖。湖荡、滩涂所种植的面积占整个湖泊面积的比例较小，因此，所种作物淹青后一般不会引起水质过肥、鱼类浮头等现象。当然，种植面积和留草量都很大，离进水河道又较远的水流死角地区也应提高警惕，适当控制留草量。

鱼草轮作充分利用鱼池生产力，一方面为其他鱼池提供青饲料，又为本地提供绿肥。同时，培养大量饵料生物。据生产实践测定，仅浮游植物，高峰期可达 3 亿个/升。夏花放养最初一月生长速度达 1.8~2.5 毫米/天。每亩产量 5 000 千克种草池塘，平均每 40 千克草可产 1 千克鱼种，节约商品饲料 0.5~0.8 千克，降低成本 10%。鱼草轮作，作物利用了塘泥养分，且作物淹青还池，又使土壤肥力升高。

251. 畜—草/菜—鱼模式的生态经济学效益如何？

因为猪—草/菜—鱼是此类模式中最普遍、最有代表性的一种，猪粪种草养鱼利用了光合作用效率很高的牧草生产力，每亩牧草初级生产力是相同面积浮游植物生产力的 2~2.5 倍，前者能量产出是后者的 3.3~3.6 倍。同时，因为草食性鱼粪便和排泄物肥水，又利用了浮游植物生产力。不施任何肥料的猪—草—鱼鱼池，在只靠鱼类粪便和排泄物以及少量塘泥肥水的情况下，无机氮、磷含量浮游植物和浮游动物生物量都超过了鲢、鳙旺盛生长时有关的肥水水平，在排除塘泥肥水和残剩饲料肥水的情况下，仅仅靠草鱼粪便和排泄物肥水，池水仅氨态氮可达到（0.919±0.07）毫克/升，浮游植物、浮游动物都超过上述鲢、鳙旺长时的肥水水平。只是无机磷含量偏低，为（0.037±0.002）毫克/升。通过碳同位素分析，证明了滤、杂食性鱼类生长的碳源主要来自草鱼的粪便。毛产 1 千克草鱼可带养出 0.19 千克鲢、鳙，0.15 千克鲤。实验还证明，在水深 2 米的鱼池中，每 100 千克猪粪尿（粪、尿各半）直接养鱼，可产滤、杂食性鱼 2.5 千克，而用于种草则产草 112 千克，可产草鱼、团头鲂 4.2 千克，并带养出滤、杂食性鱼约 1.5 千克，合计产鱼 5.7 千克，比猪粪尿直接养鱼增加 3.2 千克，增产 133%，增加收入 234%。因此在土地条件许可下，等量的畜粪肥，随着用于种草养鱼的比例加大，经济效益相应提高。

采用以草食性鱼为主、最佳混养比例的放养模式，鱼池不施任何畜、禽粪肥，生产全过程水质优良，高产而不用增氧机，鱼类无病，除每月用少量生石灰防病外，不用任何药物，生产的鱼虾产品正是符合当前市场的无污染健康食品。

每年 3～9 月养 45～60 头肉猪，或 6～8 头奶牛，可保证每亩饲料地全年种草肥料（其中，黑麦草基肥用塘泥）可产草 15～20 吨，可供 2 亩鱼池。每亩鱼池可净产鱼 400 多千克。

252. 哪些稻田能养鱼?

首先，要有充足的水源，能灌能排，保水力强，干旱不涸，大雨不淹，水质清新无污染。在平原地区，一般水源较好，排灌系统较为完善，抗洪、抗旱能力强，大多数稻田都可养鱼。丘陵、山区情况较为复杂，凡有水库、山塘水源并能自流灌溉的，或雨时不淹没田埂，干旱时能维持 30 天抗旱能力的稻田也宜养鱼。而缺乏水源，下雨有山洪，无雨就干旱，不能基本保水的稻田，就无法养鱼。但有的山区通过冬闲田蓄水，就既能保水又能养鱼。

水质需清新无污染，pH6.8～8.2 较为适宜，中性或微碱性河流、湖泊、水湖和库水都可引用。有些山溪泉水的水温较低，如经过一段流程，提高水温后引入稻田，也可用于养殖。有毒工业废水切忌引灌；城市生活污水成分复杂，使用时要慎重，应先作调查和检测。

以选择保水能力强、肥力高的壤土或黏土为好。沙土保肥保水能力差，肥料流失快，土壤贫瘠，田间饵料生物少，养殖效果差。因此，高度熟化、高肥力、灌水后能起浆、干涸后不板结、保水保肥的稻田最理想。

面积大小根据养殖模式、品种、规格和养殖习惯、时间等灵活选定。用于苗种培育的田块面积小些，一般为 0.3～3 亩，培育大规格鱼种的田块面积应掌握在 3～4.5 亩，成鱼养殖的田块面积可大些。

稻田四周开阔向阳，光照充足，无树木遮蔽。

另外，一些低产田、盐碱滩、河滩地通过水利建设和人工改造，既能种稻，又能养鱼，还能开展其他作物种植，以养鱼作为一种途径与方法，进行国土资源改造，综合效益会显著提高。稻田养鱼见图6-3。

图 6-3 稻田养鱼

253. 稻田养鱼需要哪些基本设施?

养鱼稻田确定后，根据鱼类对生存与生长的最基本要求，在稻田中要建造一定的工程设施，对稻田进行适当改造，使稻田既能种稻，又能养鱼。

(1) 加高、加固田埂 稻田养鱼需要维持基本水位，同时，还要防止漏水、漫水逃鱼。为此，需要对稻田埂加高、加固。埂高30～60厘米、顶宽30～50厘米，并捶打结实，防止塌垮和鳝洞漏水逃鱼。

修筑田埂一般可用开沟的下层硬土，边加高、加宽田埂，边捶紧夯实，有条件的可用水泥板、石板和条石等建筑材料浆砌，保护田埂内坡。塑料薄膜护埂，也是防止渗漏的办法。田埂上可栽种瓜豆、草类，利用植物根系护坡。

(2) 开挖鱼沟、鱼溜（凼） 鱼沟、鱼溜是鱼类活动集中和捕鱼的场所。鱼沟是鱼进入鱼溜的通道，鱼溜是田间较深的水凼。设置鱼沟、鱼溜的目的是解决稻鱼矛盾，实施规范化稻田养鱼，获取稻鱼稳产高产。鱼沟、鱼溜的形状、大小、数量，根据稻田的大小、形状而定。

鱼沟（图6-4）呈十字形、田字形等，小面积稻田一般呈十字形或田字形，较大的稻田采用多重田字形。沟宽、深各为50厘米。一般每隔20米开一条横沟，每隔25米开一条竖沟，四周围沟距田埂1～2行稻苗宽。此外，鱼沟的宽度和深度根据养鱼要求和可能，还可适当加宽、加深，以利提高产量。

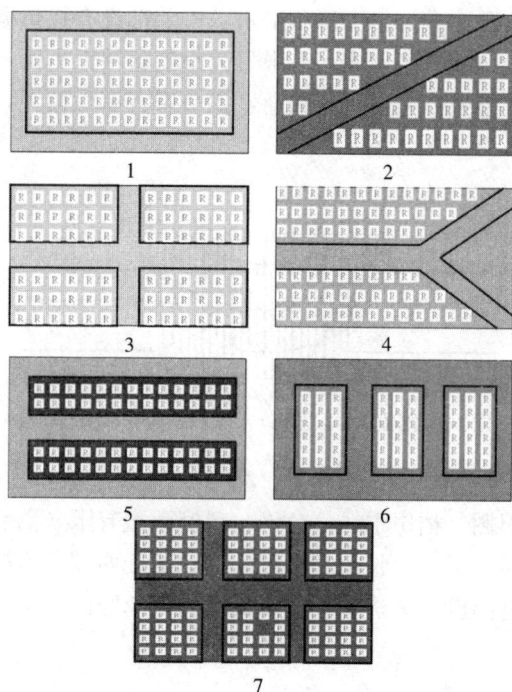

图 6-4　鱼沟示意图

鱼溜与鱼沟相通，面积 2~5 米² 不等，占稻田的 5%~10%。鱼溜深 0.8~1 米，以设在稻田排水口处为好。根据稻田大小可挖鱼溜一个至几个，如果田边附近有小塘或三角空地，可以疏通或挖小塘，与鱼沟接通则更为简便。

(3) 进、出水口　稻田进、出水口开在稻田相对两角的田埂上，可使田内水流均匀、通畅，便于水体交换。进、排水口的宽度要视田块大小和进、排水量而定，一般进水口宽为 30~50 厘米、出水口为 50~80 厘米，进、出水口与宽沟或鱼凼直接相通时，底面应高出沟或凼面 10 厘米。流水沟式稻田，进水口开在坑沟首端，宽 15 厘米，底尽量高出田面；出水口开在坑沟后端，宽 30 厘米。进、出水口可用木质框架嵌成，框架长 70 厘米、宽 40 厘米；也可用砖砌成，使其牢固不易损坏，在进、出水口上装有拦鱼栅。在出水口处建平水溢口，以维持稻田有一定水位。平水溢口用砖砌成，宽约 30 厘米。

(4) 拦鱼栅 进、出水口和平水溢口上都设有拦鱼栅，可用乙纶胶丝布、铁丝网或竹篾做成，其眼目大小依鱼种大小而定。拦鱼栅必须牢固，安装稳妥；为了水流畅通，拦鱼栅宜面积偏大，而不能太小（图 6-5）。

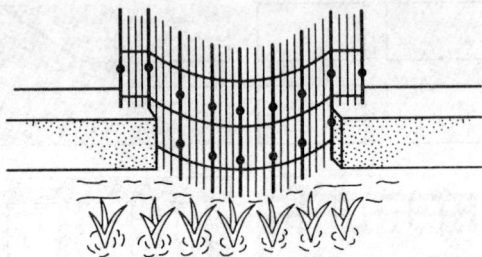

图 6-5 拦鱼栅

(5) 遮阳棚 稻田水浅，鱼沟、鱼溜面积有限，高温季节太阳光强烈、温度高，对鱼生长不利，故应在鱼溜处西端用木杆或竹竿加树枝搭建简易遮阳棚，旁边种上丝瓜或其他有牵藤的瓜类、豆类。

254. 如何开挖鱼沟、鱼溜？

鱼沟和鱼溜的形式多种多样，如有鱼函式、宽沟式、沟池式、垄沟式和流水沟式等。具体视养殖品种、产量要求、地形以及习俗因地制宜。

鱼沟要求贯通，分布均匀而无盲道，设置数量和形式根据田块面积和形状而定，一般采用十字形、井字形或经纬线状，大而圆的田块可采用放射状加环沟。鱼沟的深度和宽度一般为 30～50 厘米，主沟应适当加宽、加深，鱼沟应略向鱼溜方向倾斜，鱼沟开挖可在插秧后进行，挖出的稻苗可补插在沟的两侧。

鱼溜是稻田中较深的坑函，一般开挖在稻田中央或进、排水口，或靠一边田埂，放射状鱼沟则鱼溜设在放射线中心，这样有利于鱼类的栖息活动，便于管理和起捕，并使水流通畅。鱼溜形状随田的形状而不同，一般为圆形、长方形、方形。鱼沟和鱼溜的面积占稻田总面积的 5%～8%，水深 50～100 厘米，面积小的稻田只开挖鱼溜 1 个，面积大的稻田可开挖鱼溜 2 个，鱼溜开挖一般在栽秧前 20～30 天进行，临栽秧的 2～3 天再整理 1 次，深脚田、烂泥田要多做 2～3 次才能成型。鱼沟、鱼溜也可结合冬季农田基本建设时进行修建。

255. 养鱼稻田的种稻技术有哪些要点？

水稻品种宜选择生长期较长、茎秆粗壮、耐肥、抗倒伏、抗病虫害、产量高的水稻品种。

（1）秧苗类型以长龄壮秧、多蘖大苗栽培为主。

（2）采用壮个体、小群体的栽培方法。即在水稻生长发育全过程中，个体要壮，提高分蘖成穗结实率，群体要适中。

（3）栽插方式以宽行窄株距条栽为宜（20 厘米×16.5 厘米），为了保证基本苗数，全部行距不变，以适当缩小株距，还可在田埂四周增株呈篱笆状，以充分发挥和利用边际优势，增加稻谷产量。无论是常规栽插法还是垄栽法，要保证稻田水稻的蔸数，常规水稻品种每亩栽插 2 万～2.5 万蔸，杂交水稻每亩栽插 1.8 万～2.0 万蔸。

（4）稻田施肥以有机肥为主，化肥以少量多次来施用。

（5）稻田排灌应保持沟中一定水位，晒田的时间和程度不能过长、过重。

（6）水稻病虫害防治以生态综合防治为主。

256. 稻田适合放养的鱼类有哪些？

稻田水浅，天然生物主要是底栖动物、水生昆虫、丝状藻类和杂草等，所以，适合稻田养殖的鱼类有鲤、鲫、团头鲂和草鱼等，还可配养少量鲢、鳙。此外，适合稻田养殖的品种还有罗非鱼、鲮、胡子鲇、普通鲇、黄颡鱼、泥鳅、乌鳢和月鳢等其他名、优小型鱼类。

257. 稻田养鱼的鱼种放养量如何？

（1）稻田繁殖鱼苗和培育夏花的放养量 选择进、排水等条件较好的田块，注水 15 厘米左右，鲤、鲫可直接放入稻田产卵繁殖鱼苗，也可放入粘有鲤、鲫鱼卵的鱼巢，鱼巢需先经消毒。通常每亩放鱼卵 30 万～40 万粒，鱼苗孵出 2 天后取出鱼巢，孵化的鱼苗仍留在原田或将部分鱼苗移至其他水田培育夏花。培育夏花的放养量，一般每亩 24 万～6 万尾，最高不超过 8 万尾。

(2) 培育冬片鱼种　每亩可放草鱼夏花 1 000～2 000 尾，并搭养鲢、鳙夏花鱼种 100～200 尾，鲤夏花鱼种 200 尾。收获时，草鱼和鲢、鳙鱼种能长至 20～26 厘米。

(3) 食用鱼养殖的放养量　稻田养殖成鱼，每亩放养 8～15 厘米隔年鱼种 500～800 尾，最多不超过 1 000 尾。如为 50 克左右的鱼种，则放养 150 尾，并搭养夏花鱼种 500～800 尾。一般稻田鲤和罗非鱼占 70%，草鱼和鲫占 30%；田、水较肥的稻田，鲤占 50%，草鱼、罗非鱼占 40%，鲢、鳙占 10%；水草丰富的稻田，草鱼、罗非鱼占 60%，鲤、鲫占 35%，鲢、鳙占 5%。

258. 稻田养鱼的农田施肥时有哪些注意事项？

农田施肥要在兼顾稻、鱼两者的基础上科学施用。具体要注意以下几点：

(1) 养鱼稻田施肥，应坚持以有机肥为主、无机肥为辅，重施基肥、轻施追肥的原则。

(2) 基肥应在放鱼种之前 5～7 天施用，基肥量占全年施肥量的 70% 左右，一般以厩肥、绿肥、粪肥为主，也可掺一定量化肥，在耕田后或耕田时施下。基肥量根据稻田土质肥瘦程度而定，通常每亩施有机肥 400～500 千克。

(3) 追肥宜采取少量多次。追肥一般用化肥，也可用粪肥，严格控制用量，通常每亩施尿素一次性用量 3～5 千克，或过磷酸钙 6～10 千克，或硝酸钾 2～3 千克。不宜施用氨水、氯化铵和碳酸氢铵。追肥时水位不低于 5～7 厘米，还应避免多种化肥同时一次性施用，施用时还要避开鱼沟和鱼溜。

259. 稻田施农药有哪些注意事项？

（1）**生态综合防治水稻病害** 本来稻田养鱼，鱼可吃掉水稻上许多害虫和水生昆虫，加上保护青蛙等，都能有利预防水稻病害；此外，稻种经过药物浸泡和培植壮秧，作物轮作，提高栽培技术，都是综合防病措施。只要重在预防，完全可以达到不用药或少用药。

（2）**使用高效、低毒、低残留和广谱性药物防治水稻病虫害** 禁止使用对鱼高毒的农药，并在药效类同的情况下，交替使用农药，既可预防病虫害产生抗药性，也可减少农药在稻鱼产品中的残留，对稻、鱼都有利，以实现健康养殖。

（3）**严格掌握用药剂量、次数** 学习药物的安全使用方法。

（4）**合适的施药时间** 如果是粉状药物，宜在清晨露水未干时喷洒；如果是液体药物，宜在上午露水干了以后喷洒，不使药物泼到水中、鱼沟和鱼溜中，以免鱼类中毒，特别是在高温条件下，更应加以注意。施药后观察稻田中鱼类情况，有中毒表现应及时注水稀释救治。

260. 稻田养鱼中有哪些安全的药物使用方法？

（1）**深水打药法** 将田水加深至 7～10 厘米，用孔径较小的喷雾器，将药物尽量喷洒在稻禾叶面上。如药的浓度较大，可将田水再加深一些，稀释药液在水中的浓度，降低或避免对养殖生物的危害。

（2）**排水打药法** 将田水放掉，使鱼通过鱼沟全部集中在鱼溜中，然后在田中施药，待田中农药毒性降解后，再往田里加水至正常深度，放鱼入田。半旱式稻田施药时，应降低稻田水位，使稻垄露山水面，鱼集中在鱼沟中，农药施在稻垄上，不会对鱼类产生直接危害。

（3）**隔天分段打药法** 先在半块田或田的某一部分打药，鱼可逃避至未打药的一部分田中，隔天再在另外一部分田中施药。

（4）**利用不同水稻品种生长期打药法** 利用某些水稻品种不同的

生长期，或人为地安排不同品种于同一块田中，使打药的时间自然错开。

261. 稻田养鱼如何浅灌、晒田？

水稻浅水灌溉和晒田促根是其高产的必需措施，但与养鱼有一定矛盾，所以妥善掌握浅灌、晒田，才能为稻、鱼创造互利的环境。

浅水灌田是在稻活苗之后，浅水灌溉，适水露田，促进分蘖，即稻生长前期要求浅水，此时鱼种较小，只要适当清好鱼沟、鱼溜，一般对鱼影响不大。以后，随着稻、鱼生长逐渐加深水位，稻鱼都能生长良好。

晒田是指在水稻插秧后1个月左右排水晒田，这对养鱼有一定影响。解决的方法除轻晒、短晒外，还需从水稻栽培和挖好鱼沟、鱼溜综合办法着手，这样轻晒、短晒才有效果。在栽培上，主要是培育多蘖壮秧、大苗，减少无效分蘖发生。在施肥上实行蘖肥底施，严格控制分蘖肥用量，特别是控制氮素肥用量，使水稻前期不猛发，使其稳发、稳长、群体适中。此外，水稻根有70%～90%分布在20厘米之内的土层，如果开好鱼沟（深50厘米）、挖好鱼溜（深100厘米），晒田时降水20厘米，鱼沟和鱼溜仍有30厘米和80厘米的水深，对鱼影响不大，同时也促进了水稻根系生长。

262. 什么叫"三网"养鱼？有哪些特点？

所谓"三网"养鱼，是指网箱、网围和网栏养鱼。它是一种节能、节地、节水的优质、高产、高效综合养殖方式，其中，以网箱养鱼历史最久。它们既能将高产的池塘养鱼模式引入湖泊、水库中，充分利用天然水面并获高产、高效，又不与农业争地，深受养殖专业户的欢迎。但必须注意的是，开展"三网"养殖，必须注重生态环境的保护。

网箱养鱼，就是在用网片制造的箱笼内进行养鱼的生产方式。网箱一般设置于较大水体中，水流可由网孔通过，使箱体内形成一个活水环境，保持水质清新，溶氧丰富。

在大水面（湖泊、水库等）的浅水区，用网片围绕一片水域，面积在数公顷至数十公顷不等，四面环水的称"网围"，而有一面靠岸，用网拦住一部分水体进行养鱼的称为"网栏"。前一种适用于畅水地区，后一种适用于湖汊、库湾等地区。网围养鱼和网栏养鱼，都是利用池塘养鱼的精养或半精养方法，以获得较高产量的养殖方式。

"三网"养鱼具有以下特点：

（1）优质、高产、高效综合开发。"三网"养鱼改变了我国大水面长期单产低的状况。

（2）投放密度高、产量高，养殖灵活、机动，捕鱼方便。"三网"养鱼中，尤其是网箱养鱼，可以视水情变化而移位。

（3）"三网"养鱼，不受水域限制，可以在湖泊、水库、河流、蓄水池等以及广阔的沿海水域进行养殖，并且具有成本低、产量高、效益明显的特点。

263. 网箱的结构有哪些？怎样选择网箱的设置地点？

（1）网箱的结构　一般常用的网箱由箱体、框架、浮子和沉子等组成。箱体是网箱的主要结构，通常用竹、木、金属线或合成纤维等制成箱体。目前，国内主要用聚乙烯网线等材料，编织成有结节网和无结节网两种。生产实践表明，使用无结节网更为优越，所编织的网片可以缝制成不同形状的箱体。为了装配简便，利于操作管理和接触水面大，常使用长方形和正方形，箱体面积一般为 $20\sim60$ 米^2，具体大小视养殖规格而定。养鱼种网箱应小些，网目为 1 厘米；养食用鱼网箱应大些，网目为 $2\sim3$ 厘米。网箱规格常有 7 米×4 米×2 米或 3 米×2 米×2 米。制成的网箱四边固定在用木材或毛竹扎成的框架上，使箱体在水中撑开定形。框架上再附上泡沫塑料或油桶等作浮子。沉子用瓷沉子或卵石等绑在箱底四边，使网箱固定成型。

（2）网箱的设置　网箱有浮动式和固定式两种，即敞口浮动式、封闭浮动式、敞口固定式和封闭投饲式等，目前采用最广泛的是第一种。各种水域应根据当地特点，因地制宜地选用，并设置在水的流速为 0.05～0.2 米/秒的水域中。敞口浮动式网箱，必须在框架四周加上防逃鱼拦网。敞口固定式的水上部分，应高出水面 0.8 米左右。

对于新开发的水域，网箱的排列不能过密，在水体较开阔的水域，网箱排列的方式可采用品字形、梅花形或人字形，网箱的间距应保持在 3～5 米。串联网箱每组 5 个，两组间距 5 米左右。同一水面的网箱数量为水域面积的 1%～2%。而对于一些以蓄、排洪为主的水域，网箱排列以整行、整列布置为宜，不影响行洪流速与流量。

网箱安置时应选择水底平坦、风浪较小、水位相对稳定、水深在 2.5 米以上、水源充足、水质清新无污染、溶氧丰富、背风向阳和最好有微流水的地方，以利于网箱内外的水体交换，获得更高的产量。

网箱的设置地点，还应尽量远离交通繁忙的水上航道，远离工矿企业的排污口；还应注意养殖地区周边的治安环境是否良好，交通是否畅通，鱼种及饲料来源是否方便，鱼产品的市场销售是否顺畅等。

264. 网箱养鱼的饲养种类有哪些？如何搭配？

(1) 饲养种类 网箱养殖的鱼类种类较多，如青鱼、草鱼、鲢、鳙、鲤、鲫、鳊、鲂、鲴、罗非鱼、虹鳟和鳜等，选择饲养种类及方法应根据水域条件而定，可采用单养或者混养。混养方式有两种：一种是以浮游生物为食物的滤食性鱼类，如鲢、鳙和罗非鱼等混养；另一种是投喂精、粗饲料，即水草、螺蚬、麸糠、麦类、饼类和配合饲料。饲养某一主体鱼，同时混养其他鱼类。

(2) 搭配比例 以较普遍的鲢、鳙混养为例，通常根据水体内浮游生物的种类组成和生物数量来确定其混养比例。浮游植物较丰富，鲢的比例可占 60%～70%，鳙的比例占 30%～40%；如果水中浮游动物丰富，则鲢、鳙所占比例正好相反。

另外，为了充分利用固着于网箱网衣上的藻类，可酌量放养鳊、团头鲂、鲴、鲤或罗非鱼等，这样不仅能增产，而且可起到控制网箱附着物作用，以减少人工洗刷网箱次数。但放养比例不宜过大，一般占总放养量的 5%。大型湖泊水草丰富，可投喂水草或其他精、粗饲料，主养草鱼、团头鲂或罗非鱼等。为了提高单产，在以单种鱼为主的网箱里，可以混养5%～25%的其他鱼类。

265. 如何确定网箱养鱼的放养规格和密度？

（1）**放养规格** 一般网箱培养仔口鱼种，用4～4.3厘米的夏花养到13.3厘米左右的鱼种。培育老口鱼种，用13.3厘米规格鱼种养到100克左右。而利用网箱养食用鱼，因地域不同，全年生长期有长有短，各地放养鱼种规格不一，视具体情况而定，以当年能养成食用鱼为准。

（2）**放养密度** 根据各地生产实践，放养密度适合，鱼产量就高，经济效益较好。但由于各水域的生态条件、天然饵料的生物量不同，以及管理技术的好坏，饲养效果就完全不一样。可按浮游生物量的多少，来确定鲢、鳙放养密度（表6-10）。若采用人工投饵的方式来饲养，则养殖的种类和密度应根据饲养条件和水质、水文状况来决定。

表6-10　浮游生物量与网箱饲养鲢、鳙鱼密度的关系

浮游植物（万个/升）	浮游动物（个/升）	鱼种箱鲢、鳙夏花饲养量（尾/米²）	成鱼箱鲢、鳙鱼种饲养量（尾/米²）
100～200	1 000～2 000	150～250	30～50
200～400	2 000～3 000	250～400	50～80
400～1 000	3 000～6 000	400～600	80～100

266. 网箱养鱼日常管理的注意点有哪些？

网箱安装在水域后，应静置一段时间（一般为15～20天），待网衣上生成一层生物膜后再放鱼种，以免网衣伤鱼。在鱼种入箱前要进行一次全面检查，框架是否牢固，网衣有无破损等。放养入箱的鱼种都要求体质健壮、无伤无病，并要经3%～5%的食盐水消毒。放养后滤食性鱼类摄食水体中的天然浮游生物，一般不需投食。吃食性鱼类一般投喂人工颗粒饲料，日投饵量一般为鱼总体重的5%～8%，每天投喂3～4次，并要根据鱼的摄食情况、天气和水温等灵活掌握。

网箱养鱼的日常管理一般有以下几项：

(1) 清箱 网箱养殖一段时间后，水中的藻类等生物可能堵塞网目，应及时进行清理，一般为 15～20 天清箱 1 次，以保持箱内、外水流的畅通。

(2) 巡箱 每天坚持早晚巡箱，检查网箱是否有漏洞，捞除杂物和死鱼，观察鱼的摄食及发病情况，及时采取措施，高温时要加遮阳网等降温。

(3) 病害防治 应以预防为主，防治结合。保持良好的水质环境，投喂新鲜质优的饲料，治病应以挂篓、吊袋为主，对症下药或将鱼赶至网箱一角用塑料膜隔开进行药浴防治鱼病。

(4) 适时捕捞 网箱养鱼的起捕较为方便，可根据市场需求，用投饵量的多少来控制鱼的生长速度，捕大留小，做到常年均衡上市与节日集中上市相结合。

此外，经过较长时间饲养后，网箱周围水域和所在位置的水底环境不同程度地恶化，需要定期改换网箱位置，以防泛箱和引发鱼病。

267. 如何利用网箱培育鲢、鳙鱼种？

在水质条件较好、浮游生物丰富的湖泊、水库，可进行不投饵网箱培育鲢、鳙鱼种，鱼种直接摄食水体中的天然饵料。这种方法在一些贫困山区或饵料来源困难的地区普遍应用，其养殖成本低，效益好。一般方法为：使用浮动网箱，在箱内放养体长4～5厘米的夏花100～400 尾/米^3，经 50 天左右可育成 12～13 厘米的鱼种，这时的鱼种可直接放养到池塘或水库中，也可继续在网箱中培育，经 3～4个月可养成 30 厘米的大鱼种。不投饵网箱的管理较简便，定期清除网衣的附着物，只需防止堵塞水流，防止网破逃鱼，大风浪时及时采取安全措施。

268. 如何利用小体积网箱养殖鲫？

在水库中设置小体积的网箱养殖鲫，管理方便，可随时根据市场需要适量上市，经济效益良好，采取的技术措施如下：

（1）**网箱设置** 用聚乙烯双层网片，内层网目 1.5 厘米，外层 3 厘米。规格为 1 米×1 米×1.1 米。网箱为漂浮式，用毛竹做支架，在网箱底部中央设饵料台。网箱应设置在背风向阳、水面宽阔、水深在 5 米左右、最好有微流水的库区。

（2）**鱼种放养** 3 月中下旬选购生长速度快、病害少的优良鲫品种，如异育银鲫、高背鲫、彭泽鲫和湘云鲫等。每箱放养尾重 75 克的鱼种 200～250 尾。

（3）**饲料投喂** 使用粗蛋白质含量大于 30％的颗粒饲料，日投饵量为总体重的 2％～5％。

（4）**日常管理** 经常观察鱼的活动情况和摄食量，7～10 天洗刷网箱 1 次，及时清除残饵，做好疾病防治工作。

269. 如何在水库网箱中养殖草鱼？

（1）**水域选择** 网箱设置区域水质良好，无污染，水深 4 米以上，水面较宽阔，底质平坦，水位较稳定，有微流水，透明度 50 厘米以上。要避开排洪流水区、主航道及水草丛生的区域，水、陆运输方便。

（2）**网箱设置** 网箱规格为 5 米×5 米×2.5 米，双层，网目 3 厘米，用毛竹作框架，加盖网，用竹竿撑起，以免影响草鱼摄食。网箱排列与水流方向垂直。为防止水库中漂浮物等损毁网箱，可在网箱养殖区外周围加设拦网。

（3）**鱼种放养** 草鱼种规格为 300～400 克/尾，放养量为 20～25 尾/米^3，网箱内适当套养少量鲢、鳙，规格为 200 克/尾，以摄食网箱中的浮游生物，清洁水质。

（4）**饲料投喂** 主要投喂颗粒饲料，可搭配少量的水草或旱草，每次投饵按照少—多—少的步骤进行，保证鱼类均衡生长。

（5）**管理与防病** 每 10 天清洗 1 次网箱，每半个月用生石灰、漂白粉等泼洒消毒，在高温及鱼病流行高发季节，可在网箱四边挂装（用漂白粉等消毒药物），预防疾病。

270. 网围及网栏养鱼的组件有哪些？如何设置？

网围的主要部件有墙网、隔网、囊网、石笼、毛竹桩、横杆和脚桩。

(1) 墙网 墙网是网围养鱼的主要部件，由内、外墙网组成，两层墙网距离在 4～5 米，墙网用聚乙烯线网片编织而成，网目为 2.5～3 厘米。墙网上、下纲均装有双纲绳，下纲装上石笼，以防底层鱼外逃，内墙网的下纲装配有双石笼。墙网高度要求超过历年最高水位 0.5 米以上。

(2) 隔网 把两层墙网的过道分隔成数段，每段安上 1 个囊网，作为检查是否逃鱼用。在每段隔网的上纲开一条小口，上装三角形网片，纲绳上装 6 个左右泡沫浮子，便于船只进出过道。

(3) 囊网 检查逃鱼所用，由网袋和须网组成。用 4 片大小不一样的梯形网片缝合成一个锥形网袋，长约 5 米、口径为 1 米左右，须网呈漏斗状，每个囊网上装有 2～3 个须网。网袋口连于隔网上，若内墙网有洞，外逃的鱼先入过道，再入囊网，可以随时检查，以采取措施。

(4) 石笼 固定墙网的部件，是用聚乙烯编织成的网片包上石块，缝制成 10 厘米左右的石笼，安装固定网脚，并用倒刺桩把网插入泥中。如以养鲤等底层鱼为主的主石笼，直径加大到 15 厘米，网墙底部用主石笼压牢并埋入底泥 30 厘米，上面再加一层副石笼，也埋入底泥加固。若遇水域为硬底，石笼不能埋入泥中，容易发生逃鱼，必须紧贴网脚打一圈矮脚竹帘，插入泥中约 25 厘米，上端高 80 厘米左右。

(5) 毛竹桩 它是墙网的主柱，采用根部直径约 30 厘米的直形新竹，不宜过细或过粗，将梢端打入底泥中 1 米深，上端高出最高水位 1～1.5 米，竹桩间距以 1.5 米为宜。在浅水草型湾湖等风浪小的地方，竹桥间距可适当增大至 3 米左右。

(6) 横杆 为加大网围牢度和抗风浪能力，可在竹桩上加两道横杆。一道扎在顶端，另一道扎在正常水位下约 0.5 米处。

（7）脚桩 为防大风浪时造成石笼的移位，石笼每隔 5 米插一根脚桩，作地锚斜插入底泥中。

有关网栏的部件及设置，可参照网围部分所述。

271. 网围、网栏养鱼的饲养种类有哪些？如何搭配？

（1）放养种类 网围、网栏养殖放养种类，根据水体理化条件和水生生物种类组成的特点来决定。如以混养为主，在透明度较大、水生植物茂盛的湖区中，以养殖草鱼、团头鲂、鲤、鲫、青鱼较适宜；在透明度较小、以浮游植物为主的湖区中，则以养殖鲢、鳙、草鱼、团头鲂、鲤、鲫、青鱼较适宜。

（2）混养搭配比例 在贫营养型或中富营养型湖泊中，以草鱼、团头鲂、鲤、鲫、青鱼作为混养的种类较好。草鱼占 40%，团头鲂占 20%，鲫、青鱼各占 5%，鲢、鳙各占 5%。在富营养型湖泊中，则相应增加鲢、鳙的放养比例，减少草食性的草鱼、团头鲂的放养量。其混养模式，一是以养殖草鱼、团头鲂为主，搭配鲤、鲫和青鱼，在饲养过程中主要投喂水草和草鱼配合颗粒饲料，用这种模式混养，既能充分利用湖泊中的水草资源，又能降低饲养成本，便于养殖户推广应用；二是以养殖鲤为主，搭配少量草鱼、团头鲂和鲫，用这种模式混养，既能充分利用湖泊中螺、蚬资源，又可投喂豆饼、菜饼等精饲料，在水草不丰富的湖泊中便于推广应用；三是以养殖成鱼为主，适当套养 2 龄鱼种，用这种模式混养，既能解决来年鱼种的来源，又可提高饲料的利用率。

272. 网围、网栏养鱼的放养规格和密度如何？

（1）放养规格 成鱼养殖时，放养草鱼规格为 250～500 克/尾，团头鲂为 50～100 克/尾，鲤为 50～60 克/尾，鲫为 25～50 克/尾，青鱼为 500～750 克/尾，鲢、鳙为 50～60 克/尾。在这一放养规格范围内，所养殖的鱼类当年 95% 的个体都达到商品鱼规格。培育 2 龄鱼种时，放养的规格草鱼为 20～25 克/尾，团头鲂、鲤为 10～15 克/

尾，鲫鱼为 5 克/尾，青鱼为 100～200 克/尾，经过一年的生长，为翌年的理想优质鱼种。

（2）**放养密度** 一般春季鱼种每亩放养量为 200～250 千克，生长到夏季高温季节（7～8 月）总重为 800～900 千克，秋、冬季捕捞季节鱼产量达到 1 000～1 500 千克。这一放养密度可保证鱼类在特殊水情条件下（即指网围区夏季高温季节最浅水深达 1 米以上），鱼类能达到较快的生长速度，并保持围养区内有良好的水质条件和丰富的溶解氧（5 毫克/升以上），同时，能防止草、青鱼因水质恶化而发生细菌烂鳃病和肠炎病等，从而保证高产稳产。

273. 小型水库养鱼有哪几种类型？

小型水库面积大都在 1 000 亩以下。根据水库的水质及饵料生物特点、自然条件、管理人员的技术水平等，将小型水库养鱼分为四种类型：

（1）**以养殖鳙为主** 如水质较肥，可不施肥，不投饵；如水质清瘦，也可少量施肥，不投饵。这种水库管理较简单，但效益也较低。

（2）**草鱼、鲤等吃食性鱼类和鲢、鳙等滤食性鱼类并重** 既施肥又投青饲料和精饲料，在水库周围天然饲草丰富的水库可采取此法。

（3）**在水库中设置网箱精养草鱼、鲤等吃食性鱼类** 网箱内投青饲料和精饲料，精养草鱼、鲤；网箱外的大水面放养鲢、鳙，不投饵，不施肥。精养与粗放相结合，经济效益较高。

（4）**水库内设置网箱主养鱼种** 网箱养鱼种、箱外水体养成鱼，均需投饵。也可在岸边养些畜禽，做到鱼—畜—禽合综合经营，充分利用水体，使经济和生态效益达到最高。

274. 怎样利用水库库湾培育鲢、鳙鱼种？

（1）**清库除野** 土坝或网片将库湾拦起来，用刺网、钓具等清除库湾内的野杂鱼。如库湾内水生植物较多，则需投放一定数量的草鱼，抑制其生长过盛而消耗水中的氧气。

（2）鱼种投放　投放鲢、鳙鱼种的规格为 30～40 尾/千克，每亩投放量在 10 千克左右。并搭配少量的鲤、鲫、团头鲂和草鱼种。

（3）施肥　如库湾中水质较清瘦，则需人工施肥，培养浮游生物，有机肥（堆肥等）作基肥，在投放鱼种前施放，可提前培育出浮游生物，供鲢、鳙鱼种摄食。化肥（尿素、过磷酸钙等）作追肥，在培育期内视水质肥瘦及时施放。

（4）管理　土拦库湾的管理较简单，而网拦库湾则需要经常检查网片是否有破损逃鱼现象，随时观察水位、水质的变化及鱼种的生长情况。适时撤除拦网及土坝，使鱼种进入大库内生长。

275. 水库施化肥养鱼需注意哪些问题？

（1）施肥水库的条件　主养滤食性鱼类（如鲢、鳙）的水库，水库内没有过于繁茂的水草，可存在少量的沉水植物，不与浮游生物争夺营养。水质较清瘦、透明度在 30 厘米以上、水质混浊的水库不适宜施化肥养鱼。水位变化不大、水交换量较小、水交换量过大的水库不宜施肥，以免养分流失。库水的酸碱度对施肥也有影响，酸性水质不宜施化肥。

（2）施肥方法　液态肥料比固态的好，液态肥可直接被浮游植物吸收，固态肥料易沉入水底降低肥效。如用固态化肥，需先溶于水再泼洒。施肥的浓度应低些，一般为 0.5 毫克/升即可，15～20 天施 1 次，施肥所要求的水质适宜肥度一般为透明度40～60 厘米。化肥开始施用时间为水温达 15℃以上。水交换量过大或库水混浊时不宜施用。

（3）化肥与有机肥合用　施用化肥的水库配用一定种类、数量的有机肥，可提高肥效，尤以鸡粪或牛粪最好，能促使水库中浮游植物，特别是鱼类喜食的硅藻类繁育，水质也稳定，有利于鱼类的生长。

276. 怎样提高水库中鲤、鲫的资源增殖效果？

（1）设置人工鱼巢　为了提高鲤、鲫等产黏性卵鱼类的增殖效果，一般要在水库设置人工鱼巢。做鱼巢的材料有杨柳树须根、棕片、柏树枝、水草（如金鱼藻）和旱草（如五节芒等）。鱼巢一般应布置在鱼类的繁殖场，如岸边漏水区、库汊等地。鱼巢的放置时间，应在鲤、鲫的繁殖期前（3月至4月初）。每把鱼巢要捆成束放置，并用拉绳固定在岸边，以免被风吹走。应加强鱼巢的管理，在鱼类的产卵高峰期禁止任何船只、网具进入产卵区，防止风浪损坏鱼巢。产卵后及时清除腐烂的鱼巢，以免影响水质。

（2）保护自然增殖区 根据鲤、鲫的天然繁殖场多在岸边、库汊等浅水区的特性，应在水库中划定鱼类自然繁殖保护区和禁捕期（鱼类的整个繁殖期和幼鱼生长期），在禁捕期内，禁止任何个人和单位下库捕鱼，加强渔政管理。

277. 水库套养鱼种有哪些技术要点？

（1）套养鱼种时间 时间宜早不宜迟，一般7月底前套养完毕。套养越早，夏花鱼种生长快、生长时间长，到冬季育成的鱼种规格大。一般应从5月中旬至7月中旬分3次投放夏花鱼种，以便翌年起捕成鱼时可不间断捕捞，保证成鱼均衡上市。

（2）套养鱼种的规格 套养夏花鱼种的规格应达到5～6厘米，鲢、鳙、草鱼的规格稍大，鲤、鲫、团头鲂的规格可稍小。

（3）套养鱼种的密度 水库鱼种的套养密度，应根据水库成鱼计划产量、水库中有无凶猛鱼类、夏花鱼种的规格等因素综合考虑。鲢、鳙鱼种的套养密度，一般为每亩500～1 000尾；鲫鱼种为100～200尾；草鱼、团头鲂鱼种为50～100尾。

（4）日常管理 投放鱼种应在晴朗无风的天气进行，投放在水库的浅水区。投放后即按水库成鱼的生产管理方式进行。条件许可时，还需投喂青饲料或精饲料。应加强日常巡查管理，防止逃鱼。

278. 怎样提高浅水草型湖泊的鱼类增养殖效果？

（1）湖泊的自然条件要求 一般在700公顷以下的湖泊，平均水深 1.5 米左右。湖中水草（苦草、轮叶黑藻、马来眼子菜等）资源丰富，水草覆盖面积占全湖水面的 1/3 以上。湖底多为壤土，螺蚬等软体动物资源丰富，水质良好无污染，水位稳定，往来交通船只较少。

（2）多品种放养　根据水草、螺蚬等资源的丰富情况，可放养多种鱼类，如草鱼、青鱼、鲤、鲢、鳙等。也可搭配放养一些名优品种，如河蟹、鳜、鲌、黄颡鱼等，以充分利用饵料资源。放养规格应尽量大些，如河蟹为 5～10 克/只，鲢、鳙为 100～150 克/尾。每亩的放养量在 15～20 千克。

（3）保障苗种供给　对于不能在湖中自然繁殖的鱼类（如鲢、鳙、青鱼、草鱼等），必须保证其鱼种来源。可在湖中用围网、网箱等培育鱼种，以供大湖放养。有条件的，也可在湖周开挖鱼池培育大规格鱼种。

（4）加强日常管理　在与河流相接的湖泊进、出水口处，必须有牢固的拦鱼设施（网片、竹箔等），以防逃鱼，要经常检查，发现问题及时采取补救措施。

279. 怎样提高大水面养鱼的经济效益和生态效益？

水库、湖泊等大水面，一般均为灌溉及饮用水的主要水源地。因此，在大水面从事渔业生产时，不仅要考虑渔业的经济效益，还要考虑不污染水质，保持大水面良好的生态环境，为使两个效益统一，可采取以下措施：

（1）充分利用天然饵料资源　要求鱼类养殖期间既不能污染水质，又要有助于净化水质，所养鱼类只能充分利用水域中的天然饵料，不能人工投饵或施肥。

（2）选择合适的放养鱼种　为了提高渔业和生态的双重效益，必须选择既能以水域的天然饵料（如浮游生物等）为主的鱼类，又能使水体起到净化作用，这就是"以水养鱼、以鱼净水"的生态养殖技术。如有的大水面以养鳙和大银鱼为主，鳙以摄食浮游动物为主，兼食浮游植物，银鱼除摄食浮游动物外，还可摄食水体中的小杂鱼虾，可起到减少水中的营养物质和净化水体的目的。

（3）**确定合理的放养量** 根据水库、湖泊等大水面合理的渔产力水平来确定放养量。放养鱼种的规格应大些，一般为50克/尾，在冬季投放，2年内可形成鳙的产量，大银鱼亲鱼规格为150尾/千克左右，所产的卵粒饱满，受精率较高。

（4）**加强管理** 年代较久的水库及湖泊内，往往有多种食鱼的凶猛鱼类，如乌鳢、鳡、鮊、鲌等，必须加以清除。在大水面的进、排水口设置双层拦鱼网，防止逃鱼。定期（1～2个月）拉网检查鱼的规格、生长情况等。如发现密度大、规格小，可进行适当捕捞，稀疏密度，增大规格。

280. 怎样在小水库里投草养殖草鱼？

（1）**水库养草鱼的好处** 养殖草鱼后通过食物链的传递，对鲢、鳙有明显的增产作用。生产1千克草鱼，可增产鲢、鳙0.3～0.6千克，提高水库的养殖效益。

（2）**草鱼饲料的来源** 可收集多种自然生长的水草、旱草和各种菜叶等，可利用水库周边的山坡及一切零星土地种植黑麦草、苏丹草等高产优质青饲料，并可收购各种饲草。

（3）**鱼种放养** 根据饲料来源情况、草鱼的起捕规格和起捕率，可推算出每年草鱼种的投放量。如每年能够向水库投草17.5万千克，投放7～9厘米的草鱼种，回捕率为15%，起水规格为1.4千克/尾，饲草的饵料系数为50，则草鱼种的年投放量为：

年计划投草量/（饵料系数×平均起水规格×回捕率）=175 000/（50×1.4×0.15）=16 666尾

另外，可根据水库中鲢、鳙的生长状况，适当增加鲢、鳙鱼种的投放量，提高经济效益。

281. 在水库中放养小规格鱼种养鱼的技术要点有哪些？

（1）**投放夏花鱼种** 一般水库多投放大规格鱼种，但成本高。改为投放小规格鱼种（夏花）后，可使空出的鱼种池循环利用，提高经济效益。因夏花的成本低，如水库内凶猛鱼类较少，也可获得较高的成活率。

（2）**增大放养量** 由于小规格鱼种成活率较低，必须加大放养量，并且连续几年投放，每年投放夏花的数量为每亩 500～1 000 尾，使水库中的鱼种可充分利用水中的天然饵料，保持高产稳产。

（3）**放养时间** 由冬季改为春季，夏花鱼种一般在 6 月中旬放养，此时，水库中饵料生物最为丰盛，水温又最适合鱼类生长，放养后即可迅速生长，提高成活率和加快生长速度。

（4）**控制凶猛鱼类** 为提高夏花鱼种的成活率，必须长年坚持清野和捕捞底层的凶猛鱼类，如鲌、马口鱼等。特别是在鱼种投放初期，加大对凶猛鱼类的捕捞强度，以提高夏花鱼种的成活率。

（5）**完善拦鱼设备** 在进、出水口要加设双层的密眼拦网，以防鱼种逃逸。在投放鱼种时尽量在水库的上游投放，远离大坝泄洪道等进、出水口处，减少逃鱼损失。

282. 怎样在湖底种草养鱼？

（1）**湖泊条件** 以前围湖造田的湖泊，由于农业产量低，现重新退田还湖，此类湖泊一般水位较浅（2 米以内），湖底淤泥较厚。在湖中筑矮堤或建设堤、沟、台三部分，使种植青饲料面积与养鱼面积成一定比例（一般为 2∶8）。湖泊水深在 1～1.5 米时可将湖泊一分为二，一半种植青饲料，另一半养鱼，隔年轮换，这样交替轮作进行，有利于湖泥肥力的持续利用和青饲料的持续高产。

（2）**选择合适的青饲料种类** 选择湿生或挺水植物为好，要求鲜草产量高，再生能力强，可多次刈割。在湖底可种植黑麦草、大麦、蚕豆、小米草和水稻等，在湖堤上可种植油菜、苏丹草、玉米和蚕豆等。播种时间根据牧草品种不同而不同，可在秋、冬季和春、夏季进行。

（3）**鱼种投放** 可搭配放养各种食性的大规格鱼种，鱼种规格一般在 50～80 克/尾，每亩放养量为 300～500 尾。其中，草食性鱼类（草鱼、团头鲂等）占总放养量 30% 左右，鲤、鲫等杂食性鱼类占 20% 左右，鲢、鳙等滤食性鱼类占 50% 左右。

(4) 投饲施肥 除用湖底种植的青饲料喂鱼外，鱼类快速生长期还应投喂一些精饲料（颗粒饲料等）。为增加青饲料的产量，可根据湖底淤泥的肥度及青饲料的生长情况，适当补施一些肥料。

283. 盐碱性湖泊鱼类增养殖的技术要点有哪些？

(1) 改良水域生态环境 盐碱性湖泊的含盐量平均在600毫克/升以上，pH在8以上。对水体影响最大的是pH，因此，降低pH是改良水体生态环境的关键一环。主要措施是向湖中投施酸性无机肥料，如硫酸铵、氯化铵和过磷酸钙，从而降低水体的酸碱度。

(2) 采取鱼—畜—禽相结合的综合生产技术 此类湖泊一般不用为饮用水源，可考虑在湖周散养或圈养家畜、家禽，使畜禽粪便流入或投入湖内。在湖岸边沤制绿肥，以有机肥料中的腐殖酸来降低水体的pH，且能培育水体中鱼类的天然活饵料，获得鱼、畜、禽的综合经济效益。

(3) 调整放养鱼类的品种、规格 盐碱性湖泊内由于草食性鱼类较少，水生维管束植物生长旺盛，一些耐盐碱的浮游生物（如螺旋鱼腥藻、蒙古裸腹溞等）也繁殖较快，因此，可增加草食性鱼类（草鱼、团头鲂等）的放养量，同时提高放养规格。

284. 什么是"生物絮团"技术？

生物絮团技术（biofloc technology，BFT）是近些年在水产养殖中被广泛采取的一种新技术，其主要为细菌、藻类、原生生物、后生生物、轮虫、线虫和腹毛类构成。生物絮团技术是通过向养殖水体中添加有机碳物质（如糖蜜、葡萄糖等），调节水体中的碳氮比(C/N)，提高水体中异养细菌的数量，利用微生物同化无机氮，将水体中的氨氮等含氮化合物转化成菌体蛋白，形成可被滤食性养殖对象直接摄食的生物絮凝体，能够生态友好地解决养殖水体中腐屑和饲料滞留问题，实现饵料的再利用，起到净化水质、减少换水量、节省饲料、提高养殖对象存活率及增加产量等作用的一项技术。

生物絮团形成条件如下：①碳源添加前两周不要使用杀菌剂，在碳源选择上应用较多的碳源是人类及动物食品工业的副产物，一般直接从当地取材，如糖蜜、甘油、麦麸、玉米粉及木薯粉等。添加碳源后不可换水，但可以补充蒸发渗漏的水分。②全程要保证充足的供氧，以保证溶解氧的浓度以及足够的水体混合度。③养殖水体中 C/N>10 时才能形成良好的生物絮体，使养殖水体形成以异养细菌为主的养殖系统，将有利于生物絮团的形成，为保持培养单元具有丰富的异养细菌，应在培养单元内加入黏土（100 克/升）或活性污泥（32 毫克/升）。④也可加入适量的高效有益菌到培养单元，如芽孢杆菌、硝化细菌等有助于水体营养物质代谢的菌类。

形成条件

❖ 足够的混合强度
❖ 充足的溶解氧
❖ 足够的碳源和C/N
❖ 温度
❖ 碱度
❖ 总固体悬浮量

285. 如何应用"生物絮团"进行水质调控？

生物絮团技术能促进水体中的氮循环和转化，有效改善水质，絮团中的微生物能同化水体中的无机氮，吸收并利用氨氮转化为菌体成分。通过向水体中投放碳源物质，能使水体维持一定的 C/N，在一定条件（水温、溶解氧等）的综合影响下，生物絮团中的微生物群落会有效吸收转化水中的氨氮和亚硝酸盐等无机氮。若养殖系统 C/N>10，水体中的有机氮和无机氮可被系统转化，且氨氮可被净消耗。当 C/N＝20 时，10 毫克/升的总氨氮可在 2 小时内被生物絮团养殖系统完全转化，且无硝酸氮和亚硝酸氮的产生。生物絮团养殖系统明显降低了换水量，甚至不换水，降低成本的同时也促进了生物絮团在实际生产中的应用。

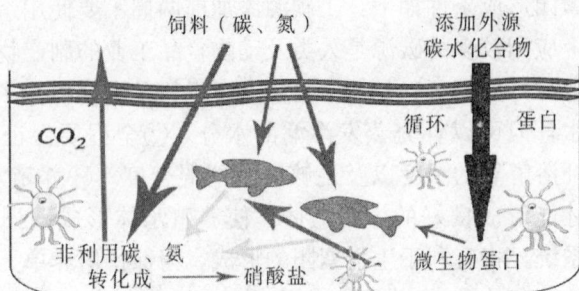

添加的碳源可以是葡萄糖、甜蜜素、蔗糖和淀粉等，碳源添加量约为饲料投喂量的55%，饲料和碳源的总碳氮比约为20。碳源的添加方式为每次投喂饲料后1小时，把投喂的碳源与少量养殖水体混合搅拌，全池均匀泼洒。经过15～18天的培养，生物絮团即可稳定形成。此后，每天添加适量的碳源即可维持生物絮团的稳定。同时，为更好地维持生物絮团处于稳定生长期，如果养殖的是滤食性或者杂食性鱼类可以摄食生物絮团，不会使生物絮团积累过多；当所养殖的对象是肉食性鱼类或者其他不可摄食生物絮团的品种时，要定期排出所形成的生物絮团。养殖期间不换水，只补充因渗漏、蒸发而丢失的水量，补充水源为经过沉淀、过滤后的池塘水。

生物絮团养殖水体中的生物多样性程度较高，可通过与病原菌竞争空间、底物及营养物质来抑制病原菌的生长及繁殖。且生物絮团中的细菌和藻类可产生某些胞外代谢物，通过破坏病原体致病的敏感性，降低其毒性，作为生物防治剂的同时又可使养殖对象的肠道菌群达到平衡。研究表明，生物絮团对养殖对象可能也具有免疫促进作用，故此生物絮团可在不喂药、少量换水的前提下提高养殖成功率，增加产量，是一种对抗水产养殖病原菌的有效方法。该技术既无药物残留等水产品安全性问题，又不会对水域生态环境产生负面影响，使得水产养殖朝着更加环境友好型的方向发展。

286. 人工湿地-池塘循环水生态养殖模式的构建流程是什么？

人工湿地-池塘循环水生态养殖模式的构建流程如下：

（1）根据养殖场的地势选址。应因地制宜，尽量选择有一定自然坡度的洼地或经济价值不高的荒地，降低投资。

（2）确定系统组合形式。根据场地特征、处理要求和所处理养殖废水的量来确定，可选择单一式、并联式、串联式、综合式。

（3）确定水力负荷。根据文献或经验而定。

（4）选择植物。根据湿地植物的耐污性能、生长能力、根系的发达程度以及经济价值和美观等因素来确定。

（5）计算表面积。计算公式为：

$$As = Q/a$$

式中　As——表面积；

Q——进水流量；

a——水力负荷。

（6）确定长宽比

①表面流湿地：长宽比 10∶1 或更大，根据地形来考虑，底坡降 0～1%。

②潜流湿地：根据达西定律

$$Q = Ks \times A \times S$$

式中　S——水力坡度；

A——湿地床横截面积；

Ks——潜流渗透系数。

或厄刚公式：

$$As = 5.2Q \left[LN \left(So - Se \right) \right]$$

式中　So——进水 BOD 浓度；

Se——出水 BOD 浓度；

As——湿地床表面积。

（7）结构设计

①进出水系统的布置：湿地床的进水系统应保证配水的均匀性，一般采用多孔管和三角堰等配水装置。进水管应比湿地床高出 0.5 米。湿地的出水系统一般根据对床中水位调节的要求，出水区末端的砾石填料层的底部设置穿孔集水管，并设置旋转弯头和控制阀门，以调节床内的水位。

②填料的使用：湿地床由三层组成，表层土层、中层砾石、下层小豆石。表层土钙含量在 20～25 克/千克为好；砾石层粒径在 5～50 毫米，铺设厚度 0.4～0.7 米。

③潜流式湿地床的水位控制：当接纳最大设计流量时，进水端不能出现雍水现象；当接纳最小流量时，出水端不能出现填料床面的淹没现象；有利于植物生长，床中水面浸没植物根系的深度应尽可能均匀。

（8）编制施工计划。

（9）修改设计：根据出现的问题对设计进行相应的修改。

（10）施工。

（11）试运行。

（12）竣工交付使用。

287. 湿地系统设计需要哪些参数？

人工湿地（constructed wetland）处理养殖废水，具有出水水质好、基建投资和日常运行费用低、维护管理方便等优点，且具有美学价值。然而，人工湿地还存在着对营养盐长期有效去除受到多种因素影响和制约，如水力负荷（HLR）、污染负荷、湿地类型、湿地植物、床体内部溶解氧浓度等。这些因素限制了湿地净化效果的进一步提高，已成为限制湿地推广应用的瓶颈。

湿地处理系统的主要工艺参数为负荷率。常用的负荷率有水量负荷和有机负荷，有时还辅以氮负荷和磷负荷。要考虑的问题是：土壤性质、透水性、地形、植物种类、气候条件和养殖废水处理程度的要求。

288. 人工湿地-池塘循环水生态养殖设施放养大宗淡水鱼的模式有哪些？

目前，大宗淡水鱼的养殖逐步呈现区域化养殖趋势，并形成当地的品牌。如江苏无锡的甘露青鱼、广东的草鱼、苏北的鲫、北方的鲤、湖北的鲂等，各地基本上根据地方特点形成各自的主养模式，而鲢、鳙则是作为搭配的品种，从而形成比较合理的、多种多样的放养模式。这些放养模式都适合在人工湿地-池塘循环水生态养殖设施中进行。

289. 人工湿地-池塘循环水生态养殖水处理流程是什么？

人工湿地-池塘循环水生态净化系统，一般由前处理池、人工湿地、生态沟渠等部分组成。

（1）处理池 分为沉淀池和滤水墙两部分。沉淀池底部设一凹型池底，便于收集泥沙；滤水墙用120毫米空心砖砌成，内部填充30～50毫米的碎石。

（2）人工湿地 可由垂直下行流湿地、垂直上行流湿地、水平推流湿地复合而成，湿地栽种植物选择适合当地生长的湿生植物，如美人蕉、菖蒲等。

（3）生态沟渠 水体经过人工湿地后，再通过生态沟渠进一步降解氨氮、曝气增氧，进入或流入各养殖池。各养殖池通过交叉插管互通，在水位差的作用下，保持整个养殖水体处于微流水状态。

将水源水或养殖废水有控制地投配到经人工建造的湿地上，水源水或养殖废水再沿一定方向流动的过程中，主要利用土壤、人工介质、植物、微生物的物理、化学、生物三重协同作用，对水源水或养殖废水进行处理。其作用机理包括吸附、滞留、过滤、氧化还原、沉淀、微生物分解、转化、植物遮蔽、残留物积累、蒸腾水分和养分吸收及各类动物的作用。

将水源水或养殖废水经人工湿地处理后，水体中的有毒、有害物质被人工湿地吸收利用，从而使水体得以净化。

290. "生物浮床＋生态沟渠"技术应用到精养池塘养殖中有哪些优点？

（1）因地制宜，不占用养殖面积。生态沟渠的构建，可以利用养殖池塘进、排水渠道进行生态改造；生物浮床可以直接利用养殖池塘水面进行布设，也可以在生态沟渠中布设。

（2）改善养殖环境。利用"生物浮床＋生态沟渠"技术，可以显著改善养殖环境。

（3）提高养殖效益。利用生物浮床技术，可以种植多种经济植物，提高单位池塘养殖效益。

（4）节约用水。利用"生物浮床＋生态沟渠"技术，可以显著改善养殖环境，减少池塘换水量，达到节水的目的。

（5）减少病害的发生。

（6）提高水产品质量。

291. 如何构建生态沟渠？

生态沟渠，是指具有一定宽度和深度，由水、土壤和生物组成，具有自身独特结构并发挥相应生态功能的沟渠生态系统，也称为沟渠湿地生态系统。主要有固着藻类生态沟渠和水生植物生态沟渠；按土地类型，主要有灌区生态沟渠和湿地生态沟渠。

养殖池塘生态沟渠的建造：可以利用池塘的进水系统和出水系统建造生态沟渠。在池塘进、排水河道两边种养凤眼莲、水花生等，用毛竹围栏固定，覆盖面积为 30%～50%；在河道里放养 100 克/尾鲢、鳙，鲢 50～100 尾/亩，鳙 30～50 尾/亩；在河道底部放养螺蛳，放养量为 150～300 千克/亩。

也可以根据需要在某一段构建砂滤装置，达到对水体比较好的净化效果。

总之，生态沟渠的构建要因地制宜。

292. 如何制作生物浮床？

生物浮床，是指在富营养化水体的水面上以浮床为载体，种植根系发达的水生植物或耐湿植物。通过植物根茎吸收、吸附水体中部分营养盐、有毒物质，降低水体中氮、磷浓度，并通过收获植物体的形式，将吸附积累在植物根系表面及植物体内的污染物移出水体，从而降低水体的富营养程度。同时，生物浮床栽种的水生植物具有较高的观赏性，适用于城市内河、城郊湖泊及有污染的景观水体。目前，生物浮床由泡沫塑料、竹排或人工合成材料为主的轻质材料制成。

制作生物浮床主要有以下几个步骤：

（1）搭建浮床框架：主要材料有毛竹和 PVC 管，利用绳索或 PVC 弯头用胶水焊接固定成四方形。

（2）用尼龙绳将单层尼龙网固定在浮床框架上，网目用于固定水生植物。

（3）用尼龙绳将浮床大小的密眼网箱固定在浮床下面，目的是为了保护水生植物根部不被养殖鱼类吃掉。

293. 如何安装生物浮床？

首先根据养殖池塘的面积计算生物浮床的覆盖面积，一般生物浮床可以做成 1 米^2、2 米^2、4 米^2，再根据生物浮床大小换算需要的个数。

在池塘岸边将已长出根的水生植物，按一定密度固定在浮床网目内，然后再将浮床放到养殖水体中，利用生物浮床自身的浮力浮于养殖水面。生物浮床可以摆放在池塘一头，也可以摆放在池塘四周，用尼龙绳连在一起，两头固定在岸边。

294. 如何选择和管理生物浮床植物？

浮床植物的选择首先要考虑取材方便，即能适合当地生长的、容易取得的水生或湿生植物；其次所选择的植物根系要发达，这样能为水体中有益微生物提供大量的附着面积；第三要考虑所选植物的观赏性、经济性和对养殖对象有特殊作用。

浮床植物的管理主要包括：早期观察浮床植物的生长情况，对生长不好的浮床要及时补栽；浮床植物病虫害的防治要经常巡察，发现虫害要派人除虫，对小型浮床在发现虫害时可以将浮床翻转浸入水中

24小时再翻回来；在浮床植物生长到一定程度时要及时采收，以防浪费或产生二次污染。

295. 怎样进行养殖用水管理？

养殖前期应逐渐向池塘加水，中后期视水质情况适当换水。可通过换水调节水温。应防止大排大灌，以少量多次为原则交换水体。可使用石灰调节水体pH，使用沸石粉吸附有害物质，使用有益微生物改良水质，使用增氧机增加水体溶氧量。阴天及雨前雨后，及时开动增氧机，防止生物因缺氧而发生的浮头现象。

在养成期，应维持养殖环境稳定，确保水质符合安全生产的水质条件。通常情况下水位应维持一定水平，当水质状况如水色、理化指标发生较大变化时，可采取换水或使用化学药剂的方式，调节水体pH、氨氮、硫化物、溶解氧、透明度和重金属等。

通过水色观察和计数，可粗略判断单胞藻的种类和数量是否合适。水不够肥时，可在养殖池中加入适量肥料以促进单胞藻的生长，确保养殖水体始终保持"肥、活、嫩、爽"。

日常管理中要坚持每天对养殖场进行巡察，以便对其内外情况有全面的了解，从而及早发现问题并及时解决。观察内容主要是水质情况以及水生生物的活动与摄食情况。如发现生长不良或病态，必须迅速查找原因，有针对性地采取措施。每天的巡视情况要记录存档。

296. 何为池塘工业化生态养殖系统？

池塘工业化生态养殖系统，即在池塘中建设前后端分别带有气提推水和集排污设备的固定式矩形水槽，多个水槽并列组合，面积占池塘面积的3%～5%，水槽作为养殖区高密度集约化养殖鱼类；池塘作为净化区，主要用于净化水质，适当放养免投饵品种和种植水生植物。目前，各地对该系统的称谓不一，如"低碳高效池塘循环水精养系统""池塘水槽流水养殖系统""池塘循环流水养鱼系统""池塘循环流水水槽生态养殖系统""池塘内循环流水养殖系统"等，在江苏目前已统称为"池塘工业化生态养殖系统"。

池塘工业化生态养殖系统集成了工业化养鱼和池塘生态养殖理念和技术，其技术核心是"池塘分隔利用、推水循环流动、收集排出污物和池水生物处理"，为养殖鱼类生长提供优良的水环境条件。其核心内容有机统一，缺一不可，是为该系统和技术的显著特征。

297. 池塘工业化生态养殖系统有哪些特点？

（1）可收集排出的养殖鱼类残饵粪便，从根本上解决水产养殖水体富营养化和污染问题。利用大面积池塘生物净化处理水质，闭合循环利用，养殖污水零排放，也避免外源污染水影响。

（2）养殖鱼类始终处于高溶氧流水中，生长快、体型好、品质高，成活率可达 95% 以上，病害发生和药物使用大为减少（减少 80% 以上），水产品的安全性有保障。

（3）提高饲料转化率，降低饲料损耗和饲料系数。提高产量和效益，槽内水体产量可达 100 千克/米^3 以上。

（4）采用的气提式增氧推水设备，可以使水槽和池塘内水体持续循环利用，养殖期间不换水，养殖结束不干塘，大量节约水资源。单位产量能耗低于传统池塘养殖。

（5）多个水槽可以进行多品种养殖，避免单一品种养殖风险；同时，可以进行同一品种多规格养殖，均衡上市，加速资金周转；还可以进行成鱼暂养，瘦身改善品质或淡季上市，提高售价。池塘中还可放养其他免投饵净水品种，在净水的同时还增加产量效益。

（6）省工省力，管理操作方便，起捕率达 100%。可实现室外工业化、智能化养殖管理，为实现互联网＋水产提供可能。

298. 在大宗淡水鱼养殖生产中示范推广池塘工业化生态养殖系统有何重要意义？

池塘工业化生态养殖系统的建立是对传统池塘养殖的革命性创

新，其将陆上工业化养鱼等设施装备和技术引入池塘，将高密度集约化循环水养殖技术与池塘生态养殖和生物净化技术集成，使养鱼与养水在区位功能和操作运行上分离，养殖污物排出池塘系统，极大地减轻了池塘水质调控压力，改善了养殖内外水环境，提升了产能绩效和产品质量安全水平。池塘工业化生态养殖系统及技术在大宗淡水鱼养殖生产中的示范推广，对转变传统池塘养殖大宗淡水鱼方式，保障养殖产品质量安全，保护渔业水域生态安全等都具有重要意义，将带来池塘养殖业一场革命，代表了今后池塘养殖的发展方向。

299. 如何建造池塘工业化生态养殖系统设施？

目前，该系统的构建在结构和材质上各有不同，有砖混结构、钢架＋板材（PVC板、不锈钢板、帆布等）、砖混＋钢架＋板材、玻璃钢成型组装等之分；在设置方式上，有固定式、漂浮式之分；在形状上，有矩形水槽、圆形水槽之分；在集排污方式上，有集污漏斗＋集污井＋排污泵和平板集污区＋移动吸排污装置之分；在水流形成设备上，有气提推水装置（固定式、漂浮式）和水泵供水之分；在供气设备上，有涡旋气泵和罗茨风机之分；在池塘水循环方式上，有两塘循环式（水槽建在塘埂一端，另一端涵洞过水，形成水循环）和单塘循环式（水槽建在一塘内，设导流隔断，形成水循环）之分。可以说，现有不同构建方式的养殖系统各具特点、各有所长，但在建设成本、排污效果、管理方便性、基础条件要求和运行绩效等方面应有所差异。采用何种构建方式，要根据当地池塘条件、投资计划和已有系统生产运行实绩予以研判确定。

对底质好、淤泥少的池塘，建议可采用铺设简易水泥地坪再在其上建水槽的方式，水槽构建可用砖混结构或钢架＋PVC等板材结构；对底质差、淤泥多的老塘口，建议免做水泥地坪，采用桩基础钢架＋板材结构，以期在保证水槽设施质量和满足运行条件的前提下尽量降低基建成本。系统所需的气提推水和排污设备已有销售产品，可按需采购安装即可。

300. 如何用池塘工业化生态养殖系统养殖大宗淡水鱼?

池塘工业化生态养殖系统养殖模式，主要是将吃食性鱼类"圈养"在水槽中，进行高密度集约化流水养殖，同时，在池塘内放养适量免投饵净水鱼类、虾蟹、甲鱼和贝类等，并种植适量水生植物以净化水质。水槽中可以单品种的品种有大宗淡水鱼中的草鱼、青鱼、鳊、异育银鲫等;池塘中可放养大宗淡水鱼中的鲢、鳙等。据目前生产实践，水槽养殖草鱼和异育银鲫的单产一般可达 50~100 千克/米^3，高的已达 150 千克/米^3;池塘中鲢、鳙单产一般可达 200~400 千克/亩。水槽和池塘中大宗淡水鱼的放养量，可依据此单产水平和鱼种规格予以确定。鱼种放养时间一般在早春，以鱼可正常吃食时间为准。需要特别注意的是，鱼种在放养前要在网箱中暂养并予以流水刺激，以减少鱼种放养到水槽流水环境中的应激反应，放养前最好在水槽推水端用网拦起，防止鱼顶水摩擦拦鱼栅造成损伤、患病。饲料一般用膨化料或沉性料，投饲实行"四定"，使用投饲机或人工投喂，要根据鱼吃食和生长情况及时调整饲料规格和投饲量。在病害防治方面，鱼种放养前要严格消毒。在池塘水质保持"肥、活、爽"和气提推水设备持续运转条件下，水槽中养殖鱼类一般不会缺氧和患病，但最好定期予以药物消毒。每天投喂 1 小时后要开启排污设备，及时将沉积在水槽集污区的残饵粪便排出。要经常清洗水槽前后端拦鱼栅，防止杂草等堵塞影响水流。要根据池塘水位情况及时排出和加注水，以保持水槽水位和气提推水设备运行效率。要配备应急发电机，保障气提推水设备不断电正常运转。要注重池塘水质管理，定期检测水质，施用微生态制剂，清除多余的水草等，保持池水达到"肥、活、爽"。

七、病害防治

301. 鱼为什么会生病?

鱼生活在水中，在人工养殖中的环境条件、种群密度、饲料质量等方面与生活在天然环境中有较大的差别，环境因素相对比较复杂，又经常会受到病毒、细菌和寄生虫等病原体的侵袭，尤其是在养殖鱼类体质瘦弱、抗病能力差或鱼体受伤、外界环境又有利于病原体大量繁殖的情况下，就更容易生病。另外，在养殖过程中，由于放养密度不合理或投饵不当，造成鱼体营养不良，也会导致其生理代谢紊乱，发生营养性疾病。生病后，轻者影响其生长繁殖，使产量减少，并且影响其商品价值；重者则引起死亡。

302. 引起鱼类生病的因素主要有哪些?

导致鱼类发病的原因比较复杂，当鱼类生活的环境发生了不利于其生存的变化或者鱼体机能因其他原因引起变化而不能适应环境条件时，就会引起发病。因此，疾病的发生往往不是某个单一因素影响的结果，而是病原、宿主和环境相互作用的结果。

(1) 引起鱼类生病的外界因素　引起鱼类生病的外界因素很多，基本上可以概括为生物、理化和人为三大因素。

①生物因素：一般常见的鱼病，多数是由各种生物传染或侵袭鱼体而致病，如病毒、细菌、真菌、藻类、原生动物、蠕虫、蛭类、钩介幼虫和甲壳动物等；还有一些是各种敌害生物，如凶猛鱼类、鸥鸟、水蛇、水生昆虫、青苔和水网藻等的存在，对各种养殖鱼类都有危害。

②理化因素：理化因素对养殖鱼类的影响极大。水是养殖鱼类的生活空间和生存介质，一切外界因素和环境条件都是通过水的作用对养殖鱼类产生影响，因此，水的理化指标直接影响养殖鱼类的代谢、生长和繁殖。在养殖鱼类中，最重要的理化因素是水温、酸碱度和溶解氧。

水温：不同的鱼类对温度的要求不同，同种鱼在不同生长阶段对水温也有不同的要求。水温的变化对养殖鱼类的影响是很大的，特别是水温突变对幼鱼的影响更为严重，初孵出的鱼苗只能适应±2℃以内的温差，6厘米左右的小鱼种能适应±5℃以内的温差，超过这个范围就会发病。另外，水温的变化与病害发生直接相关。在水生生物生活的临界温度下，生物处于应激状态，免疫力下降；温度的迅速变化，将会导致新陈代谢速度的改变、渗透压调节和免疫系统功能低下等问题，更严重的会导致水生动物体内各种酶的失活，从而引起鱼类的死亡；水温的骤变，会直接引起养殖水生生物的休克、痉挛乃至死亡；水温升高，病害的繁殖和传播能力提高，有机质的分解速度加快，水体溶解氧下降，疾病发生率上升等。

酸碱度（pH）：pH是反映水质状况的一个综合指标，如pH升高，说明水中浮游植物光合作用强，水中溶解氧增多；pH下降是水质变坏、溶解氧降低的表现。pH变化又是引起化学成分变化的一个主要因素，如pH降低，可使有毒的硫化氢增加，亚硝酸盐毒性增加；pH过高，又会使有毒的氨氮增加。鱼类对水体的酸碱度有较大的适应性，以pH7.0～8.5为最适宜，pH低于5.0或超过9.5，均会引起鱼类死亡。

溶解氧（DO）：溶氧不仅是保证鱼类正常生理功能和健康生长的必需物质，又是改良水质和底质的必需物质，在鱼类养殖的全过程中都必须保持水中有充足的溶解氧。因此，水中溶氧量的多少关系到鱼类的生长和生存。水中DO的含量需控制在4毫克/升以上（针对养殖池塘底层而言，上层水至少需达到8毫克/升以上），如果水中溶氧偏低甚至缺氧，将会对鱼类产生许多不利因素。如果水中溶解氧含量低于2毫克/升时，鱼类会因缺氧而浮头，长期浮头会引起鱼类下颌的畸变，严重时则表现为鱼类食欲不振，生长缓慢，抵抗力下降，当溶解氧低于1毫克/升时，就会严重浮头，甚至窒息死亡，同时严重缺氧还会引起水中各种生物死亡，池塘迅速缺氧能引起水中化学成分的剧烈变化，引起"水变"，造成鱼类抗病力降低；长期缺氧还会造成水体中好氧微生物减少，引起氨、亚硝酸盐、硫化氢等有害物质积累，引起鱼类慢性中毒；缺氧能引起水体中厌氧及兼性厌氧菌（如嗜水气单胞菌）的增多，而嗜水气单胞菌是鱼类常见致病菌，易引起养殖鱼类发生细菌性败血症；缺氧还能引起水体中碳酸盐、磷酸盐及有机物缓冲能力的降低，水体不易稳定。

③人为因素：在渔业生产中，由于管理和技术上的原因而引起的鱼病统称为人为因素。主要有以下几个方面：

放养密度不当、混养比例不合理：如单位面积内放养密度过大，或底层鱼类与上层鱼类搭配不当，超过了一般饵料基础和饲养条件，则容易造成缺饵、缺氧，既恶化了生态环境，又加剧了生存竞争，其结果是鱼体生长快慢不均，导致鱼类营养不良，抵抗力减弱，为流行病创造了有利条件。

饲养管理不善：饲养管理不善不仅影响到鱼产量，而且与鱼病的发生密切相关。投饵不均，时投时停，时多时少，或投喂不清洁、腐烂变质的饲料，都可造成鱼类的正常生理机能活动的消耗得不到及时补充，使养殖鱼类饥饱失常，极易诱发肠炎。高温季节，不及时清除残饵，不加强水质管理，池水污浊不堪，病原微生物大量繁殖，也极易使养殖鱼类患病，造成鱼病暴发性传染。另外，施肥的种类、数量、时间和肥料处理方法不当，易使水质恶化，或利于鱼类病害生物生长，都可引发鱼病。

技术操作不细致：拉网捕鱼、运输鱼类苗种时操作不当，很容易使养殖鱼类造成不同程度的创伤，如鳍条断裂、鳞片脱落和皮肤擦伤等，给水中细菌、霉菌侵袭以可乘之机，引起鱼类生病。

(2) 引起鱼类生病的内在因素　疾病的发生都有一定的原因和条件，外因必须通过内因产生变化，因此，内因是变化的关键。一般来说，鱼类本身体质好，抗病力也就强，即使有病原体存在也不易生病；相反体质差，则容易生病，如草鱼、青鱼患出血病时，同一池中的同种同龄鱼中有的病死，有的根本未发病。同种或不同种的鱼类，由于它们的年龄、性别、机体结构不同，其免疫能力有很大差别。如草鱼、青鱼患肠炎病时，同池的鲢、鳙从不发病。同种鱼类在不同发育生长阶段发病情况也不一样，如白头白嘴病一般在体长6厘米以下的草鱼发生，超过此长度的草鱼基本上不发生这种病。这与鱼类的健康状况和抗病能力有关，是由鱼类机体本身的内在因素决定的。

因此，对鱼病的发生，不能只考虑一个方面的因素，而要把外界环境条件和鱼体本身的内在因素结合起来考虑，才能正确了解鱼病发生的原因，有针对性地采取措施。

303. 为什么要实施综合预防的鱼病防治措施？

多年来的实践经验证明，鱼病工作只有贯彻"全面预防、积极治疗"的正确方针，采取"无病先防、有病早治"的积极方法，才能达到减少或避免鱼类因病死亡，保证养殖鱼类的单位面积产量和质量。因此，必须实施综合预防的鱼病防治措施，主要有以下三方面的原因：

（1）发现难　由于鱼类生活在水中，其活动不易被人们觉察，鱼生了病往往不能及时被发现。

（2）诊断难　鱼病发生的原因非常复杂，常为综合或并发感染，正确诊断也较陆上生活的鸡、鸭等畜禽动物困难得多。

（3）治疗难　鱼病和禽、畜病不一样，如果是禽、畜生病，可以采用口灌或注射药物的方法进行治疗，而对病鱼，特别是鱼种尚无法采用这些方法；另一方面，在某些鱼病发生以后，当病情较严重时，病鱼已经没有食欲，即使有特殊的药物，也无法进入体内，不能达到治疗的目的，因为内服药一般只能由鱼主动吃入。因此，对鱼类疾病采用口服药物治疗，只限于尚未丧失食欲的病鱼。体外用药，一般采用全池泼洒及浸洗的方法，这只适用于小面积的池塘，而对大面积的湖泊、河流及水库就难以使用，而且鱼病的发生不是一个孤立的原因，它是鱼体、病原体和生活环境三者相互作用、错综复杂的体现，因此，预防鱼病不能只从某一方面考虑，而要从三方面着手，既要注意消灭传染病的来源，尽可能切断传染和侵袭途径，又要提高鱼体的抗病力，还要改善生活环境，采取综合性的预防措施，才能达到预期的防病效果。因此，在鱼类养殖过程中，必须创造一个适宜的生态环境，并实施营养素（含营养素药物）和有益微生物成为优势种群的调控技术管理，才能使之有利于增强鱼类的抗病力，而不利于病原微生物的增殖，使之无法达至暴发阈值，才能达到生态控病的要求。

304. 怎样预防鱼病？

鱼病的预防应通过多种途径，采取综合措施，才能达到预防目的，具体方法包括：①彻底清塘消毒；②放养体质健壮的鱼种，操作小心，避免损伤鱼体；③加强苗种消毒，对草鱼种进行免疫处理；④加强饲养管理，做好"四定"投喂，保证鱼类营养需求；⑤加强鱼类养殖过程中的水质管理，保持池水肥、活、嫩、爽；⑥加强养殖过程中的危机管理，即应激管理。采取上述综合预防管理措施，才能做好鱼病的预防工作。

305. 为什么清塘消毒至关重要？

池塘是鱼类赖以生存的基本环境，除了池塘本身应具备一些基本养殖条件外，许多生产措施都是通过池塘水体而作用于养殖鱼类体内的，因此，必须最大限度地满足养殖鱼类的栖息要求。同时，彻底清塘消毒是创造良好养殖生态环境的基础，池塘的清洁与否直接影响到鱼类的健康和养殖效果，所以一定要清塘消毒。池塘底质好，水质自然好，而水质好，底质未必就好，因此，池塘清塘消毒至关重要，它是鱼类生态健康养殖技术和养殖成功的"最关键"之一。清塘消毒一是必须清除过多淤泥，彻底曝晒，改善底质，堵漏防渗（防止病毒"串联"传播），为鱼类健康成长营造一个良好的"居住"环境；二是应用消毒药物杀灭池内敌害生物。具体操作是在放养前10～15天进行药物清塘，塘底先留水10～20厘米，用生石灰150～200千克/亩现兑现泼。4～5天后将生石灰水冲洗掉，就可注入新水。注水口应设置过滤网，滤去有害生物和杂质。然后，可全池泼洒溴氯海因200～300克/亩或聚维酮碘200克/亩，迅速、彻底杀灭病原和有害生物。有些地方也采用茶饼清塘（用量是40～50千克/亩）或漂白粉清塘（用量是13～15千克/亩），也可以生石灰与漂白粉混合清塘。

306. 鱼种入池前为什么要用药物消毒？用什么药物进行消毒？

由于苗种本身可能携带有细菌和病毒，或在运输过程中造成鱼体受伤，如果不进行药浴，遇到天气变化或环境适合时病菌就会大量繁殖，从而造成鱼类患病，加上处理不及时造成鱼类大量死亡。近几年，许多养殖场和养殖户放养的鱼种几天后就出现大量死亡，其主要原因是忽视苗种的药浴。因此，鱼种放养前必须对养殖的鱼种进行消毒。

鱼种入池前除新型渔药按说明使用外，常用的化学药物按下面方法使用（表7-1）。

表 7-1　鱼种药浴常用药物

药物	浓度	水温	浸洗时间	可防治的鱼病	注意事项
食盐	0.5%～0.6%		30～40分钟	水霉病、细菌性病、寄生性原生动物病	药浴容器不能用金属容器；药液现配现用；不宜在阳光下药浴；两种以上药物需先各自溶解再混合；药浴时需观察鱼类活动情况，一有不良反应须立即停止药浴，放入池水中
	3%		10～15分钟		
漂白粉	10克/米³	10～15℃	20～30分钟	细菌性皮肤病和鳃病	
		15～20℃	15～20分钟		
硫酸铜	8克/米³	10～15℃	20～30分钟	寄生性原生动物病	
		15～20℃	15～20分钟		
硫酸铜与漂白粉合剂	8克/米³与10克/米³	10～15℃	20～30分钟	细菌性和原生动物病	
高锰酸钾	20克/米³	10～20℃	20～30分钟	寄生性原生动物病	
		20～25℃	15～20分钟		
	20克/米³	10～20℃	2～2.5小时	锚头鳋病	
	10克/米³	25～30℃			

307. 如何观察鱼是否生病？

观察鱼是否生病，需从鱼的体色、吃食情况及活动状况等方面进行判断，这几方面是鱼发病的共同特征。

（1）健康鱼体色鲜艳，食欲旺盛，食量正常；而有病的鱼常体色暗淡或发黑，食欲减退或不吃食。

（2）早晚巡塘观察时，健康鱼是集群游动，活动灵活；病鱼往往离群独游或时游时停，甚至停留在水面不游，也有的急窜狂游。

（3）当鱼体表上有寄生虫或池塘中有有毒物质时，鱼在池中拥挤成团或游动时非常不安，上蹿下跳，急剧狂游或间歇性的急剧狂游。如果是由寄生虫引起，池鱼死亡缓慢，增加死亡不多；如果是由有毒物质引起，则会出现大批死亡。

总之，要经常进行现场观察，了解鱼池中各种异常现象及鱼类的体表、体内状况，以便及时发现病情，诊断治疗。

308. 怎样诊断鱼类疾病？

为了达到积极治疗鱼病的目的，就必须对鱼病迅速作出正确的诊断。鱼病诊断的目的在于，通过观察、检查和分析，对病鱼所患疾病作出正确的判断，以便对症下药，采取合理措施。诊断鱼类疾病，一般采用目检、镜检、病原分离和血清学鉴定等方法。目检即用眼睛检查诊断，镜检是利用显微镜检查诊断。病原分离、血清学鉴定和核酸杂交等方法，需要有一定的仪器设备和药物，以及专门的理论知识。现在广大渔民一般是采用肉眼和镜检等方法诊断鱼病。

鱼病诊断的方法是，先外后内，先腔后实，先肉眼后镜检。目检，就是用眼睛直接观察，对一些疾病病原体较大、用肉眼可以看到的，如锚头鳋病、中华鳋病和水霉病等，都采用此法。对于一些常见的细菌性疾病和病毒病，一般亦可根据其症状进行诊断，如细菌性烂鳃病、细菌性败血症、赤皮病、打印病、细菌性肠炎和草鱼出血病等。此外，还可根据鱼体大小、不同季节、不同地区鱼病的流行情况作出正确的诊断。鱼苗、鱼种阶段一般易感染车轮虫、斜管虫、鳃隐鞭虫、小瓜虫等原生动物引起的疾病。镜检，就是采用显微镜进行检查，是在目检的基础上，对肉眼看不见的小型寄生虫疾病的确诊和其他疾病的辅助诊断。养殖场或者养殖户都可添置一台简便的显微镜，对鱼病进行更有效的诊断。

鱼病的准确诊断，要求广大渔民应掌握常见的大病原体的识别和常见疾病的典型症状，同时，还要求了解本地区不同季节鱼病的流行情况。在诊断时还要进行现场调查，现场调查，可以帮助最后作出确切的诊断。需值得注意的是，当鱼发生大量死亡时，有的可能不是由病害引起，而可能是药物中毒，或是水中缺氧造成。这就需要根据情况进行综合分析，最后确诊。

309. 怎样从患病鱼来初步判断鱼的病情？

很多鱼病都是根据鱼的患病症状来进行命名的，这样就可以根据鱼患病的症状来初步判断：①若鱼出现口腔充血，肌肉发红，肛门充血，鳍条充血发红，就可初步判断为出血病；②若鱼出现体表充血、发炎，鳞片脱落，就可初步判断为赤皮病；③若鱼鳃丝腐烂发白，尖端软骨外露穿孔，并附有污泥和黏液，则可判断为烂鳃病；④病鱼腹部有红斑，肛门外突、红肿，肠道呈红色，肠壁弹性差，肠内有黄色黏液，严重时有腹水，这病多为肠炎病；⑤若鱼体表有旧棉絮状白色物，则为水霉病；⑥若鳃上黏液增多，鳃部全部或局部呈苍白，严重者鳃丝浮肿，鳃盖张开为指环虫病；⑦部分鳞片发炎红肿，其红点部位有针状虫体为锚头蚤，是锚头蚤病；⑧病鱼背鳍、尾鳍间有气泡，严重的尾鳍局部充血，肠道中有气泡，多为气泡病；⑨病鱼鳃肿胀，鳃丝表面出现乳白色，严重的还出现局部鳃片坏死，多为药物污染引起的鳃组织坏死病；⑩鱼的下唇突出，口呈方形，再无其他的病症，这种状况是因水体长期缺氧浮头造成的缺氧症。

这样的例子不胜枚举，根据病鱼出现的症状，就可初步判断养殖鱼类患了何种病，有利于对症下药早治疗的目的。

310. 怎样从肝脏判断鱼的疾病?

养殖鱼类患病，多数也可从肝脏进行判断。肝变色，并有出血斑或出血点，胆囊增大或变色，多为病毒性疾病；肝脏颜色较淡，呈花斑状，并肿大，胆囊也肿大，多为细菌性暴发病；患病鱼肝脏脂肪浸润，大量积聚肝糖，肝肿大，色泽变淡，外表有光泽，多为饲料中碳水化合物含量过高形成的营养性疾病；患病鱼肝脏发黄贫血，多是脂肪不足或变质引起的营养性疾病等。

311. 什么是水产用疫苗?

疫苗是目前预防水产养殖暴发性流行病最有效的手段。疫苗不仅可以有效地预防细菌性疾病，还是目前解决病毒病问题的唯一特效手段。疫苗与传统的水产药物不同，它不是去杀死病原，而是在提高鱼类特异性免疫水平的同时，亦能通过增强水产动物机体对某些烈性传染病的抵抗力，来使它们不再得这些传染病，且符合环境无污染、水产食品无药残的理念，已成为当今世界水生动物疾病防治界研究与开发的主流产品。目前，水产用疫苗分为组织浆灭活疫苗（土法疫苗）、灭活细胞疫苗、弱毒活疫苗、分子疫苗和基因工程疫苗等多种。

目前，我国水产疫苗在水产养殖疾病防治中的应用，仍处于零星、局部、小规模和不规范的状态，尚无一种疫苗实现真正意义上的产业化经营。现阶段在生产上应用的，主要有草鱼组织浆灭活疫苗、草鱼出血病细胞灭活疫苗、草鱼出血病活疫苗、草鱼细菌性肠炎、赤皮和烂鳃三联灭活疫苗、鱼嗜水气单胞菌败血症灭活疫苗、鳗弧菌灭活疫苗、鱼传染性胰脏坏死病灭活疫苗和罗非鱼链球菌疫苗等。其中，鳗弧菌灭活疫苗（预防鳗鱼的弧菌病）、嗜水气单胞菌败血症灭活疫苗（预防淡水鱼类的细菌性败血症）、草鱼出血病细胞灭活疫苗（预防由鱼呼肠弧病毒引起的草鱼出血病）、鱼传染性胰脏坏死病灭活疫苗（预防由传染性胰脏坏死病毒引起的疾病）已补农业行业标准《绿色食品　渔药使用准则》，纳入 AA 级绿色水产品养殖推荐渔药予以推广使用。

疫苗一般需低温保存，特别是冻干疫苗，最好贮存温度在0℃以下。但一些液态的疫苗如细菌疫苗却不能结冰，应保存在4～8℃。严禁在高温下保存疫苗。

疫苗使用方法主要分为注射法、浸泡法和口服法，注射法通常有肌肉注射和腹腔注射两种方法。使用疫苗应选择在鱼种下塘、过塘时或疾病没有流行的季节进行。

312. 如何制备土法疫苗？

制备土法疫苗，在防治草鱼"三病"应用比较广泛。通常，取患有明显草鱼烂鳃病、赤皮病和肠炎病的病鱼组织（主要取肝、脾、肾及病灶部位的鳃、肌肉、肠及腹水、血液组织），称其重量，按1∶5或1∶10的比例加入生理盐水，用研钵将所取组织磨碎，然后用双层纱布过滤，将滤液经60～65℃恒温水浴2小时，以便达到灭活的目的，然后加入福尔马林（含甲醛40%），使滤液中福尔马林最终浓度为0.5%，装入小口玻璃瓶中，用石蜡封口，保存于4～8℃的冰箱内，通常可保存2～3个月。

制备土法疫苗的关键点：①准确诊断用作制备疫苗的病鱼致病菌，选用典型的传染性病鱼；②碾磨组织中的病菌要彻底灭活，防止因注射疫苗导致的病害传播；③疫苗制备完后，要检验疫苗的安全性。

313. 如何进行生态防病？

鱼病的生态防病，是按照养殖鱼类的生态习性和池塘微生态系统理论基础的生态特点，根据鱼病发生和发展的规律，从控制水体环境条件、促进鱼体生长来预防鱼类疾病，它是传统养鱼方法与现代生态科学知识的有机结合。

（1）合理混养与密养，提高鱼体内在抗病力　合理混养，可以降低寄生虫病的感染，同时，利用不同鱼类食性，提高饲料利用率，净化水质。我国池塘综合养鱼的主要特点是多品种、多规格混养、轮养，发病对象主要是草鱼、青鱼等吃食鱼，发病期主要在鱼种阶段。根据这些规律，进行合理混养，即利用杂食性鱼（如罗非鱼）清除残饵的功能，肥水鱼（滤食鱼）净化水质的功能，调整吃食鱼、杂食鱼、肥水鱼的品种和比重。

（2）**改善水体生态环境，消灭和抑制病原**　改善水体生态环境，主要包括改善池塘底质和水质两个方面。首先，必须清除池底过多的淤泥、有机物、病菌和寄生虫等，淤泥是水体中的主要耗氧源，又是病原体的藏身之处，其中还含有大量有害物质，在缺氧情况下产生氨氮、硫化氢等有害气体，直接或间接引起鱼类发病，甚至死亡。其次，利用机械方法和化学方法科学地调节养殖水质。机械方法包括使用水泵和增氧机，以更新水体，增加水中溶解氧，并改善其分布状况以及排除有害气体；化学方法则是利用生石灰清塘、用消毒剂进行消毒，用过碳酸钠等片状增氧剂改良底质和调节水质，达到预防细菌性疾病发生的目的。

（3）**实施科学的施肥管理**　科学的肥水管理，可以使养殖池塘保持良好的水色，营造良好的藻相，水肥而爽，浮游生物丰富，对净化水质，吸收水中氨氮、硫化氢等有害物质含量将起到重要作用。水中的所有生物都是互相依靠、互相制约的，藻类多是水中净水能力增强的标志，只有丰富的藻类，才能充分利用微生物分解的产物，因此，藻类是水体中浮游生物的主体，而且藻类本身的寿命也只有 10～15天，藻类（包括活菌）的正常生长需要微量元素，如氮、硅、铁、锌、铜、钴、镁、钾等和多种维生素。因此，需定期泼洒这些微量元素和氨基酸来补充营养，施肥以 5～7 天比较适宜。同时，如果大量换水，会造成藻类没有足够的营养供给，藻类会死亡得更快，藻类和活菌繁殖不良，造成水体不稳定。因此，需实施科学的施肥管理，减少换水，并适当补充营养源，才能保持池塘中藻类稳定和池塘中的生态平衡，有利于减少鱼类的应激，减少疾病的发生。

（4）**改进饲养管理，提高鱼体抗病能力**　池塘鱼类发病有相当一部分是由饲养管理不当引起的。因此，应适应鱼类的生态要求，改进饲养管理措施，改进投饲技术，在按常规"四定"投饲的同时，应根据鱼类营养要求和摄食规律，合理投喂，以防肠炎病的发生和蔓延。

314. 中草药在鱼类病害防治中有什么优势？

中草药在鱼病防治中有以下优势：

（1）具有个体和群体防治的双效功用，利于实现水产动物的健康养殖 中草药具有低残留、无污染、毒副作用小、药效时间长和不易产生耐药性等优点，因此应用中草药防治水产动物病害，不仅解决了化学药物、抗生素等引发的耐药性和养殖品种药残超标等问题，符合发展无公害水产业、生产绿色水产品的需要，而且中草药可以完善饲料的营养性，提高饲料转化率，促进了水产动物的群体防治，也促进了养殖动物个体的生长发育，有利于水产养殖的可持续发展。

（2）降低养殖成本，防病效果显著 我国中草药具有药源广、取材方便和药效特别等特点，可有效降低养殖成本，甚至对某些用化学药品及抗生素治疗无效的病毒性疾病，也具有良好的防治效果。

（3）中草药具有多元化的药理作用 中草药具有抵抗病原体的作用，还具有调节机体免疫功能、诱生干扰素、对抗细菌毒素和促进生长等功能；具体表现如下：

①具有营养药理作用：中草药本身含有一定的营养物质，如蛋白质、糖类、脂肪、淀粉、维生素、矿物质和微量元素等营养成分。因而，中草药防治鱼病是原药材的药用与营养价值的有机结合，虽然有的含量较低甚至只是微量，但可起到一定的营养作用。某些中草药还有诱食、消食健胃的作用。

②具有促进水产动物的免疫作用：水产动物具有相对完善的免疫功能，其主要功能为免疫防御功能、自身稳定功能。鱼用中草药，就是通过影响养殖动物机体的免疫功能而达到治疗目的。有些中草药具有免疫增强作用，中草药中的生物碱、黄酮和香豆精等能抑制或杀灭多种病原体微生物。如苦豆草含有生物碱，能增强体液与细胞免疫功能，刺激巨噬细胞的吞噬功能；黄芪、五加皮、党参、商陆、当归、大蒜素、人参等富含多糖类、有机酸类、生物碱类、甙类和挥发油类等，这些成分均有增强免疫作用。且无西药类免疫预防剂，对动物机

体组织有交叉反应等副作用的弊病。

③具有激素样作用：中草药本身不是激素，但可起到与激素相似的作用，并能减轻或防止、消除外激素的毒副作用，被认为有胜似激素的激素样作用。如人参、虫草等具有雄激素样作用。

④具有抗应激和"适应原"样作用：有些中草药能增强动物机体对外界各种（包括物理的、化学的、生物的）有害刺激的防御能力，使紊乱的机能得以恢复。如柴胡、黄芩等具有抗热应激原的作用，刺五加、人参、黄芪等能使机体在恶劣环境中调节自身的生理功能，增强适应能力。

⑤具有抗菌作用：中草药中含有生物碱、多糖、甙类、有机酸和挥发油等，能影响和调节动物机体的免疫功能。有些中草药本身还具有清除和抑制自由基的生成，以及提高自由基酶类活性的作用，同时，还具有非特异抗病原微生物的作用，所以能直接杀菌、抑菌、抗病毒和抗原虫。据报道，在常用的600多种中草药中有200多种有杀菌、抑菌作用；有10多种能抗真菌；有20多种对原虫有杀灭、驱除作用。如板蓝根、大青叶和黄连等，具有提高动物细胞渗出干扰素，提高免疫球蛋白含量以及增强白细胞的功效，从而能有效地抑制病毒的复制；大黄中的大黄酸、大黄素等有很好的抗菌及收敛、增加血小板、促进血液凝固的作用；大蒜中的大蒜辣素具有抗菌止痢作用；苦参含苦参碱，菖蒲根茎含鞣质、菖蒲甙，这些成分均有抑制真菌的作用；苦楝子主要成分川楝素，能使原虫麻醉而驱之；槟榔子含有槟榔碱，能使绦虫引起弛缓性麻痹；南瓜子仁含有脲酶，对绦虫、血吸虫、蛔虫和蛲虫有致瘫作用。

315. 如何理解鱼病暴发性病害发生的机制？

鱼病的发生与病原的数量、养殖鱼类的体质及养殖环境有很大的关系，暴发性鱼病发生的机制就是它们之间的一个发展过程，可分为三个步骤：

（1）病原微生物如病毒和致病菌（嗜水气单胞菌），持续地侵入养殖动物体质并增殖。

（2）养殖废弃物（病原微生物的营养物）因养殖时间的增加而积聚，病原微生物有了足够的营养呈爆炸式增殖，在环境（水体）中的载量（浓度）急剧增加，并拉近养殖动物机体发生灾变的阈值（临界值）。

（3）高剂量病原进入养殖动物体内，爆炸增殖而达到暴发阈值，养殖动物从健康态转入病态，少量养殖动物停止摄食，若干天死亡。

316. 为减少鱼类疾病的发生应如何加强养殖过程中的危机管理？

在大宗淡水鱼类养殖全过程中，创造一个生态环境，实施营养素（含营养素药物）和有益微生物成为优势种群的调控技术，使之有利于增强养殖鱼类体质的抗病力而健康成长，而不利于病原微生物的增殖，以减少疾病的发生。必须在环境恶变的情况下，实施危机管理：

（1）拌喂优质稳定维生素 C，增强养殖鱼类抗病和抗应激能力。

（2）增加池底溶氧（半夜使用以过碳酸钠为主要成分的增氧剂），利于增强鱼的活力，不利于致病菌的增殖。

（3）连续使用氨基酸碘消毒两次，杀灭细菌和病毒，不影响芽孢杆菌和浮游生物的存活，有利于保持水质稳定，这是养殖过程中最重要的一点。

（4）降低投饵量，减少残饵和污物，降低病原菌的营养供给。

（5）若降水量较大，造成水体 pH 下降，应利用雨停的间歇，全池泼洒三宝高稳维生素 C，提高养殖鱼类的抗应激能力。

（6）如果使用好氧的有益微生物，需注意在使用微生物制剂前，头天晚用过碳酸钠片状增氧剂进行全池泼洒，并持续开动增氧机，防止池底缺氧。

317. 渔用药物的安全用药原则有哪些？

鱼病的防治是大宗淡水鱼养殖中的一项重要工作。为提高产量和效益，提高水产品的质量，对所有的水产品提倡预防为主的方针，一且发病需作出正确诊断，合理选择药物进行治疗，尽量使所用的药物发挥最大作用，而药物的残留降低到最低水平。从健康的角度出发，应遵循以下安全原则：

(1) 规范用药，健全档案 渔用药物的使用，必须按照《渔用药物使用准则》的规定执行，少用或不用抗生素类药，严格执行《无公害食品 渔用药物使用准则》，切忌随意加大药物用量，以免造成品种出现药物中毒甚至集中死亡。生产者应养成购买渔药时索要处方的习惯，建立健全池塘档案，尤其是对药物使用情况及其效果应作详细的记录。建立起水产用药的可追溯制度，严格执行农业部制定的《禁用清单》，杜绝使用禁用药物。近几年来，我国农业部主管部门已经先后将甲基吡啶磷、地虫硫磷、林丹、毒杀酚、滴滴涕、硝酸亚汞、五氯酚钠、杀虫脒、孔雀石绿、磺胺脒、呋喃唑酮、氯霉素和锥虫胂胺等药物列入了水产禁用药物目录，在水产生产中是不能使用的。

(2) 正确诊断病因，合理选用药物，严格掌握药物的适应性和理化特性 正确的诊断是成功治疗的首要条件，根据症状和病原来准确确定病因，正确诊断后，根据药物的适应来选择药物，并采用合理的投药方法。同时，应注意药物发挥疗效需要一定的时间，不能指望用药的当天就能迅速见效，有时在用药后的1～2天常有死亡增加的现象。如果药物的剂量是在安全的范围之内，可能是由于药物把鱼体内的病原菌杀死后，促使细菌细胞同时释放出内毒素，造成鱼的急性中毒死亡。这种情况下，一般在3～4天后死亡率即会下降；否则，应考虑药物剂量是否过大。

(3) 使用药物宜早不宜迟 发病鱼类一般最早出现的症状是食欲丧失，也就不能摄食药饵，口服药物对发病的鱼已不起作用，已发病的不易治好。而药饵投喂只对当时尚未发病的鱼起预防作用，所以，对水产品来说真正的治疗是很少的，故水产上更显出预防重于治疗的重要性。养殖鱼类发病后如果治疗太迟，发病率就会迅速增加，给治疗带来困难。

(4) 必须强调综合治疗措施 在应用抗菌药物治疗细菌性疾病的过程中，必须充分认识到鱼类自身免疫力的重要性。过分依赖抗菌药物的功效，而忽视饲养管理及水质环境的改善，常是治疗失败的主要因素。

（5）提倡生态综合防治和使用免疫增强剂、微生态制剂、营养素药物、中草药　免疫增强剂通过作用于非特异性免疫因子来提高鱼类的抗病能力，并减少使用抗生素等化学药物带来的负面影响，因此，多应用免疫增强剂如低聚糖、壳聚糖磺酸酯、几丁质等富含多糖、生物碱、有机酸等，比应用化学药物安全性高、应用范围广，能显著提高鱼类的免疫功能。

微生态制剂安全、低毒和有效，已经引起水产者的高度重视，如光合细菌、EM 菌、乳酸菌、硝化细菌和芽孢杆菌等。

营养素药物是水产养殖鱼类病害治疗和提高养殖鱼类体质的一类新型药物，它是一类营养学与医学等学科相互结合形成的产物，并通过营养素、营养素药物的应用来整合养殖鱼类的健康状态，达到预防和治疗养殖鱼类疾病、维护生命体健康的目的。而生命体健康是复合函数（环境、营养素、健康状态、时空）的综合体现，要实现这个目的，其首要任务就是营养素药物的发现和发明，如氨基酸碘。

中草药具有来源广泛，使用方便，价廉效优，毒副作用小，无抗性，不易形成渔药残留等特点，在疾病预防中具有广阔的应用前景。

318. 在鱼类病害防治中哪些药物可以使用？如何使用？

渔药使用安全是水产养殖的一个重要问题，已引起社会高度关注。为了控制渔药在水产品中的残留，保障水产品的安全，我国发布了一系列标准、法规和条例，并从 2000 年起开始对我国水产品中的渔药残留进行抽检，同时从源头抓起，加强对渔药的生产、销售和使用的管理。我国渔药使用管理体系逐步完善，渔民规范用药的习惯正在形成。但为了防止药物残留，必须了解药物的正确使用方法和休药期，以及哪些药物可以使用。

水产动物病害防治中，可使用的药物的名称、使用方法和休药期见表 7-2。

表7-2 渔用药物使用方法

渔药名称	用　途	用法与用量	休药期（天）	注意事项
生石灰	用于改善池塘环境，清除敌害生物及预防部分细菌性鱼病	带水清塘：每米水深用150～200千克/亩水体 干法清塘：每米水深用80～100千克/亩水体 全池泼洒：每米水深用15～20克/米³水体		不能与漂白粉、有机氯、重金属盐、有机络合物混用
漂白粉	用于清塘、改善池塘环境及预防细菌性皮肤病、烂鳃病、出血病	带水清塘：每米水深用10～15千克/亩水体 全池泼洒：1.0～1.5克/米³水体	≥5	勿用金属容器盛装；勿与酸、铵盐、生石灰混用
二氧化氯	用于防治细菌性皮肤病、烂鳃病、出血病	浸浴：20～40毫克/升水体5～10分钟 全池泼洒：0.2～0.3克/米³水体	≥10	勿用金属容器盛装；勿与其他消毒剂混用
溴氯海因	用于防治细菌性和病毒性疾病	全池泼洒：0.3～0.5克/米³水体	≥10	勿用金属容器盛装；勿与其他消毒剂混用
氯化钠（食盐）	用于防治细菌、真菌或寄生虫疾病	浸浴：1%～3%，5～20分钟		
硫酸铜（蓝矾、胆矾、石胆）	用于治疗纤毛虫、鞭毛虫等寄生性原虫病	浸浴：8毫克/升水体，15～30分钟 全池泼洒：0.5～0.7克/米³水体		常与硫酸亚铁合用；勿用金属容器盛装；使用后注意池塘增氧
硫酸亚铁（硫酸低铁、绿矾、青矾）	用于治疗纤毛虫、鞭毛虫等寄生性原虫病	全池泼洒：0.2克/米³水体（与硫酸铜合用）		治疗寄生性原虫病时需与硫酸铜合用
高锰酸钾（锰酸钾、灰锰氧、锰强灰）	用于杀灭锚头鳋	浸浴：10～20毫克/升水体，15～30分钟 全池泼洒：5～8克/米³水体		水中有机物含量高时药效降低；不宜在强烈阳光下使用
四烷基季铵盐络合碘（季铵盐含量50%）	对病毒、细菌、纤毛虫、藻类有杀灭作用	全池泼洒：0.3克/米³水体		勿与碱性物质同时使用；勿与阴性离子表面活性剂混用；勿用金属容器盛装；使用后注意池塘增氧

（续）

渔药名称	用　　途	用法与用量	休药期（天）	注意事项
大蒜	用于防治细菌性肠炎	拌饵投喂：10 克/千克鱼体重，连用4～6 天		
大蒜素粉（含大蒜素 10%）	用于防治细菌性肠炎	拌饵投喂：0.2 克/千克鱼体重，连用4～6 天		
大黄	用于防治细菌性肠炎、烂鳃	全池泼洒：2.5～4.0 克/米^3 水体 拌饵投喂：5～10 克/千克鱼体重，连用 4～6 天		投喂时常与黄芩、黄柏合用（三者比例为 5：2：3）
黄芩	用于防治细菌性肠炎、烂鳃、赤皮、出血病	拌饵投喂：2～4 克/千克鱼体重，连用4～6 天		投喂时需与大黄、黄柏合用（三者比例为 2：5：3）
黄柏	用于防治细菌性肠炎、出血病	拌饵投喂：3～6 克/千克鱼体重，连用4～6 天		投喂时需与大黄、黄芩合用（三者比例为 3：5：2）
五倍子	用于防治细菌性烂鳃、赤皮、白皮、疖疮	全池泼洒：2～4 克/米^{3}水体		
苦参	用于防治细菌性肠炎、竖鳞	全池泼洒：1.0～1.5 克/米^3 水体 拌饵投喂：1～2 克/千克鱼体重，连用4～6 天		
氟苯尼考	用于治疗细菌性疾病	拌饵投喂：10 毫克/千克体重，连用4～6 天	≥7（鳗鲡）	
氨基酸碘	用于治疗病毒病、细菌性疾病如草鱼出血病、传染性胰腺坏死病、传染性造血组织坏死病、病毒性出血败血症	全池泼洒：0.03～0.05 克/米^3 水体 拌饵投喂：25～30 毫克/千克鱼体重，连用 4～6 天 浸浴：草鱼种：5 毫克/升水体，15～20 分钟		勿与金属物品接触

（续）

渔药名称	用　　途	用法与用量	休药期（天）	注意事项
聚维酮碘	用于防治细菌性疾病	全池泼洒：0.2～0.5克/米³水体		勿与金属物品接触；勿与季铵盐类消毒剂直接混合使用

319. 禁用渔药有哪些种类？

《无公害食品　渔用药物使用准则》中，严禁使用高毒、高残留或具有三致（致癌、致畸、致突变）毒性的渔药。严禁使用对水域环境有严重破坏而又难以修复的渔药，严禁直接向养殖水域泼洒抗生素，严禁将新近开发的人用新药作为渔药的主要或次要成分。敌百虫有的国家已将其列为禁用药物，也有的国家可以使用，如日本对鲤、鲫和鳗可用敌百虫泼洒治疗，休药期5天。我国在《无公害食品　渔用药物使用准则》中没有将其列为使用药物，也没有列为禁用药物。因此，在没有可替代药物时，也介绍了敌百虫的一些治疗方法，休药期5天。根据农业部无公害养殖标准，目前禁用的药物见表7-3。

表7-3　池塘养殖中的禁用药物

种　类		目　录	数量
抗生素		1. 氯霉素　2. 红霉素　3. 杆菌肽锌　4. 泰乐菌素	4
合成类抗菌药	磺胺类	1. 磺胺噻唑　2. 磺胺脒	2
	硝基呋喃类	1. 呋喃唑酮　2. 呋喃它酮　3. 呋喃西林　4. 呋喃妥因　5. 呋喃苯烯酸钠　6. 呋喃那斯	6
	硝基咪唑类	1. 甲硝唑　2. 地美硝唑　3. 替硝唑　4. 洛硝达唑　5. 二甲硝咪唑	5
	喹诺酮类	环丙沙星	1
	喹噁啉类	卡巴氧	1
	其他合成抗菌剂	1. 氨苯砜　2. 喹乙醇	2

（续）

种 类	目　　录		数量
催眠镇静安定	1. 安眠酮　2. 氯丙嗪　3. 地西泮　4. 拉克多巴胺		4
β兴奋剂	1. 盐酸克伦特罗　2. 沙丁胺醇　3. 西马特罗		3
激素类	雌激素类	1. 己烯雌酚　2. 苯甲酸雌二醇　3. 玉米赤霉醇　4. 去甲雄三烯醇酮	4
	雄激素类	1. 甲基睾丸酮　2. 丙酸睾酮　3. 苯丙酸诺龙	3
	孕激素类	醋酸甲孕酮	1
杀虫药	1. 六六六　2. 林丹　3. 毒杀芬　4. 呋喃丹　5. 杀虫脒　6. 双甲脒　7. 滴滴涕　8. 酒石酸锑钾　9. 锥虫胂胺　10. 五氯酚酰钠　11. 地虫硫磷　12. 氟氯氰菊酯　13. 速达肥		13
硝基化合物	1. 硝呋烯腙　2. 硝基酚钠		2
汞制剂	1. 硝酸亚汞　2. 醋酸亚汞　3. 氯化亚汞　4. 甘汞　5. 吡啶基醋酸汞		5
其他	1. 孔雀石绿　2. 秋水仙碱		2

320. 防治鱼病常用的施药方法有哪些？

防治鱼病常用的施药方法有以下几种：

（1）全池泼洒法　将药物溶解后再稀释，均匀泼洒到养殖水体中，使池水达到一定的浓度。其优点在于防病、治病均可用，杀灭病原体较彻底。缺点是当药物安全范围较少时，因计算差错易造成药害事故，使用药量较大、价格高或毒性较强的药物不宜用，操作上比较困难。

（2）浸洗法　又称洗浴法或药浴法。将鱼集中在较小容器、较高浓度的药液中进行短时间的药浴，杀灭鱼体上的病原体。其优点在于用药量少，防治疾病效果较好，对水体中的浮游生物影响较少。缺点是养殖鱼类易受伤，无法杀灭水中的病原体，对养殖鱼类采用浸浴法，需灵活掌握好用药的浓度、浸洗的时间、水温三者的关系，一旦发现浸洗鱼类异常，应立即停止浸洗。

（3）挂篓挂袋法　在食场周围悬挂盛药的袋或篓（3～6只，每只装药 100～150 克），形成一个消毒区，当鱼来摄食时达到杀灭鱼体外病原体的目的。优点在于用药量少，方法简便，适用于预防及早期治疗。缺点是杀灭病原体不彻底，对鱼病的治疗效果较差。

（4）内服法 在鱼的饵料中，加入药物制成药饵投喂防治疾病。优点在于防病和治疗慢性病及症状较轻的鱼病效果较好。缺点是病重时鱼无法摄食而无法治疗。

（5）清塘消毒法 在养殖鱼类放养前，对养殖池塘进行清整消毒，杀灭水体中的病原体、野杂鱼、中间寄主、青泥苔和水生昆虫等敌害，从根本上预防鱼病。优点在于防病效果好，养殖病害少。缺点是用药量大，劳动强度大。

321. 防治鱼病时需要注意哪些事项？

在防治鱼病时需要注意下列事项：

（1）在全池泼洒用药时，首先应正确测量水体；对不容易溶解的药物应充分溶解后，全池均匀泼洒。

（2）泼洒药物一般均应避开中午阳光直射，最好在晴天上午进行，因为用药后便于观察。

（3）泼洒药物时一般不喂饲料，最好先喂后泼药，泼药应从上风处逐渐向下风处泼，以保障操作人员的安全。

（4）池塘缺氧、鱼浮头时不应泼药，因为易引起死鱼事故；如鱼塘有增氧机，泼药后应开动增氧机。

（5）鱼塘泼药后一般不应再人为干扰，如拉网操作、增放苗种等，宜待病情好转并稳定后进行。

（6）投喂药物饵料和悬挂法用药前应停食 1～2 天，使养殖动物处于饥饿状态，使其急于摄食药饵或进入药物悬挂区内摄食。

（7）下雨、天气闷热、早晨有雾均不宜泼洒。

322. 鱼病的种类有哪些？

鱼病按不同的病原，大致可分为传染性鱼病、侵袭性鱼病和非寄生物引起的鱼病三大类。

(1) 传染性鱼病 由病毒或细菌、真菌等传染性病原引起。广义上还包括寄生的单细胞藻类引起的疾病，这类鱼病所造成的损失约占鱼病总体损失的60%。①病毒性鱼病：往往引起鱼类大量死亡，对淡水养鱼业影响严重。我国淡水鱼的病毒病主要有草鱼出血病、青鱼出血病和鲤痘疮病等。②细菌性鱼病：由于鱼体皮肤能分泌黏液，鱼体内又有一定的免疫力，细菌通常难以侵入。但当水体中鱼类密度增加、水质条件恶化、饲养管理不当、鱼体有损伤、鱼类抵抗力降低时，细菌性鱼病也常发生和流行，造成鱼类大量死亡。我国淡水鱼的细菌性鱼病主要有黏细菌性烂鳃病、白头白嘴病、赤皮病和打印病等。③真菌性鱼病：由真菌寄生于鱼的皮肤、鳃或卵上引起，我国主要有肤霉病、鳃霉病等。但健康和未受伤的鱼体通常不受感染。④寄生藻类引起的鱼病：只有极少数单细胞藻类可成为寄生性的病原，使草鱼、鲢、鳙等致病。

(2) 侵袭性鱼病 由动物性病原引起。按病原通常有下列几类：①原生动物病。如小瓜虫、鱼波豆虫、斜管虫、车轮虫等寄生于体表，能使鱼患病，严重时引起鱼类大量死亡。②单殖吸虫病。单殖吸虫除少数营腔寄生外，绝大部分寄生在鱼类体表和鳃上，如三代虫、指环虫、双身虫等。尤其是在鱼苗、鱼种阶段，常因大量寄生而影响鱼的生长发育，甚至引起幼鱼大批死亡。③复殖吸虫病。除少数种类的复殖吸虫寄生在软体动物和甲壳动物外，绝大多数均寄生在脊椎动物体内。其中，大部分对鱼危害不大。但有些种类如复口吸虫、侧殖吸虫等大量寄生时，可使草鱼、青鱼、鲢、鳙等大量死亡。④绦虫病。在我国鱼类中已发现寄生的绦虫种类不多，但在广东和广西，草鱼种往往遭受九江头槽绦虫严重感染，能引起大量死亡，我国各地水库和湖泊鱼类常患舌状绦虫病或双线绦虫病，对产量也有不同程度的影响。⑤线虫病。寄生于鱼类的线虫种类较多，既有成虫，也有幼虫。幼虫多在鱼体内形成胞囊，要转寄生在食鱼的鸟、兽体中才能发育为成虫。在我国鱼类受毛细线虫、嗜子宫线虫、胃瘤线虫等严重感染时，能引起鱼病甚至死亡。⑥棘头虫病。棘头虫是专性的内寄生虫，多数种类的成虫寄生在各种脊椎动物的消化道中。在我国的鱼类中已发现的棘头虫种类不多，鲤长棘吻虫对鲤、乌苏里似棘吻虫对草鱼鱼种都可导致死亡。⑦蛭病。蛭类俗称蚂蟥。有些发现在鱼体上，吸食寄主的血液或体液。但我国鱼类中蛭类寄生的种类和数量都很少，危害不大。⑧钩介幼虫病。常寄生于鱼苗体表，使其嘴部无法开合、不能摄食而死亡，但对较大的鱼种则危害较小。⑨甲壳动物病。甲壳动物通常寄生在鱼体的鳍条、体表、鼻、口腔和鳃，只有个别种类寄生在鱼体内。对鱼类危害最大的是中华鳋、锚头鳋、鲺和鱼怪。

（3）非寄生物引起的鱼病　包括由物理、化学因素或其他非寄生的有害生物（包括各种天敌）引起的鱼病。物理因素主要是鱼类在养殖、捕捞、运输过程中受到压伤、碰伤、擦伤等，可引致皮肤坏死和继发性鱼病（赤皮病、肤霉病等），最后致死；化学因素指遭污染的水体中，农药、重金属、石油、酚类及其他有毒物质可致鱼畸变或死亡。少数藻类被鱼吞食后不能消化而产生有毒物质，或其代谢产物含有毒素，可引起鱼类中毒死亡。我国常见的有害藻类有铜绿微囊藻、水花微囊藻、裸甲藻、三毛金藻等。鱼类的敌害主要有青泥苔（丝状绿藻）、水螅、蚌虾（蚌壳虫）、水蜈蚣、水生昆虫、凶猛性鱼类以及虎纹蛙、水蛇、水鸟和吃鱼的水鼠、水獭等。

323. 怎样防治草鱼的传染性出血病？

草鱼出血病病原是草鱼呼肠孤病毒，主要危害5～20厘米的草鱼种，死亡率一般为30%～50%，高时可达60%～80%，危害极为严重，青鱼种亦可感染。该病是鱼种培育阶段广泛流行、危害极大的病毒性鱼病，每年6～9月，水温27℃以上最为流行，水温降至25℃以下病情随之消失。患病的鱼体色暗黑而微红，口腔有出血点，下颌、头顶和眼眶四周充血，有的眼球突出，鳃盖、鳍基充血，鳃苍白或紫色，也有的鳃瓣呈鲜红斑点状充血，鳃丝肿胀，多黏液。内部肌肉点状或斑块状充血，严重时全身肌肉呈鲜红色，肠道全部或部分因肠壁充血而呈鲜红色，轻症呈现出血点和肠壁环状充血，鳔壁和胆囊表面常布满血丝，少量病鱼肝、肾、脾因失血而呈灰白色，或有局部出血点。根据病症，可分红肌肉型、红鳍红鳃盖型和肠炎型三种类型。

主要控制技术：

（1）采取生态防病养殖法。彻底清塘，严格执行检疫制度，加强饲养管理，保持优良水质，投喂优质饲料，提高鱼体抗病力，可减少此病发生。

（2）鱼种下塘前，每立方米水体用碘伏 30 克药浴 15～20 分钟，或用 0.5％灭活疫苗＋1.0 克莨菪碱，浸泡鱼种 2～3 小时。

（3）用板蓝根、黄柏、黄芩和大黄等中草药，单味或复方均有疗效，但以复方疗效较显著。每 100 千克鱼用中草药复方 1 千克（2：2：4：2）制成药饵投喂，有一定的疗效。

（4）用金银花 500 克，菊花 500 克，大黄 500 克，黄柏1 500 克，共研成细末（用量为 2～3 克/米^3 水体）加水煎汁，然后加入食盐 500 克，连液带渣全池泼洒。

（5）疾病发生后，当天晚上每立方米水体用过碳酸钠片状增氧剂 0.5～0.6 克全池泼洒，每 2 天全池再泼洒氨基酸碘（每立方米水体 0.05 克），或聚维酮碘（每立方米水体 0.3～0.5 克），或二溴海因（每立方米水体 0.3～0.4 克），隔天再泼洒 1 次，效果较好。

324. 怎样防治鱼类细菌性败血症？

鱼类细菌性败血症的病原，有嗜水气单胞菌及温和气单胞菌、弧菌、鲁克氏耶尔森氏菌等。该病是我国养鱼史上危害鱼的种类最多、危害鱼的年龄范围最大、流行地区最广、流行季节最长、危害养鱼水域类别最多、造成的损失最严重的一种急性传染病。其发病特点为：

（1）感染谱广，几乎遍及所有家鱼。该病主要危害鲫、鳊、鲢、鳙、鲤、草鱼及鲮、鳜等 2 龄鱼类，其发病率达到 60％～100％，部分 3 龄鱼及当年鱼也有发病。同龄各种规格的个体也有发病，但以大规格个体先于小规格个体死亡，一般发病鱼的体长集中在 7.5～15.4 厘米、体重 18.0～125.0 克。死鱼顺序一般为：白鲫→鳊→白鲢或河鲫→鳙→鲤。

（2）流行范围广，遍及全国。本病尤以养鱼发达地区，如湖南、湖北、江苏、浙江、上海、福建、广东、广西、江西等地极为流行，对养鱼生产造成极大的损失。

（3）流行季节常为 4～11 月，南方省份也有在 2 月出现病症，发病水温为 20～37℃，尤以 25～30℃发病率最高，6～9 月为发病高峰期。

（4）死亡率高，可达 80%以上，一般都可达 50%以上，甚至 100%。

患病的鱼体各器官组织，都有不同程度的出血或充血。病鱼口腔、头部、眼眶、鳃盖表皮和鳍条基部充血，鱼体两侧肌肉轻度充血，鳃淤血或苍白，随着病情的发展，病鱼体表各部位充血加剧，眼球突出，口腔颊部和下颌充血发红，肛门红肿。解剖后，可见肠道部分或全部充血发红，呈空泡状，很少有食物，肠或有轻度炎症或积水，腹部胀大有淡黄色液体（少数病鱼有冻胶状物），体腔或多或少有腹水。肝组织易碎呈糊状，或呈粉红色水肿，有时脾脏淤血呈紫黑色，胆囊呈棕褐色，胆汁清淡。

主要控制技术：

（1）鱼种入池前，要用生石灰彻底清塘消毒，池底淤泥过深时应及时清除，生产上常用且效果较好的为生石灰，其化水后，产生强碱（氢氧化钙），具有破坏细胞组织的强杀作用。

（2）生产实践证明，即使健康的鱼也难免带有病原体，因此清塘消毒过的池塘，若放养不经消毒处理的鱼仍会把病原带入池塘。在鱼体消毒前，应认真做好病原的检查，按病原的不同分别采用不同的药物进行鱼体消毒。一般采用药浴法，用 2%食盐药浴 5 分钟，或每立方米水体用二氧化氯 0.5 毫克药浴 10～20 分钟，或每立方米水体用 10 毫克漂白粉＋8 毫克硫酸铜药浴 10～20 分钟，可杀灭细菌和寄生虫。

（3）鱼种用疫苗药浴，在 100 千克水体加 1 千克疫苗和 0.1～0.15 克莨菪碱和 1%食盐，浸泡鱼种 5～10 分钟。

（4）环境改良方面，经常全池泼洒光合细菌或 EM 菌，以改善池塘水质，消除氨氮、亚硝酸盐和硫化氢等有害气体，净化水质。

（5）在病害流行季节，采用疫苗内服，每千克饲料中添加 2 克，连喂 7 天为一个疗程。

（6）每10～15天每千克饲料中添加氟苯尼考1～2克，内服2～3天，可有效预防出血病的发生。

（7）发病鱼池必须进行内外相结合的综合治疗方法，首先进行水环境消毒，用溴氯海因全池泼洒，使池中药物浓度每立方米水体为0.4～0.5克，或全池泼洒二溴海因0.3～0.4克，病重时可隔日再使用1次。同时，每千克饲料中添加氟苯尼考1～2克制成药饵，每天投喂1次，连续4～5天为一个疗程。若病重可延长服药期，直到康复。

（8）用鲜土大黄治疗出血病时，前一天每立方米水体应先使用0.5～0.7克硫酸铜，比不用硫酸铜的疗效时间要提前2天；干大黄煎汁后用20倍0.3%的氨水浸泡一夜，比没有用氨水浸泡的药效要增加20倍。

325. 怎样防治赤皮病？

赤皮病，又名赤皮瘟或擦皮瘟。此病大多是因捕捞、运输、放养时鱼体受伤，或体表被寄生虫寄生而受损时，病原菌才能乘虚而入，引起发病。全国各主要养鱼区均有流行，以江、浙一带最严重，流行季节不明显，但以春末、夏初为常见，草鱼、青鱼、鲤、鲫、团头鲂等多种淡水鱼均可患此病。患病的鱼体表鳞片松动脱落，局部或大部分充血发炎，尤其是鱼体两侧及腹部最为明显；鳍的基部或整个鳍充血，鳍的梢端腐烂，常烂去一段，鳍条间的软组织也常被破坏，使鳍条呈扫帚状，称为"蛀鳍"，并常和烂鳃病及肠炎病并发。

主要控制技术：

（1）鱼池彻底清塘消毒，并在扦捕、搬运放养过程中防止鱼体受伤。

（2）发病季节前，每立方米水体用生石灰15克全池泼洒。

（3）全池泼洒，每立方米水体用溴氯海因0.3～0.4克，同时，每千克饲料中添加氟苯尼考0.5～1克，连投4～6天为一个疗程。

（4）全池泼洒，每立方米水体用二溴海因0.3克，同时，按饲料量的0.2%～0.3%添加投喂甲砜霉素散，4～6天为一个疗程。

326. 怎样防治鱼类细菌性烂鳃病?

细菌性烂鳃病,是由细菌侵入鱼的鳃部而引起。各养殖鱼类都可发生,但主要发生于草鱼和青鱼,对草鱼危害非常严重。每年4~10月为流行季节,以7~9月最为严重,水温20℃以上开始流行,28~35℃是最流行的温度,常与肠炎、赤皮并发呈并发症。患病鱼表现为鳃上黏液增多,带有污泥,鳃丝肿胀点状充血呈"花鳃",末端腐烂,软骨外露,鳃盖内表皮充血发炎,严重时中间部分的表皮常被腐蚀成一个圆形或不规则的"透明小窗",俗称"开天窗"。

主要控制技术:

(1)对于鱼烂鳃病的治疗,一定要注意在晚上每立方米水体用过碳酸钠片状增氧剂0.5~0.6克全池泼洒,防止养殖鱼类因缺氧而发生大量死亡。

(2)定期全池泼洒,每立方米水体用二溴海因或溴氯海因0.2~0.3克。

(3)每立方米水体全池泼洒大黄2~3克,其用法是按每千克大黄用20千克水+0.3%氨水(含氨量25%~28%)置木制容器内浸泡12~24小时,药液呈红棕色。

(4)由于草鱼烂鳃病常常是由两种致病菌并发感染所致,而其中致病菌——柱状屈桡菌对许多抗生素和氯制剂不敏感。因此,在发病期采用常规治疗方法时疗效并不理想,治疗时每立方米水体应使用二溴海因0.3~0.4克进行全池泼洒2次,并于每千克饲料中添加百部20克+鱼腥草20克+大青叶20克,连投5天为一个疗程,能迅速控制病情。若病情未能控制,隔2~3天再重复使用上述两种药物一次即可奏效。

327. 怎样防治鱼类细菌性肠炎病?

细菌性肠炎病主要发生在投饵不均、饵料不卫生和清塘不彻底的池塘中。流行季节为4~9月,一般表现为两个高峰。1龄以上草鱼、青鱼，多在5～6月发病；当年草、青鱼，则多在7～9月发病，死亡率较高，约在50％以上，有的甚至高达90％。患病鱼游动缓慢，体色发黑，食欲减退以至完全不吃食。病情较重者腹部膨大，两侧常有红斑，肛门常红肿外突，呈紫红色。轻压腹部有黄色黏液或血脓流出，有的病鱼仅将头部拎起，即有黄色黏液从肛门流出。剖开鱼腹，早期可见肠壁充血发炎，肠腔内没有食物或只在肠的后段有少量食物，肠内黏液较多。患病后期可见全肠充血发炎，肠壁呈红色或紫红色，尤以后肠段明显，肠黏膜细胞往往溃烂脱落，并与血液混合而成血脓，充塞于肠管中。病情严重的，腹腔内常有淡黄色腹水，腹壁上有红斑，肝脏有红色斑点状淤血。

主要控制技术：

（1）彻底清塘消毒，在养殖过程中实行四消（鱼体消毒、饲料消毒、工具消毒、食场消毒），四定（定时、定量、定质、定位）等预防措施。

（2）肠炎与烂鳃病并发时，每立方米水体全池遍洒2～3克五倍子，同时，在饲料中添加1％～2％大蒜素投喂，3～5天为一个疗程。

（3）疾病发生后，每立方米水体全池泼洒二溴海因0.3克，同时，按饲料量的1％～2％添加大蒜素，3～5天为一个疗程。

（4）每千克饲料中添加千里尖20克＋地榆20克＋仙鹤草20克，连投3～5天为一个疗程。

（5）平时，经常于每千克饲料中添加酶益生素0.5～1克和乳酸芽孢杆菌0.03～0.05克投喂，可有效预防肠炎病的发生。

328. 草鱼烂鳃、肠炎、赤皮三种病并发如何治疗？

草鱼烂鳃、肠炎、赤皮三种病并发时，表现症状主要是：病鱼鳃丝腐烂，有淤泥，鳃丝肿胀点状充血，鳃盖内表皮往往部分烂掉、充血发炎，肛门红肿突出，肠管发炎，呈紫红色；鳞片松离或脱落，鳍条基部充血，鳍条间的组织被破坏，末端腐烂，使鳍条呈扫帚状。

主要控制技术：

（1）用五倍子煮成药液全池泼洒，用量为每立方米水体用药2～

3 克，连泼 2 次为一个疗程。

（2）每立方米水体全池泼洒大黄 2～3 克，其用法是按每千克大黄用 20 千克水＋0.3％氨水（含氨量 25％～28％）置木制容器内浸泡 12～24 小时，药液呈红棕色。

（3）外用同时于每千克饲料中添加大蒜素 1 克和乳酸芽孢 0.5 克，连投 5～7 天为一个疗程。

（4）每立方米水体全池泼洒五倍子 2～3 克，同时，每千克鱼用辣蓼草 4 克、地锦草 5 克、苦楝树皮 4 克（均系干品）、食盐 5 克，熬水加面粉搅成糊状拌嫩草投喂，每天 1 次，连续 3～5 天，有较好的疗效。

329. 怎样防治鱼类竖鳞病？

竖鳞病，又称鳞立病、松球病，是由水型点状假单胞菌感染引起，本菌是水中常在菌，是条件致病菌，当水质污浊、鱼体受伤时易感染。主要危害鲤、鲫、草鱼、鲢有时也会发生。此病有两个流行期，一为鲤产卵期，二为鲤越冬期，一般以 4 月下旬至 7 月上旬为主要流行季节。流行水温为 17～22℃，22℃以上很少发生。该病死亡率很高，一般在 50％左右，甚至可达 100％。主要发生在我国北方地区。患病鱼体表粗糙，部分鳞片（多数在鱼体后部）向外张开像松球，故有松球病之称。鳞囊内积聚着半透明的含有血的渗出液，以致鳞片竖起，故又称鳞立病。用手指在鳞片上稍加压力，渗出液就从鳞片下喷射出来，鳞片也随着脱落，蛀鳍，严重时背鳍呈破扇状。打开腹腔，可见有明显腹水流出，肠壁明显发红，肠内无食，严重时肠内有脓性物流出。

主要控制技术：

（1）鱼体受伤是引起此病的主要原因之一，因此，在扦捕、搬运和放养等操作过程中，应注意防止鱼体受伤。

（2）3％食盐浸洗病鱼 10～15 分钟。

（3）全池泼洒，每立方米水体用溴氯海因 0.3～0.4 克，同时，于每千克饲料中添加甲砜霉素散 0.2～0.3 克，连投 5～7 天为一个疗程。

330. 怎样防治鲢、鳙打印病？

该病主要危害鲢、鳙鱼鱼种、成鱼，发病严重的鱼池，其发病率可高达80%以上。全国各主要养鱼地区均有发现，其中，尤以华中、华北地区为甚。流行季节长，一般皆有发生，而以夏、秋两季为常见。患病鱼通常在尾鳍或肛门附近的两侧，形成圆形或椭圆形的溃烂红斑，甚至两侧对穿，周围充血发炎，状似"打印"，故而得名打印病。患此病后病鱼痛苦异常，常翘尾于水面奔游，体质逐渐瘦弱，食欲减退，终因衰竭而死。

主要控制技术：

（1）用生石灰彻底清塘消毒，在夏季注意水质，经常适量加注新水，可以防止或减少此病的发生。

（2）疾病发生后，全池泼洒，每立方米水体用溴氯海因或二溴海因0.3～0.4克1次。

331. 怎样防治水霉病？

水霉病俗称白毛病、肤霉病。无地域性，全年都可发生，但以晚冬和早春最为流行，并可延至春末、夏初。水霉生长的适宜温度为13～18℃，在25℃以下都有可能发生。水霉营腐生生活，在鱼体上通常以"伤口寄生"出现，不感染健康鱼，对鱼卵是继发性感染，也可是原发性感染。因此，水霉病是鱼卵和苗、种阶段的主要疾病之一，感染后的死亡率与鱼的大小呈负相关，即成鱼死亡率较低，鱼种较高，鱼卵的损失最大。水霉菌最初寄生时，一般看不出病鱼有何异常症状，当看到病症时，菌丝体已侵入鱼体伤口，向外生长。有时因寄生虫、细菌等病原体感染造成原发病灶溃烂，霉菌的动孢子便从鱼体溃烂处侵入，吸取皮肤里的营养成分，在受伤病灶处迅速繁殖、蔓延和扩展，逐步长出棉毛状的菌丝。菌丝与伤口的细胞组织缠结黏附，使皮肤溃烂，组织坏死。同时，随着病灶面积的扩大，鱼体负担过重，游动失常，食欲减退，鱼体消瘦，最终病鱼因体力衰竭而死亡。

主要控制技术：

（1）操作时尽量避免鱼体受伤，越冬鱼种放养密度不可过高。

（2）已发生水霉病的水体，每立方米水体用旱烟草杆 10 千克、食盐 5~7.5 千克，加水 15~20 千克浸泡半小时，全池泼洒，每天 1 次，连续 2 天。也可采用每立方米水体 0.5 克的福尔马林溶液全池泼洒。

332. 怎样防治车轮虫病？

车轮虫病是由车轮虫侵入鱼的皮肤和鳃组织而引起。车轮虫对幼鱼和成鱼都可感染，在鱼种阶段最普遍。该病全国各地都有发现，一年四季都有发病，以 4~7 月较流行，适宜繁殖的水温为 20~28℃，大量寄生可使苗种大批死亡。当车轮虫少量寄生时，外观无明显症状；病鱼患病严重时，体表或鳃上分泌大量黏液，车轮虫较密集的部位，如鳍、头部、体表出现一层层白翳，在水中尤其明显，镜检时可见许多虫体活动时作车轮般转动，形似车轮，故名车轮虫。侵袭鳃部时，常成群地聚集在鳃的边缘或鳃丝缝隙里，破坏鳃组织。

主要控制技术：

（1）合理施肥、放养，用生石灰彻底清塘，杀死虫卵和幼虫。

（2）全池泼洒硫酸铜和硫酸亚铁合剂，其用量分别为每立方米水体 0.5 克和 0.2 克，效果较好。

（3）每立方米水体用苦楝树枝叶 3~4 克沤水，每 7~10 天换 1 次，或用鲜枝叶 5~6 克煎汁全池泼洒，有疗效。

333. 怎样防治鱼类小瓜虫病？

小瓜虫病由多子小瓜虫侵入鱼的皮肤、鳍条和鳃组织而引起。此病全国各地都有流行，是一种危害较大的原虫病。寄生在各种淡水鱼上，从鱼苗到成鱼都可发病，但以夏花阶段和鱼种受害最大，水温 15~25℃是此病的流行季节。患病鱼的皮肤、鳍条或鳃瓣上布满大小

1毫米左右白色点状虫体和胞囊，肉眼可见，俗称白点病。严重感染的鱼体头部、躯干、鳍条处黏液明显增多，好像覆盖一层白色薄膜，鳞片脱落，眼球浑浊、发白表皮发炎腐烂、局部坏死。鳃上大量寄生时，黏液增多，鳃丝端部贫血，鳃小片破坏。病鱼在水中反应迟钝，游动缓慢，不摄食，成群地游在池边或水面。此病发病期短，常引起暴发性死亡。

主要控制技术：小瓜虫病的治疗，必须坚持以防为主、治疗并重的原则。

（1）鱼种放养前用生石灰彻底清塘消毒，用量视污染程度而定，每米水深用50～80千克/亩，杀死虫卵和幼虫。

（2）依据养殖条件，合理确定放养密度保持良好的养殖水环境。

（3）投喂优质饵料，加强饲养管理，增强鱼的体质和抵抗力，即能有效避免小瓜虫病发生和感染。

（4）每米水深亩用大黄250克、野菊花250克混合加水煮沸全池泼洒，效果较好。

（5）每米水深亩用鲜辣椒粉250克、干姜片100克，混合加水煮沸，全池泼洒，有疗效。

334. 怎样防治鱼类斜管虫病？

该病全国各地都有发病。此病主要对草鱼、青鱼、鲢、鳙、鲫等鱼种危害特别严重，初冬和春季较为流行，斜管虫适宜繁殖的水温为12～18℃，因此，每年3～4月和11～12月是此病的流行季节，夏秋两季比较少见。在鱼种培育池塘和小面积的养殖环境中，鱼对斜管虫感染最敏感，能引起严重的死亡。斜管虫离开鱼体后，在水中自由状态下可维持生活1～2天，可以直接转移到其他鱼体或水体中去。斜管虫主要侵袭鱼的鳃和皮肤，以鳃和皮肤上的黏液作营养。当鱼被斜管虫大量寄生时，鱼的鳃和皮肤遭受破坏，并刺激皮肤和鳃大量分泌黏液，使鱼的呼吸困难，鱼体表现瘦弱发黑，游动迟钝，漂游水面做侧卧状，靠近塘边，不久即死亡。

主要控制技术：

（1）苗种放养前，用生石灰对蓄水池和养殖池进行彻底清塘消毒。

（2）每立方米水体用 125 毫升福尔马林溶液浸洗病鱼 10～15 分钟，间隔 24 小时再洗 1 次即可治愈；或用 18～22 毫升福尔马林溶液全池泼洒，可一次性杀灭虫体，但使用福尔马林后，池水因浮游植物被杀死，水中缺氧，要特别注意增氧或增大换水量。

（3）每立方米水体用 2%～3%食盐或 20 毫克高锰酸钾溶液浸洗 5～15 分钟，间隔 24 小时再洗 1 次。

（4）苦楝树枝叶，煮水全池泼洒，每米水深用 25～30 千克/亩。

（5）每立方米水体用 0.7 克络合铜全池泼洒。

335. 怎样防治鲫黏孢子虫病？

黏孢子虫在鲫喉部、鳃、表皮、肠和肝等部位都有寄生，并且不同种类黏孢子虫的寄生部位、流行季节和危害程度有很大的差异；其中，以寄生在鲫"喉部"黏孢子虫的危害最为严重，呈点状或瘤状胞囊，严重影响鱼的生长发育。由于对黏孢子虫的生物学特性、流行规律等缺乏详细的研究，国内至今还没有非常有效的防治措施和药物。池塘养殖鲫黏孢子虫病，可能主要归咎于两种感染途径：①鱼种携带，鱼种携带的黏孢子虫，在初期很难通过显微镜检查到，待鱼体免疫力下降时，可在 3～4 周内迅速形成肉眼可见的白色孢囊；②往年鱼塘沉积的孢子，在适宜的条件发育成熟感染鱼体。

主要控制技术：

（1）黏孢子虫的防治应以预防为主，在养殖过程中不断增强鱼体免疫力。鲫免疫力下降，是黏孢子虫病大规模暴发的主要内在因素。当鱼体形成肉眼可见的孢囊时，孢子一般很难杀死。

（2）避免到黏孢子虫暴发地点购买鱼种。鱼苗下塘稳定后，及时作药物预防。预防药物有盐酸氯苯胍、烟曲霉素、地克珠利和盐霉素。

（3）鱼苗下塘前后，经常用敌百虫杀灭水底的水蚯蚓，切断黏孢子虫的生活史。

（4）药物清塘，杀灭塘底孢子。

（5）交替用药避免产生抗药性。黏孢子虫的繁殖和遗传变异速度非常快，很容易形成抗药性。目前，对孢子虫类治疗尚无有效的办法。

（6）每100千克鱼第1天用盐酸氯苯胍4克，第2～6天用量减半（2克），拌饵投喂。或每50千克饵料加30克晶体敌百虫（90%）拌匀投喂，每天1次，连喂3天。

336. 怎样防治指环虫病和三代虫病？

指环虫病是由指环虫侵入鱼的鳃部而引起，它是一种常见的多发性鳃病，分布广，各养鱼地区都有发现。它主要以虫卵和幼虫传播，流行于春末、夏初，大量寄生可使鱼苗、鱼种大批死亡，对鲢、鳙、草鱼危害最大。养殖鱼类中常见的指环虫有鳃片指环虫、鳙指环虫、鲢指环虫和环鳃指坏虫等。患病的鱼鳃丝黏液增多，鳃丝暗灰或苍白，呼吸困难。当年鱼苗受到大量指环虫寄生时，除上述症状外，鳃部显著水肿，鳃盖张开，游动缓慢。

三代虫病是由三代虫侵入皮肤和鳃上而引起，全国各养鱼地区都有流行，流行季节4～5月，水温20℃左右，夏季很少发现。草鱼、鲤、鲫、鲢常生此病，对鱼苗和鱼种危害特别严重。患病的鱼体表有一层灰白色的黏液膜，呈不安状态，失去原有光泽。患病的鱼食欲减退，鱼体消瘦，呼吸困难。

主要控制技术：

（1）生石灰彻底清塘，杀死虫卵和幼虫。

（2）水温20～30℃时，每立方米水体用90%晶体敌百虫0.2～0.3克的浓度全池泼洒。

（3）每立方米水体用敌百虫面碱合剂（晶体敌百虫与面碱比例为1∶0.6）0.1～0.24克全池泼洒。

（4）每立方米水体全池泼洒5%～10%含量的甲苯咪唑0.3～0.4克。

337. 怎样防治草鱼头槽绦虫病？

该病是由九江头槽绦虫和马口头槽绦虫寄生于鱼体内引起。在全国各养殖池塘都有发生，尤其对草鱼的鱼种危害最为严重。当鱼轻度感染时，一般无明显病症。但当严重感染时，病鱼体色发黑、瘦弱，口常开而不摄食，俗称"干口病"。腹部膨胀，剖开鱼腹，可见肠道形成胃囊状扩张，破肠后，即可见到白色带状虫体聚集在一起。

主要控制技术：

（1）用含90%晶体敌百虫50克和饲料500克混合做成药饵，按鱼定量投喂，每天1次，连续6天。

（2）氯硝柳胺（灭绦灵）：每千克饲料添加本品0.5克，连投3天为一个疗程，主要是抑制绦虫线粒体的氧化磷酸化作用，在国外较常用。或每千克饲料中加吡喹酮1克，连投3天。

（3）剑水蚤和鸥鸟是绦虫生活史中的中间宿主，鱼种下塘前彻底清塘杀灭剑水蚤，驱赶鸥鸟，切断绦虫生活史，能减少该病发生。

（4）南瓜子和槟榔联合治疗：南瓜子作用于绦虫中后段，槟榔作用于头节和未成熟节片，两者有协同作用，治愈率达95%左右。每千克饲料添加南瓜子粉末250克和槟榔粉末50克，连续喂3天。

338. 怎样防治鱼类舌状绦虫病？

舌状绦虫病主要危害鲤、鲫，鲢、鳙、草鱼等淡水鱼也有寄生。由于该病有日益严重的趋势，易引起病鱼慢性死亡，持续时间很长，发病塘的鱼产量很低。感染舌状绦虫的鱼体腹部膨大，游动无力，且失去平衡，侧游上浮或腹部朝上。剖开鱼腹，可见腹腔内充满大量白色长带状虫，内脏受压、受损，严重萎缩，失去生殖能力，病鱼极度消瘦，严重贫血而死。

主要控制技术：

（1）在较小的水体中，可用清塘方法杀灭虫卵、幼虫及第一中间寄主，同时，驱赶终末寄主鸥鸟，可逐渐减轻病情。对病鱼及绦虫应及时捞除，绦虫应进行深埋或煮熟后作为饲料，以防传播。

（2）每立方米水体用90%晶体敌百虫0.2～0.3克的浓度全池泼洒。

（3）用50克90%晶体敌百虫与500克面粉混合拌入40～50千克饲料中制成药饵进行投喂，连续投喂3～6天。

（4）每千克饲料中添加吡喹酮0.5～1克，连投3～5天为一个疗程。

（5）每100千克鱼用槟榔和南瓜子各250克煎汁后拌饵投喂，连投7天有一定的疗效。

339. 怎样防治毛细线虫病？

毛细线虫病是由毛细线虫寄生在鱼的肠道里引起的。主要寄生于青鱼、草鱼、鲢、鳙、鲮及黄鳝肠内，主要危害当年鱼种。毛细线虫以其头部钻入寄主肠壁黏膜层，破坏组织，引起肠壁发炎。少量寄生时，无明显病状，大量寄生时可引起鱼的死亡。

主要控制技术：

（1）用生石灰彻底清塘。

（2）投喂晶体敌百虫药饵。把90%的晶体敌百虫，按250千克鱼种用药5～7克，拌入饵中，连续投喂6天。

（3）每千克饲料添加吡喹酮0.5～1克，连投3～5天为一个疗程。

（4）采用中草药治疗。按50千克鱼用药总量290克（贯众16份、土荆介5份、苏梗3份、苦楝树根5份混合煎汁），连喂6天，可杀死肠内毛细线虫。

340. 怎样防治嗜子宫线虫病？

此病是由嗜子宫线虫寄生在鱼体内引起的疾病。我国发现的嗜子宫线虫种类较多，主要的有：鲤嗜子宫线虫雌虫寄生于鲤的鳞片下，雄虫寄生于鳔；鲫嗜子宫线虫寄生于鲫的鳍及其他器官；主要危害1

龄以上的鲤，全国各地都有发生。嗜子宫线虫因其巨大的虫体，常引起寄生部位发炎、充血和红肿。病鱼被雌虫寄生的部位，可以看到血红色的细长线虫，寄生处鳞片竖起，寄生部位充血、发炎。

主要控制技术：

（1）用生石灰彻底清塘，杀灭嗜子宫线虫幼虫及中间宿主剑水蚤。

（2）每千克饲料中添加晶体敌百虫 0.5～1 克，并另加南瓜子 30～50 克（煎汁）和三宝维生素 C 3～5 克，连用 5～7 天。

341. 怎样防治鲤棘头虫病？

棘头虫病是由棘头虫寄生在鱼体内引起的一种疾病，我国各养殖鲤鱼区都有发生，从夏花至成鱼均可感染。该病呈慢性炎症，持续死亡，累积死亡率可达 50%。流行季节为每年的 5～7 月。少量寄生时，鱼体无明显症状；当大量寄生时，鱼体消瘦、发黑，生长缓慢，吃食减少，或不吃食，剖开鱼腹可见肠壁外有很多肉芽肿结节，肠壁很薄，肠管被堵塞，肠内无食物。严重时内脏全部粘连，无法剥离。

主要控制技术：

（1）用生石灰彻底清塘，杀灭水中虫卵和中间寄主。

（2）用 50 克 90% 晶体敌百虫与 500 克面粉混合拌入 40～50 千克饲料中制成药饵进行投喂，连续投喂 5～6 天。

（3）每千克饲料添加吡喹酮 0.5～1 克，连投 3～5 天为一个疗程。

（4）全池泼洒 90% 晶体敌百虫，每立方米水体用药 0.7 克；同时，用晶体敌百虫与饲料按 1∶30 比例混合做成药饵投喂，连喂 5 天，驱除肠内虫体。

342. 怎样防治锚头鳋、中华鳋等大型寄生虫病？

（1）**锚头鳋病** 又称针虫病、蓑衣病。由锚头鳋属的甲壳动物，寄生于鱼的皮肤、鳃、鳍、眼、口腔等处引起。在我国发现的有 10

多种，其中，危害较大的有多态锚头鳋，寄生于鳙、鲢、团头鲂等鱼的体表和口腔；鲤锚头鳋寄生于鲤、鲫、鲢、鳙、乌鳢、青鱼等多种鱼类的体表、鳍和眼；草鱼锚头鳋寄生于草鱼的体表、鳍基和口腔。该病呈全国性分布，全年都可流行。最适繁殖水温为 20～27℃，危害各种年龄的鱼类，对鱼种的危害更大。有时即使不造成鱼类死亡，但严重影响鱼的生长，或使其失去商品价值。患病的鱼食欲减退，游动迟缓，锚头鳋以其头角和一部分胸部深深钻入寄主的肌肉组织或鳞片下，但其胸部的大部分和腹部露在外面，造成组织损伤、发炎和溃疡，导致水霉、细菌的继发感染。虫体以血液和体液为食，夺取宿主营养，病鱼表现为焦躁不安、消瘦，甚至大批死亡。主体上常附生累枝虫、钟形虫，有时还有霉菌和藻类附生虫体寄生处周围组织红肿发炎。大量感染锚头鳋的鱼体看上去像披着蓑衣，故称"蓑衣病"。

（2）中华鳋病 中华鳋的幼虫及雄性成虫营自由生活，雌性成虫营寄生生活。大中华鳋寄生于草鱼、青鱼等；鲢中华鳋寄生于鲢、鳙等。中华鳋有严格的宿主特异性。呈全国性分布，大中华鳋主要危害 2 龄以上的草鱼，流行于 5～9 月；鲢中华鳋主要危害鲢、鳙，流行于 6～7 月。主要危害是影响鱼的呼吸和引起细菌的继发性感染。当鱼轻度感染时，一般无明显病症；但当严重感染时，可引起鳃丝末端发炎、肿胀、发白，肉眼可见鳃丝末端挂着白色鱼鳋，俗称"鳃蛆病"。病鱼在水中跳跃、打转或狂游，食欲减退，呼吸困难，离群独游，鱼的尾鳍上叶往往露出水面。

主要控制技术：

（1）生石灰彻底清塘，杀死虫卵和幼虫。

（2）每立方米水体用 90% 晶体敌百虫 0.2～0.3 克的浓度全池泼洒。

（3）生态防病。可根据寄生虫对寄主的选择性，常发病的鱼池，翌年可不养该品种，改养其他鱼。

343. **怎样防治鱼类气泡病？**

气泡病是指由于水体中某些气体达到过饱和状态而引起的疾病。

越幼小的个体越敏感，主要危害幼苗，如不及时抢救，可引起幼苗大批死亡，甚至全部死光；较大的个体亦有患气泡病的，但较少见。其原因是：水中浮游植物过多；水温突然升高，施放未发酵的粪肥；底质的分解释放大量甲烷、硫化氢等气体，鱼苗误将小气泡当浮游生物而吞入，引起气泡病；氧气的过饱和；有些地下水含氮过饱和，或地下有沼气，也可引起气泡病。在北方冰封期间，水库的水浅，水清瘦、水草丛生，则水草在冰下营光合作用，也可引起氧气过饱和，引起几十千克重的大鱼患气泡病而死。患病的鱼最初感到不舒服，在水面作混乱无力游动，不久在体表及体内出现气泡。当气泡不大时，鱼、虾身体失去平衡，尾向下、头向上，时游时停，不久因体力消耗，衰竭而死。

主要控制技术：主要针对发病原因，防止水中气体过饱和。

（1）池中腐殖质不应过多，不用未经发酵的肥料。

（2）平时，掌握投饲量及施肥量，注意水质，不使浮游植物繁殖过多。

（3）当发现患气泡病时，应立即加注溶解气体在饱和度以下的清水，同时排除部分池水。

344. 怎样防治鱼类跑马病？

鱼类跑马病是在鱼苗经 10～15 天饲养后，缺乏适口饵料所引起，常发生在鱼苗饲养阶段。阴雨天气多、水温低、池水不肥的池塘容易发生。患病的鱼苗成群围绕池塘狂游，像"跑马"一样，长时间不停止，鱼苗由于大量消耗体力，鱼体消瘦，大批死亡。

主要控制技术：

（1）鱼苗下塘前一定要做好池塘肥水工作，解决鱼苗下塘后早期天然饵料不足的问题，有利于增强鱼苗的体质，改善池塘环境。

（2）主要是解决池中的饲料问题，池中鱼的放养量也不应过密，鱼苗在饲养 10 天后，应投喂一些豆饼浆或豆渣等适口的饲料。

（3）发现鱼苗跑马时，可用芦苇从池边向池中隔断鱼苗狂游的路线，并在池边投喂一些豆浆、豆渣、酒糟和蚕蛹之类的饲料。

345. 怎样防治鱼类弯体病？

弯体病又称畸形病，是以鱼体弯曲为特征的疾病。易得弯体病的主要是草鱼、鲢、鳙、鲤的鱼种，而且流行范围较广，严重时会引起死亡。引起弯体病的因素，可能有下列几方面：

（1）由于水中含有重金属盐类，刺激鱼的神经和肌肉收缩所致。

（2）新挖鱼池中重金属盐类一般含量较高，因此，用新挖鱼池饲养鱼苗、鱼种时，都有可能出现这种病。

（3）由于缺乏某些营养物质而产生畸形，如以缺乏维生素C的饲料喂养鱼苗、鱼种，会出现脊椎弯曲，用缺乏必需脂肪酸（十八碳二烯酸）饲料喂养草鱼种也会出现严重症状，如尾柄上弯，甚至出现死亡；钙和磷缺乏，也会引起脊椎弯曲和鳃盖凹陷等畸形。

（4）胚胎发育时受外界环境影响，或鱼苗阶段受机械操作引起畸形。

（5）受寄生虫的侵袭，如某些黏孢子虫和复口吸虫较大量地侵袭鱼体，或在鱼体内大量繁殖时，亦会引起鱼体弯曲变形。

患弯体病的鱼，主要是鱼体发生S形弯曲，有的只是尾部弯曲（尾柄上弯），鳃盖凹陷或嘴部和鳍条等出现畸形，鱼发育缓慢、消瘦，严重时引起死亡。

主要控制技术：

（1）池塘内发现鱼得弯体病后，应增加换水次数，以改善水质。

（2）掌握放养密度，加强饲养管理，多投喂含钙量多、营养丰富的饲料，越冬前要使鱼吃饱长好，尽量缩短越冬期停止投饲的时间。当发现鱼患弯体病时，应立即采取措施，增加营养。

（3）新开池塘应先放养成鱼，经过2～3年后再放养鱼种，因为成鱼一般不发此病。

346. 怎样防治青泥苔和水网藻？

青泥苔是一些丝状藻，它常在夏季大量繁殖，能使水质变"清瘦"，影响鱼的生长。而且鱼苗、鱼种容易游进青泥苔里面，不能游出而致死。水网藻是一种绿藻，主要生长在有机质较多的肥水中，它的繁殖盛期是在春末、夏初。水网藻大量繁殖时，像鱼网一样长在水中，容易束缚住鱼苗，造成鱼苗死亡。

主要控制技术：

（1）用生石灰彻底清塘。

（2）每米水深亩用 50 千克草木灰撒在青泥苔上，使其得不到阳光而死亡。

（3）每立方米水体用硫酸铜 0.7 克全池泼洒，青泥苔浓密处应多洒些。

（4）每米水深亩用 50 千克枫树叶，用石块压住以免上浮。枫树叶腐烂，会腐烂死去，覆盖在青泥苔上，水变成红褐色，青泥苔就会腐烂死去。

（5）用扑草净 0.5 千克拌入 50 千克湿土，全池泼洒。

347. 为什么鱼类肝胆综合征发病率居高不下？应如何防治？

鱼类肝胆综合征发病率居高不下主要由下列原因造成：

（1）饲料的主料配方与养殖对象的营养标准匹配不合适。饲料投喂过多，或饲料营养不适合鱼类营养需要，如蛋白含量过高，碳水化合物含量偏高，或长期使用动物性脂肪和高度饱和脂肪酸等，导致饲料能量蛋白比过高。其中，高蛋白饲料易诱发肝脏脂肪积累，破坏肝功能，干扰动物体内正常生理化代谢。碳水化合物含量过高，会引起鱼类糖代谢紊乱，造成内脏脂肪积累，妨碍正常的机能，其病变主要部位是肝脏。大量的肝糖积累和脂肪浸润，造成肝肿大，色泽变淡，外表无光泽，严重的脂肪肝还可引发肝病变，使肝脏失去正常机能。

（2）饲料氧化、酸败、发霉和变质，脂肪是十分容易氧化的物质，脂肪氧化产生的醛、酮、酸对鱼有毒，将直接对肝脏造成损害。鲤摄食这种饲料一个月后，患瘦背病，肌纤维萎缩、坏死；虹鳟吃后，引起肝发黄、贫血。草鱼、团头鲂、罗非鱼等吃后，极易引发肝胆综合征。若麦麸、玉米、菜籽粕、花生粕等受潮发霉，其产生的黄曲霉素、亚硝基物，对肝脏有很大损害。试验证明，每千克饲料投喂含有黄曲霉素 0.008～0.012 毫克时，经 8～12 天，鱼肝脏发病率可达 80%～100%。

（3）养殖密度过大，水体环境恶化。当水中氨氮含量过高时，鱼体内氨的代谢产物难以正常排泄，蓄积于血液之中，易引起鱼类肝胆疾病的发生。

（4）乱用滥用药物，如长期在饲料中高剂量添加喹乙醇、黄霉素等促生长的药物，或长期低剂量添加呋喃唑酮、氯霉素、磺胺类、四环素族抗生素等，造成鱼类肝脏损害。或乱用滥用外用杀虫灭菌药，如溴氯菊酯、敌敌畏、敌百虫、硫酸铜、敌杀死和林丹等，这类药不仅毒性大、高残留，对水体破坏很大，而且容易蓄积在鱼体内，直接损害鱼体肝脏。

（5）维生素缺乏，如胆碱、维生素 E、生物素、肌醇、维生素 B_1、维生素 B_6 等都参与鱼体内的脂肪代谢，缺乏上述维生素会造成鱼体内脂肪代谢障碍，导致脂肪在肝脏中积累，诱发肝病。

（6）饲料中含有有毒有害物质，如棉粕（饼）中的棉酚、菜粕中所含的硫葡萄糖苷、劣质鱼粉中的亚硝酸盐等。据报道，当饲料中的游离棉酚和硫葡萄糖苷含量达到 400 毫克/千克时，鲤会产生可观察到的中毒症状；当以棉粕或菜粕作为唯一饲料单独饲喂草鱼时，12周后草鱼生长速度减缓，停滞，死亡率上升。

（7）水体中含有有毒物质，或过量或长期使用抗生素和化学合成药物以及杀虫剂。

患病的鱼仅见食欲不振、生长缓慢、饲料报酬低等不易察觉的现象，死亡很少，病理解剖见肝脏表面的脂肪组织积累，或肠管表面脂肪覆盖明显。肝脏色浅或有乌色血点、肝肿大、肝质脆易破、胆囊肿大，有溢胆汁现象，随着肝脏明显肿大，肝色逐渐变黄发白，或呈斑块状黄红白相间，形成明显的"花肝"症状，有的使肝脏局部或大部分变成"绿肝"，常有体表松鳞、腐皮现象，肠道充血发红。

主要控制技术：

（1）采取少量多次的方式投喂。

（2）不乱用滥用药，不提倡将药物添加到饲料中长期使用，提倡科学用药。

（3）平时，饲料中应添加一些有利于脂肪代谢的物质，如复合维生素B、维生素C、维生素E、氯化胆碱、高力素（黄芪多糖）、活性菌如乳酸杆菌、芽孢杆菌和光合细菌等。

（4）可在饲料中添加适量的钙、磷、铁、钾、铜等无机盐和微量元素，添加量一般为2％～3％。微生物制剂如复合芽孢0.5千克/吨饲料，可有效预防肝胆综合征的发生。

（5）及时更换池水，保持水体理化因子指标正常。尽量使用物理和微生物方法改良水质，可较好地控制毒素对鱼类肝、胆的侵袭。如EM菌、芽孢杆菌、光合细菌及生物底改产品等。

（6）每千克饲料添加乳酸菌5克，黄芪多糖0.5～1克，高稳维生素C 3～5克及复合维生素B 1～2克，连投10～15天，有利于肝胆综合征的恢复。

348. 营养和应激出血病是如何引起的?

引起鱼类营养和应激出血病的常见原因为：

（1）维生素C、维生素E、维生素K、维生素 B₂ 的缺乏 经过试验证明，饲料中缺乏以上维生素，都会引起鱼类出血。维生素C缺乏，会使血管的通透性增大，血管末梢在应激状态下，出现无破损性的皮肤出血；维生素K缺乏，会延长血液的凝固时间。一般正规大厂生产的饲料不会有维生素的缺乏，小厂因添加剂管理不善或其他原因，造成维生素失效，最后出现因维生素缺乏而导致出血现象。

（2）喹乙醇、黄霉素的添加 喹乙醇作为抗菌促生长类药物，有明显的促生长作用，能起到类似激素的作用。如大量或长期使用，会产生很强的副作用，如抗应激能力差，鱼体易受伤出血，不耐拉网，运输死亡率高，抗病能力下降。而且，喹乙醇具有累积毒性，即幼鱼时喂了含喹乙醇的饲料，其副作用到成鱼阶段才能显现出来。国家已经禁止在水产饲料中添加喹乙醇。黄霉素也有明显的促生长效果，但也会出现抗应激能力下降的现象，尤其是和喹乙醇合用，其毒性会加强。

(3) 饲料氧化、霉变、酸败、变质 长期投喂氧化、霉变、酸败、变质的饲料，会直接损害鱼类的肝、胆、肾，造成鱼类体质下降，抗病力和抗应激能力下降，环境的改变极易引起鱼类应激性出血病。

(4) 水质恶化 当水中氨氮含量过高时，鱼体内氨的代谢产物难以正常排泄，蓄积于血液之中，使鱼的血液呈紫红色，鱼类血液的携氧能力大大下降，一方面直接损害了鱼类的肝脏，另一方面降低了鱼类的抗应激能力，直接导致应激性出血病。

(5) 拉网应激 夏季水温较高、水质较差时，因拉网操作鱼受惊而剧烈运动，内分泌加强，耗氧增多；而拉网后水质更加恶化，水中溶氧严重不足而出现强烈的应激反应。主要是缺氧、细菌毒素等因素引起神经系统调节机能障碍，毛细血管通透性增高，红细胞通过管壁漏出血管所致。团头鲂抵抗力较差，而活动力较强，更容易出现应激反应。一般在拉网前加强水质调节，进行水体消毒，加量投喂维生素 C 等，可以起到很好的预防作用。

在拉网、运输中鱼体表各种部位出血、肝肿大，有的甚至造成死亡。

主要控制技术：在水产养殖中，由于饲料不佳和水域环境恶化，常导致动物发生累积性慢性中毒反应，影响血液及肝、胆、肾、鳃等器官的正常功能，使机体抗应激能力和抗病力减弱。为了避免应激性出血病的发生，可在饲料配伍时，每吨配合饲料添加乳酸芽孢 50 克，同时在拉网 4~5 小时前，1 米水深全池泼洒三宝高稳维生素 C 150~200 克/亩，拉网后全池再泼洒 1 次，并在拉网当天 24：00 至翌日 1：00 全池泼洒以过碳酸钠为主要成分的片状增氧剂。

349. 鱼池泛塘的原因和预防措施有哪些?

鱼池泛塘主要是由于水中缺氧而引起的，主要发生在静止的水体中，尤其在水中腐殖质过多和藻类繁殖过多的情况下，池底腐殖质分解，晚上藻类行呼吸作用消耗氧气；放养密度过大；投饲或施肥过量；天气闷热，气压低；池水上下对流，池底腐殖质分解加快，都会引起鱼池泛塘。鱼池泛塘会出现浮头，长期缺氧可致贫血，生长缓慢，下颌突出。若发现鱼在池中狂游乱窜、横卧水中现象，说明池水严重缺氧。

主要控制技术：

（1）进行科学的肥水管理，经常使用微生物制剂和微量元素及氨基酸，调节池塘浮游生物藻类，一般每7～10天用1次。

（2）定期施用生物底改产品改良底质，防止池塘底部缺氧。

（3）定期使用生石灰调节水质，每20天用1次，每米水深亩用15～20千克，现泡现泼。

（4）合理投喂，经常观察鱼的活动情况和摄食量，随时进行调整，以便降低饵料系数。

（5）遇到异常天气时，每立方米水体全池泼洒三宝高稳维生素C 0.3克，增强鱼类的抗应激能力，并减少或停止投喂饵料，减少病原菌的营养供给。

（6）及时增氧。高温季节水温较高，水中耗氧增多，精养鱼池一定要配备增氧机。夜间和凌晨池水溶氧量最低，鱼类易缺氧浮头，可在半夜每立方米水体全池泼洒过碳酸钠片状增氧剂0.3～0.4克。

350. 我国水产养殖病害发生的主要特点及趋势是什么？

近年来，我国水产养殖业的快速发展，不但为国内市场提供了品种繁多、数量充盈的水产品，也为国外市场提供了优质水产品。但随着水产养殖面积的不断扩大，养殖强度的不断增加，养殖水环境的不断恶化，养殖品种退化、缺乏必要的疫病检疫等问题，造成我国养殖鱼类疾病日趋严重。据统计，近年人工养殖鱼类病害在100多种，每年有1/10的养殖面积发生病害，年损失产量在15%～30%。因此，为了控制病害的发生，人们使用包括抗菌药物在内的各种药物来预防和治疗疾病，药物使用量也逐渐增大，养殖用药成本在养殖成本中的比例逐年增加。近年来，抗生素的大量使用，对人类健康产生了严重的威胁，这些都决定了当前水产养殖病害的主要特点和趋势：

（1）**发病品种多**　病害测报资料显示，每年我国主要水产养殖品种均有不同程度的病害发生，几乎所有观察到的水产养殖和野生鱼、虾、蟹、贝、鳖类均有病害发生。

（2）**疾病种类较多**　病害种类包括病毒性疾病、细菌性疾病、寄生虫性疾病、真菌性疾病、营养性疾病及病因不明疾病。其中，以细菌性疾病和寄生虫性疾病为主，病毒性疾病大约17种，细菌性疾病61种，真菌性疾病4种，寄生虫疾病28种，藻类性疾病6种，其他病害3种，不明病因的疾病有9种，较前几年的发病种类有所增加。

（3）**主要养殖品种发病率及死亡率有所降低**　近年来，我国加强了监测预报和防疫检疫工作，及时开展病害综合防治，积极推行无公害水产养殖技术，渔业生产管理水平得到提高，水产养殖生产总体平稳，未发生大面积暴发性病害，主要养殖品种的发病率和死亡率都有所下降。

（4）**综合发病呈普遍趋势**　受目前养殖方式、养殖环境变化、病害防治技术水平等因素影响，水生动物病害已由单一病原转变为多病原综合发病。如近年7～10月我国出现草鱼"三病"流行的时候，通常与车轮虫、指环虫病并发，给鱼类病情诊治带来一定困难。

（5）**发病周期长，涉及范围广，病害控制及根治难度加大**　水生动物疾病发病时间由传统的春夏或夏秋两季发病高峰逐步向全年发病过渡，发病区域几乎涵盖所有养殖水域。同时，目前水产养殖滥用药物现象普遍，养殖生产者长期超剂量、超范围使用药物，病原产生耐药性，且耐药性不断增加，从而造成恶性循环，进一步加大病害的控制及根治难度。

（6）**其他病害及不明病因病害多**　通过连续7年的全国水产养殖病害监测数据表明，肝胆综合征、亚硝酸盐中毒、缺氧及不明病因等病害，在全国水产养殖区域特别是在一些养殖发达地区发病率明显提高。

主 要 参 考 文 献

白遗胜，廖朝兴，徐忠法，等.2007.淡水养殖 500 问 [M].北京：金盾出版社.

淡水渔业技术问答编写组.1982.淡水渔业技术问答 [M].北京：农业出版社.

桂丹，刘文斌.2008.不同营养添加剂对热应激异育银鲫血液生化指标的影响 [J].动物营养学报，20（2）：228-233.

戈贤平.2009.池塘养鱼 [M].北京：高等教育出版社.

黄朝禧.2005.水产养殖工程学 [M].北京：中国农业出版社.

金燮理，唐家汉.1990.鱼病防治彩色图册 [M].长沙：湖南科学技术出版社.

林鼎，毛永庆，蔡发盛.1985.草鱼营养性脂肪肝研究 [D].亚洲养鱼学术讨论会论文集，210-215.

林鼎，毛永庆.1987.鱼类营养与配合饲料 [M].广州：中山大学出版社.

李德尚.1993.水产养殖手册 [M].北京：中国农业出版社.

雷慧僧.1981.池塘养鱼学 [M].上海：上海科学技术出版社.

李红霞，刘文斌，李向飞，等.2010.饲料中添加氯化胆碱、甜菜碱和溶血卵磷脂对异育银鲫生长、脂肪代谢和血液指标的影响 [J].水产学报，34（2）：292-299.

林建斌.1992.鱼虾用着色剂的概况 [J].饲料工业，13（9）：14.

刘建康.1989.中国淡水鱼类养殖学 [M].第 3 版.北京：科学出版社.

李美同，李玲，张子仪.1991.饲料添加剂 [M].北京：北京大学出版社.

陆艳华.2003.影响水产饲料水中稳定性的因素 [J].中国饲料（5）：26.

廖朝兴.1997.草鱼颗粒饲料投喂技术 [J].淡水渔业，28（3）：20-21.

廖朝兴，雍文岳，文华.1997.草鱼配合饲料营养参数及配制技术 [J].淡水渔业，27（1）：31-33.

明建华，刘波，刘文斌，等.2008.功能性寡糖在水产动物饲料中的应用 [J].水产科学，27（9）：490-493.

王爱民，刘文斌.2006.外源酶对异育银鲫鱼种生长及表观消化率的影响研究 [J].饲料工业，27（2）：26-29.

王道尊，夏长青.1990.青鱼实用配合饲料的开发研究 [J].饲料工业，6：

31-33.

王吉桥，赵兴文．2000．鱼类增养殖学［M］．大连：大连理工大学出版社．

王武．2001．鱼类增养殖学［M］．北京：中国农业出版社．

吴遵霖．1990．鱼类营养与配合饲料［M］．北京：农业出版社．

谢仲权，赵建民．1999．中草药防治鱼病［M］．北京：中国农业出版社．

杨坤权．1999．草浆喂鱼［J］．水产养殖，6：26．

中国水产学会．1989．淡水养鱼实用技术手册［M］．北京：科学普及出版社．

中国水产杂志社．1991．鱼病防治实用实用技术问答［M］．北京：农业出版社．

中国兽药典委员会．1992．兽药手册［M］．北京：农业出版社．

中华人民共和国农业部．2009．大宗淡水鱼100问［M］．北京：中国农业出版社．

张京．2007．影响鱼用颗粒饲料水中稳定性的因素［J］．渔业致富指南（2）：24．

战文斌．2006．水产动物病害学［M］．北京：中国农业出版社．

朱选才，许兵．1990．鱼病问答300题［M］．上海：上海科学普及出版社．

朱选才．1998．水产动物用药300题［M］．上海：上海科学普及出版社．

张杨宗，谭玉钧．1989．中国池塘养学［M］．北京：科学出版社．

Dan Gui, Wenbin Liu et al. 2010. Effects of different dietary levels of cottonseed meal protein hydrolysate on growth, digestibility, body composition and serum biochemcial indices in crucian crap (Carassius auratus gibelio) [J]. Animal Feed Science and Technology, 156: 112-120.

Xiang-fei Li, Wen-bin Liu, Yang-yang Jiang et al. 2010. Effects of dietary protein and lipid levels in practical diets on growth performance and body composition of blunt snout bream (Megalobrama amblycephala) fingerlings [J]. Aquaculture, 303 (1-4): 65-70.

图书在版编目（CIP）数据

大宗淡水鱼高效养殖百问百答/戈贤平主编．—3
版．—北京：中国农业出版社，2017.1（2018.9 重印）
（一线专家答疑丛书）
ISBN 978-7-109-21784-3

Ⅰ.①大… Ⅱ.①戈… Ⅲ.①淡水鱼类－鱼类养殖－
问题解答 Ⅳ.①S965.1-44

中国版本图书馆 CIP 数据核字（2016）第 167341 号

中国农业出版社出版
（北京市朝阳区麦子店街 18 号楼）
（邮政编码 100125）
责任编辑 林珠英

中国农业出版社印刷厂印刷 新华书店北京发行所发行
2017 年 1 月第 3 版 2018 年 9 月第 3 版北京第 10 次印刷

开本：880mm×1230mm 1/32 印张：9.5 插页：4
字数：300 千字
定价：28.00 元
（凡本版图书出现印刷、装订错误，请向出版社发行部调换）